普通高等教育"十三五"规划教材

数据库系统原理与实践

陈红顺　黄秋颖　周　鹏　主　编

刘　军　副主编

中国铁道出版社有限公司

CHINA RAILWAY PUBLISHING HOUSE CO., LTD.

内 容 简 介

本书全面介绍了数据库系统概论、数据模型、关系数据库和关系数据库标准语言 SQL、数据库安全性、数据库完整性、关系规范化理论、数据库设计、Transact-SQL 编程、关系查询处理和查询优化、并发控制、数据库恢复技术、数据库编程接口、ORM 技术及应用系统开发实例。全书理论与实践并重，提供丰富的示例代码，并配有相应的思考题与实验。

本书内容丰富，系统性强，注重理论联系实际，适合作为高等本科院校（特别是应用型本科院校）计算机相关专业的数据库课程的教材，也可以作为相关技术人员的自学参考书。

图书在版编目（CIP）数据

数据库系统原理与实践 / 陈红顺，黄秋颖，周鹏主编. —北京：
中国铁道出版社，2018.7（2019.5 重印）
普通高等教育"十三五"规划教材
ISBN 978-7-113-23333-4

Ⅰ. ①数… Ⅱ. ①陈… ②黄… ③周… Ⅲ. ①数据库系统-
高等学校-教材 Ⅳ. ①TP311.13

中国版本图书馆 CIP 数据核字（2017）第 320645 号

书　　名：**数据库系统原理与实践**

作　　者：陈红顺　黄秋颖　周　鹏　主编

策　　划：韩从付　　　　　　　　读者热线：（010）63550836

责任编辑：刘丽丽　冯彩茹

封面设计：付　巍

封面制作：刘　颖

责任校对：张玉华

责任印制：郭向伟

出版发行：中国铁道出版社有限公司（100054，北京市西城区右安门西街 8 号）

网　　址：http://www.tdpress.com/51eds/

印　　刷：北京柏力行彩印有限公司

版　　次：2018 年 7 月第 1 版　　2019 年 5 月第 2 次印刷

开　　本：787 mm×1 092 mm　1/16　印张：15.5　字数：387 千

书　　号：ISBN 978-7-113-23333-4

定　　价：45.00 元

前言
PREFACE

数据库技术产生于 20 世纪 60 年代末，主要研究如何存储、使用和管理数据。经过近半个世纪的发展，已经形成了完整的理论和技术体系，并已成为计算机科学的一个重要分支。

全书共分为 15 章，主要包括数据库系统概论、数据模型、关系数据库、关系数据库标准语言 SQL、数据库安全性、数据库完整性、关系规范化理论、数据库设计、Transact-SQL 编程、关系查询处理和查询优化、并发控制、数据库恢复技术、数据库编程接口、ORM 技术以及应用系统开发实例等。内容基本覆盖了关系数据库系统的原理、设计及开发应用技术。

全书注重理论联系实际，希望能使读者在掌握数据库系统基本原理和数据库设计方法的同时，进一步掌握数据库应用系统的开发方法。书中提供了丰富的示例和代码，所有代码均在 Microsoft SQL Server 2014 上调试通过，便于读者自学和练习。

本书由陈红顺、黄秋颖、周鹏任主编，刘军任副主编。具体编写分工如下：第 1 章、第 5 章、第 8 章、第 9 章和第 13 章由陈红顺编写，第 4 章、第 11 章、第 14 章和第 15 章由黄秋颖编写，第 2 章、第 3 章、第 7 章和第 12 章由周鹏编写，第 6 章、第 10 章由刘军编写。全书由陈红顺负责统稿。

本书是北京师范大学珠海分校校级质量工程项目精品教材的建设成果，同时得到了北京师范大学珠海分校信息技术学院各位领导的大力支持，在此一并表示感谢。

由于编者水平有限，加之时间仓促，书中难免存在疏漏和不足之处，敬请读者批评指正。

编　者

2018 年 4 月于珠海

目 录
CONTENTS

第 1 章
数据库系统概论

数据库是数据管理的最新技术，是计算机科学的重要分支。数据库技术是信息系统的核心和基础，广泛应用在各行各业。

本章主要介绍数据库系统的基本概念、数据管理技术的产生和发展历史、数据库系统结构和数据库系统的组成。

1.1 基本概念

数据、数据库、数据库管理系统和数据库系统是与数据库技术密切相关的 4 个基本概念。

1.1.1 数据

数据库中存储的基本对象是数据（Data）。一提到数据，人们在头脑中的直觉反应就是数字。其实，数字也仅仅是数据的一种表现形式。从计算机的角度来看，数据是指能够被计算机存储和处理的符号。实际上，数据的表现形式多种多样，不仅有数字、文字，还可以是图形、图像和声音等。

通常，与数据紧密相关的、但很容易混淆的概念是信息（Information）。一般认为，数据是信息的载体；而信息需要通过特定的符号来表达，也就是说，数据是信息的具体表现形式。例如，某个学生的成绩，可以用数字 98（假设是百分制）来表达，也可以 A（假设是等级制，共有 A、B、C、D 和 E 5 个等级）来表达，98（或 A）就是学生成绩的符号载体。

1.1.2 数据库

数据库（Database，DB），顾名思义，就是存放数据的仓库，只是这个仓库存储在计算机的存储设备上。

通常，数据库还满足以下特点：① 数据库中的数据是按照一定格式组织起来存放的，通常是按照某种数据模型组织起来的，如建立在关系模型之上的数据库称为关系型数据库；

② 数据库中的数据通常是长期存储的，以方便用户查询；③ 数据库中的数据可以为多个用户和应用系统共享使用；④ 数据库还具有冗余度低、独立性高的特点。

总结起来，在计算机科学中，数据库是指长期存储在计算机内的、有组织的、可共享的数据集合。

1.1.3 数据库管理系统

数据库管理系统（Database Management System，DBMS）是专门用来管理数据库的计算机软件，以实现对数据库的统一管理和控制。数据库管理系统是计算机系统的重要基础软件，在计算机系统中的地位非常重要，如图 1-1 所示，数据库管理系统位于应用程序和操作系统之间。通常，数据库管理系统支持一种或几种数据模型，如支持关系模型的数据管理系统称为关系型数据库管理系统（Relational Database Management System，RDBMS）。常见的关系数据库管理系统包括甲骨文公司的 Oracle、赛贝斯公司的 Sybase、IBM 公司的 Informix 和 DB2、微软公司的 SQL Server 和 Access 及开源的 MySQL 和 PostgreSQL 等。

数据库管理系统是一个非常复杂的大型软件，为应用程序提供了访问数据库的各种接口，主要包括数据定义、数据操作、数据控制、事务管理和其他功能。

（1）数据定义功能。数据定义是指定义数据库中的各种对象，如表、视图、存储过程等。这些功能一般通过数据库管理系统提供的数据定义语言（Data Definition Language，DDL）来实现。

（2）数据操纵功能。数据操纵是指对数据库中数据进行查询、插入、删除和更新操作，这些操作一般通过数据库管理系统的数据操纵语言（Data Manipulation Language，DML）来实现。

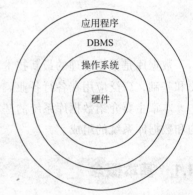

图 1-1　数据库管理系统在计算机系统中的位置

（3）数据控制功能。数据控制是指控制数据库用户对数据的访问权限，不同用户可以给予不同的权限，以保障数据库的安全。数据控制功能一般通过数据控制语言（Data Control Language，DCL）来实现。

（4）事务管理功能。事务管理功能保证数据库中的数据可以供多个用户并发使用而不会产生相互干扰，也能在数据库发生故障时进行正确的恢复。

（5）其他功能。主要包括数据存储、数据转储与重组、网络通信、数据传输、系统性能监视与调整等。

1.1.4 数据库系统

数据库系统（Database System，DBS）是指引入数据库技术后的计算机系统。一般由数据库、数据库管理系统（及相关实用工具）、应用系统和数据库管理员构成。为了保证数据库正常、高效地运行，除了数据库管理系统外，还需要专门人员对数据库进行维护，这些专门人员称为数据库管理员（Database Administrator，DBA）。

1.2 数据管理技术的产生和发展

数据管理是指对数据进行分类、组织、编码、存储、检索和维护等，它是数据处理的中心问题。而数据处理是指对各种数据进行收集、存储、加工和传播等一系列活动的总和。

数据库技术正是应数据管理任务的需要而产生的。在应用需求的推动下，在计算机硬件、软件发展的基础上，数据管理技术经历了人工管理、文件系统和数据库系统 3 个阶段。

1.2.1 人工管理阶段

1946 年，世界上第一台电子计算机 ENIAC（Electronic Numerical Integrator And Computer）在美国宾夕法尼亚大学诞生。从那时起，一直到 20 世纪 50 年代中期，计算机主要用于科学计算。当时的计算机，外部存储器只有打孔卡片、纸带和磁带，这些存储介质只支持数据的顺序访问，不支持随机存取；软件方面则没有操作系统，没有管理数据的专门软件；数据处理的方式是批处理。因此，每个应用程序需要根据自己的实际需要，定义数据的物理结构、逻辑结构和存取方法。

人工管理数据具有以下特点：

（1）数据不长期保存。由于当时的计算机主要用于科学计算，一般不需要将数据长期保存起来，只是在进行某一科学计算任务时才输入数据，任务完成后不再保存。

（2）应用程序管理数据。数据需要由应用程序自己设计、定义和管理，没有专门的软件负责数据的管理工作。应用程序不仅要规定数据的逻辑结构，还要设计对应的物理结构（包括存储结构、存取方法和输入/输出方式等）。

（3）数据不共享。由于数据是面向应用程序的，因此，一组数据只能对应一个应用程序。当多个应用程序需要相同的数据时，各应用程序必须各自定义数据的逻辑结构和物理结构。因此，程序与程序之间有大量的冗余数据。

（4）数据不具有独立性。一旦数据的逻辑结构或物理结构发生变化，应用程序则必须做相应修改，这无疑加重了程序员的负担。

在人工管理阶段，程序与数据之间的对应关系可用图 1-2 来表示。

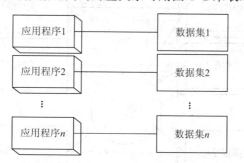

图 1-2 人工管理阶段应用程序和数据之间的对应关系

1.2.2 文件系统阶段

1956 年，IBM 公司向世界展示了第一台磁盘存储系统 IBM 350 RAMAC，虽然它的体积相当于两个冰箱的体积，而存储容量只有 5 MB，但它却是现代硬盘的雏形。与磁带等顺序存储介质不同，磁盘上的磁头可以直接移动到盘片上的任何位置，从而成功实现对数据的随机存取。磁盘技术的突破变革了计算机数据管理的方式。在软件方面，操作系统中已经有了专门的数据管理软件，一般称为文件系统。在数据处理方式上，除了批处理，还可以联机实时处理。20 世纪 50 年代后期到 60 年代中期，应用程序主要依靠文件系统来管理数据。

使用文件系统管理数据具有以下特点：

（1）数据可以长期保存。由于计算机大量用于数据处理，数据需要长期保存在外部存储设备上以便反复进行查询、修改、插入和删除等操作。

（2）由文件系统管理数据。由专门的软件（即文件系统）进行数据管理，文件系统把数据组织成相互独立的数据文件，利用"按文件名访问、按记录进行存取"的管理技术，可以对文件进行修改、插入和删除等操作。文件系统实现了记录内部的结构化，但整体上无结构。应用程序和数据之间由文件系统提供存取方法进行转换，使应用程序和数据之间有了一定的独立性，程序员不必过多地考虑物理细节，可将精力集中于算法。还有，数据在存储上的改变，不一定需要反映在程序上，从一定程度上节省了维护程序的工作量。

但是，文件系统仍然存在以下缺点：

（1）数据共享性差，冗余度大。在文件系统中，一个（或一组）文件基本上对应于一个应用程序。当不同的应用程序需要具有相同部分的数据时，也必须建立各自的文件，而不能共享相同的数据，因此数据的冗余度大，浪费存储空间。同时，由于相同的数据重复存储、各自管理，容易造成数据的不一致性，给数据的修改和维护带来了困难。

（2）数据独立性差。文件系统中的文件是为某一特定应用服务的，文件的逻辑结构对该应用程序来说是优化的，因此要想对现有的数据再增加一些新的应用会很困难，系统不容易扩充。一旦数据的逻辑结构改变，必须修改应用程序，修改文件结构的定义。应用程序的改变（如应用程序改用不同的高级语言编写）也会引起文件数据结构的改变，因此，数据与程序之间仍然缺乏独立性。

在文件系统阶段，应用程序与数据之间的关系如图 1-3 所示。

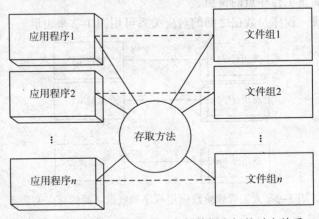

图 1-3　文件系统阶段应用程序与数据之间的对应关系

1.2.3　数据库系统阶段

20 世纪 60 年代，数据管理领域发生的三件大事标志着数据库系统的诞生。

1. IMS 系统

IBM 公司从 1966 年开始为"阿波罗"登月计划设计 IMS(Information Management System)系统。IMS 面临的挑战是如何有效地存储和管理"土星 5 号"运载火箭和"阿波罗"太空飞船所产生的大量数据。1968 年 8 月 14 日,IMS 的首个版本在 IBM 2740 终端上正式发布。IMS 系统的最大贡献是提出了层次数据模型。

2. DBTG 系统

CODASYL(Conference on Data Systems Languages,数据系统语言研究会)是一个由数据处理领域专家组成的行业协会,成立于 1959 年。该组织开发了著名的 COBOL 语言。为了给 COBOL 增加数据处理能力,CODASYL 下属的数据库任务小组(Database Task Group)于 1969 年 10 月发布的一份技术报告,首次提出了网状数据模型,并对其进行了严格的定义。这就是后来人们所说的 DBTG 报告。

3. Codd 发表论文

1970 年,IBM 公司 San Jose 实验室的研究员 E. F. Codd 发表了著名的论文 *A Relational Model of Data for Large Shared Data Banks*。Codd 在该论文中首次提出关系数据模型,为关系数据库在整个 20 世纪 80 年代的迅猛发展奠定了坚实的理论基础。

20 世纪 60 年代后期以来,计算机硬件方面,大容量硬盘已经出现,且硬盘价格下降;软件则价格上升,为编写和维护系统软件及应用程序所需的成本相对增加;在处理方式上,联机实时处理要求更多,并开始提出和考虑分布式处理。在这种背景下,以文件系统作为数据管理手段已经不能满足应用的需求,于是为解决多用户、多应用共享数据的需求,使数据为尽可能多的应用服务,数据库技术便应运而生,出现了统一管理数据的专门软件系统——数据库管理系统。

从文件系统到数据库系统,标志着数据管理技术的飞跃。与人工管理和文件系统相比,数据库系统具有以下几方面的特点:

1. 数据结构化

数据库系统实现了整体数据的结构化,这是数据库的主要特征之一,也是数据库系统与文件系统的本质区别。

在文件系统中,每个文件内部是有结构的,即文件由记录构成,每个记录由若干属性组成,但文件与文件之间是毫无结构化的。在数据库系统中,数据的最小存储单位是数据项,使得数据的管理更加灵活;数据的结构用数据模型描述,无须程序定义和解释,把数据和程序独立分开。这样可以保证数据不再仅仅针对某一个应用,而是面向全组织;不仅数据内部结构化,整体也是结构化的,数据之间具有联系,从而实现了数据的真正结构化。

2. 数据的共享性高、冗余度低,易扩充

数据库系统从整体角度看待和描述数据,数据面向整个系统,可以被多个用户、多个应用共享使用。数据共享有利于减少数据冗余,节约存储空间;可以避免数据之间的不相容性与不一致性,且使系统易于扩充。

3. 数据独立性高

数据独立性是一个重要的概念,包括数据的物理独立性和数据的逻辑独立性。

物理独立性是指用户的应用程序与存储在磁盘上的数据库中数据是相互独立的。当数据的物理存储改变时，应用程序不用改变。

逻辑独立性是指用户的应用程序与数据库的逻辑结构是相互独立的。数据的逻辑结构改变了，用户程序可以不变。

数据独立性是由 DBMS 的二级映像功能来保证的。

4．数据由 DBMS 统一管理和控制

数据库系统关于数据控制的功能几乎都由 DBMS 提供，主要包括：

（1）数据的安全性保护。保护数据，以防止不合法的使用造成数据的泄密和破坏。

（2）数据的完整性检查。将数据控制在有效范围内，或保证数据之间满足一定的关系。

（3）并发控制。对多用户的并发操作加以控制和协调，防止相互干扰而破坏数据的一致性。

（4）数据库恢复。将数据库从错误状态恢复到某一已知的正确状态。

数据库系统阶段应用程序与数据之间的对应关系如图 1-4 所示。

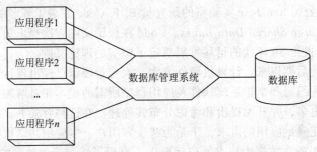

图 1-4　数据库系统阶段应用程序与数据之间的对应关系

1.3　数据库系统结构

数据库系统采用三级模式结构，三级模式之间形成了两级映像，从而实现了较高的数据独立性。

1.3.1　三级模式结构

模式是数据中全体数据的逻辑结构和特征的描述，它涉及类型的定义，而不考虑具体的值。模式的一个具体值称为模式的一个实例。同一个模式可以有很多实例。

模式是相对稳定的，而实例是相对变动的，因为数据库中的数据总在不断地更新；模式反映的是数据的结构与联系，而实例反映的是数据库某一时刻的状态。

虽然目前 DBMS 产品多种多样，支持不同的数据模型，使用不同的数据库语言，建立在不同的操作系统之上，数据的存储结构也各不相同，但它们在总体结构上一般都采用三级模式结构。所谓三级模式结构，是指数据库系统由外模式、模式和内模式三级构成，如图 1-5 所示。

（1）外模式

外模式又称用户模式，它是数据库用户能够看见和使用的局部数据的逻辑结构和特征的描述，是数据库用户的数据视图，是与某一具体应用有关的数据的逻辑表示。

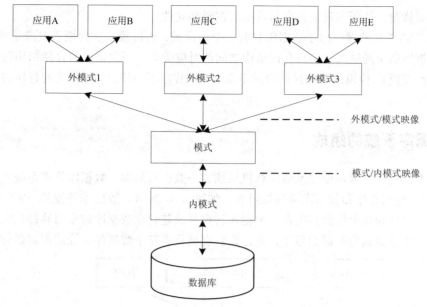

图 1-5　数据库系统的三级模式结构

　　一个数据库可以有多个外模式。由于不同用户在应用需求、看待数据的方式、对数据保密的要求等方面存在差异，可以为不同的用户分别建立外模式。同时，同一外模式可以为同一用户的多个应用系统所使用，但一个应用程序只允许使用一个外模式。

　　外模式是保证数据库安全性的一个强有力的措施。每个用户只能看见和访问所对应的外模式的数据，数据库中的其余数据是不可见的。

　　（2）模式

　　模式也称逻辑模式，是数据库中全体数据的逻辑结构和特征的描述。它是数据库系统模式结构的中间层，既不涉及数据的物理存储细节和硬件环境，也与具体应用程序无关。

　　模式实际上是数据库中数据在逻辑级上的视图。一个数据库只有一个模式。数据库的模式以某一种数据模型为基础，统一考虑了所有用户的需求，并将这些需求有机地结合成一个逻辑整体。定义模式时，不仅要定义数据的逻辑结构，还需要定义数据之间的联系及相关的安全性、完整性要求。

　　（3）内模式

　　内模式也称存储模式，它是数据库中数据的物理结构和存储方式的描述，是数据在数据库内部的表示方式。一个数据库只有一个内模式。

1.3.2　两级映像和数据独立性

　　三级模式结构是对数据库中数据的 3 个层次的抽象，它将数据的具体组织细节交给 DBMS 去处理，使用户能在抽象的逻辑层面上管理数据，而不必关心数据库的内部组织结构。DBMS 在三级模式之间提供两级映像，以实现这 3 个层次的联系与转换。

　　（1）外模式/模式映像。外模式/模式映像定义了该外模式与模式之间的对应关系，对于每一个外模式，都有一个对应的外模式/模式映像。当模式改变时，由数据库管理员对各个外模式/模式映像做相应的改变，可使外模式保持不变，由于应用程序是依据数据的外模式编写的，可以不必修改，从而实现了程序与数据的逻辑独立性。

（2）模式/内模式映像。由于数据库只有一个内模式，所以模式/内模式映像是唯一的。它定义了数据库的全局逻辑结构与存储结构之间的对应关系。当数据库的存储结构改变时，只需要通过改变模式/内模式映像保持模式不变，应用程序不必修改，从而实现程序与数据的物理独立性。

1.4 数据库系统的组成

数据库系统是引入数据库技术的计算机系统，一般由数据库、数据库管理系统（及相应的实用工具）、应用程序和数据库管理员组成，如图 1-6 所示。数据库是按照一定的组织形式保存在某种存储介质上的数据集合；数据库管理系统是管理数据库的专门软件；应用程序是指以数据库中的数据为基础的程序；数据库管理员负责整个数据库系统的正常运行。

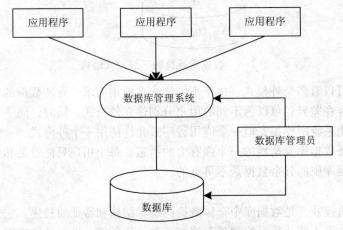

图 1-6 数据库系统的组成

下面主要从硬件平台、软件和人员几方面介绍数据库系统的组成。

1. 硬件平台

由于数据库中的数据量一般都比较大，而且 DBMS 具有丰富的功能使其自身的规模也很大，因此，整个数据库系统对硬件资源的要求很高。必须有足够大的内存，才能运行操作系统、数据库管理系统和应用程序，而且还需要足够大的硬盘空间存储数据库，最好还要有足够的存储备份数据的磁盘或光盘。

2. 软件

数据库系统中的软件主要包括：

（1）数据库管理系统（及相关实用工具）。数据库管理系统是整个数据库系统的核心，是建立、使用和维护数据库的系统软件。同时，一般随数据库管理系统一起发行的还包括数据库厂商提供的一系列相关实用工具。

（2）操作系统。数据库管理系统的很多底层操作都是靠操作系统完成的，数据库的安全控制等功能也是和操作系统共同实现。因此，数据库管理系统要和操作系统协同工作才能完成很多功能。不同的数据库管理系统对操作系统的需求不尽相同，比如，SQL Server 只支持在 Windows 上运行，而 Oracle 分别支持 Windows 和 Linux 等多种发行版本。

（3）应用程序。利用具有数据库访问接口的高级语言，可以开发各种实际应用需求的应用程序。

3. 人员

数据库系统涉及的人员主要有数据库管理员、系统分析员、数据库设计人员、应用程序开发人员和最终用户。

（1）数据库管理员：负责整个系统的正常运行，负责保证数据库安全可靠地运行。

（2）系统分析员：主要负责应用系统的需求分析和规范说明，需要和最终用户以及数据库管理员配合，以确定系统的软、硬件配置，并参与数据库系统的概要设计。

（3）数据库设计人员：主要负责设计数据库结构等，同时也必须参与用户需求分析和系统分析。在很多情况下，数据库设计人员由数据库管理员担任。

（4）应用程序开发人员：负责设计和编写数据库的应用系统的程序模块，并对程序进行安装和调试。

（5）最终用户：数据库应用程序的使用者，他们通过应用程序提供的操作界面来操纵数据库中的数据。

 **本 章 小 结**

数据、数据库、数据库管理系统和数据库系统是与数据库技术密切相关的 4 个基本概念。数据是指能够被计算机存储和处理的符号；数据库是指长期存储在计算内的、有组织的、可共享的数据集合；数据库管理系统是专门用来管理数据库的计算机软件，实现对数据库的统一管理和控制；数据库系统是指引入数据库技术后的计算机系统。

数据管理技术经历了人工管理、文件系统和数据库系统 3 个阶段。从文件系统到数据库系统，标志着数据管理技术的飞跃。与人工管理和文件系统相比，数据库系统具有以下几方面的特点：数据结构化，数据的共享性高，冗余度低，易扩充，数据独立性高，数据由 DBMS 统一管理和控制。

数据库系统采用三级模式结构，三级模式之间形成了两级映像。三级模式结构是指内模式、模式和外模式，两级映像功能保证了数据库系统具有较高的数据独立性。

数据库系统是引入数据库技术后的计算机系统，一般包括数据库、数据库管理系统（及相应的实用工具）、应用程序和数据库管理员。

 **练 习 题**

1. 简要说明数据、数据库、数据库管理系统和数据库系统的概念。

2. 数据管理技术的发展主要经历了哪几个阶段？

3. 与文件系统相比，数据库系统有哪些优点？

4. 什么是数据库系统的三级模式结构？数据库系统的三级模式结构如何形成两级映像？

5. 什么是数据独立性？为什么说数据库系统中的数据具有较高的数据独立性？

6. 简述数据库系统的组成。

7. DBA 的主要职责是什么？

实验 1　熟悉 SQL Server

【实验目的】

1. 了解目前主流的 DBMS 产品。

2. 了解 SQL Server 的发展历史及安装。

3. 了解 SQL Server 的主要功能。

【实验内容】

1. 通过查阅资料，了解目前主流的 DBMS 产品。

2. 通过查阅资料，了解 SQL Server 的发展历史。

3. 通过查阅资料，学习安装 SQL Server 2014。

4. 运行 SQL Server 2014 Management Studio，完成以下操作：

（1）连接本机的数据库服务器，查看系统数据库 master 的全部对象，如表、视图、索引、存储过程等。

（2）创建数据库"教学数据库（teachDB）"，参数缺省。

（3）在"教学数据库（teachDB）"中创建 1 个表：学生表（Student），学生表的结构如下：

学生表（Student）结构

列　名	中文名称	数据类型	长　度
Sno	学号	Char	7
Sname	姓名	Char	8
Ssex	性别	Bit	
Sage	年龄	Int	
Sdept	所在系	Char	10

（4）往 Student 表中插入如下示例数据。

学生表（Student）示例数据

Sno	Sname	Ssex	Sage	Sdept
2016001	刘勇	男	20	CS
2016002	唐军	女	19	IS
2016003	王刚	女	18	MA
2016004	吴飞	男	19	IS

第 2 章
数据模型

在数据库中，数据是按照某种数据模型组织在一起，数据模型是数据库系统的核心与基础。本章首先介绍数据模型的基本概念，然后详细介绍概念模型、逻辑模型和物理模型。

2.1 数据模型概述

模型是对现实世界中某个对象特征的模拟或抽象。数据模型也是一种模型，它是对现实世界数据特征的抽象，也就是说，数据模型是用来描述数据、组织数据和对数据进行操作的。通俗地讲，数据模型就是现实世界的模拟。

数据模型应满足三方面要求：一是能较好地模拟现实世界；二是容易为人所理解；三是便于在计算机中实现。一种数据模型要很好地、全面地满足这三方面要求目前还很困难。因此，在数据库系统中针对不同的使用对象和应用目的，应采用不同的数据模型。如同在建筑设计和施工的不同阶段需要不同的图纸一样，在开发实施数据库应用系统中也需要使用不同的数据模型。

为了把现实世界的具体事务抽象、组织为某一数据库管理系统支持的数据模型，人们常常首先将现实世界抽象为信息世界，然后将信息世界转换成机器世界。也就是说，首先把现实世界的客观对象描述为某一种信息结构，这种信息结构并不依赖于具体的计算机系统，或者特定的数据库管理系统所支持的模型，而是抽象的概念模型；然后再把概念模型转换为计算机上某一数据库管理系统支持的数据模型,这一过程如图 2-1 所示。

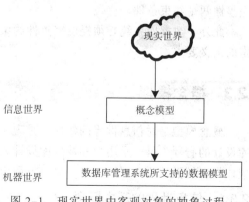

图 2-1　现实世界中客观对象的抽象过程

2.2 数据模型的组成要素

一般来说，数据模型是用来描述数据的一组概念和定义。它应当描述数据的静态和动态两方面的特性。数据的静态特性包括数据的基本结构和完整性约束条件；数据的动态特性是定义在数据上的操作。因此，数据结构、数据操作和数据完整性约束条件是组成数据模型的三要素。

2.2.1 数据结构

数据结构描述数据库的组成对象以及对象之间的联系。也就是说，数据结构描述的内容有两类：一类是与数据的类型、内容和性质有关的，如关系模型中的域、属性、关系等；另一类是与数据之间的联系有关的，如网状模型中的系型等。

数据结构是刻画一个数据模型性质最重要的方面。因此在数据库系统中，人们通常按照其数据结构的类型来命名数据模型，如层次结构、网状结构和关系结构的数据模型分别命名为层次模型、网状模型和关系模型。

总之，数据结构是所描述的对象类型的集合，是对系统静态特性的描述。

2.2.2 数据操作

数据操作是指对数据库中的各种对象的实例值允许执行的操作的集合，包括操作及有关的规则。

数据库中主要有检索（查询）和更新（包括插入、删除、修改）两大类操作。任何数据模型都必须定义这些操作的确切含义、操作符号、操作规则以及实现操作的语言等。

数据操作是对数据库动态特性的描述。

2.2.3 完整性约束条件

完整性约束条件是一组完整性规则。完整性规则是给定的数据模型中的数据及其联系所必须满足的制约和依存规则，用以明确或隐含地定义正确的数据库状态和状态的变化，以保证数据的正确、有效和相容。

任何数据模型本身隐含着该模型所必须满足的、基本的完整性约束条件，保证数据库中的数据符合该数据模型的要求。例如，在关系模型中，任何关系必须满足实体完整性和参照完整性两个约束条件。

此外，数据库系统必须提供完整性约束规则的定义机制，以满足应用对所涉及的数据特定的语义要求。

2.3 概念模型

概念模型是对信息世界的建模，是现实世界的第一层抽象，是数据库设计人员进行数据库设计的有利工具，是用户和数据库设计人员之间进行交流的工具。因此，概念模型一方面应该具有较强的语义表达能力，另一方面应该简单、清晰，易于用户理解。

2.3.1 信息世界的基本概念

信息世界主要涉及以下一些概念：

（1）实体（Entity）。客观存在并可相互区别的事物,可以是人、事、物，也可是抽象的概念或联系。

（2）属性（Attribute）。实体所具有的某一特性，如学生的姓名、性别等。

（3）码（Key）。唯一标识实体的属性（或属性组），如用户 ID 是用户实体的码。

（4）域（Domain）。具有相同数据类型的值的集合。属性的取值范围来自某个域，如性别域为（男，女）。

（5）实体型（Entity Type）。具有相同属性的实体必然具有共同的特征和性质。用实体名及其属性名集合来抽象和刻画同类实体，称为实体型。

（6）实体集（Entity Set）。同一类型实体的集合称为实体集。

（7）联系（Relationship）。在现实世界中，事物内部和事物之间是有联系的，这些联系在信息世界中反映为实体（型）内部的联系和实体（型）之间的联系。

2.3.2　实体之间的联系

两个实体之间的联系可分为 3 种：一对一联系、一对多联系和多对多联系。

（1）一对一联系。对于实体集 A 中的每一个实体，实体集 B 中至多有一个（也可以没有）实体与之联系，反之亦然，则称实体集 A 和实体集 B 具有一对一的联系，记为 $1:1$。

（2）一对多联系。对于实体集 A 中的每一个实体，实体集 B 中有 n 个实体（$n>=0$）与之联系；反之，对于实体集 B 中的每一个实体，实体集 A 中至多有一个实体与之联系，则称实体集 A 与实体集 B 有一对多的联系，记为 $1:n$。

（3）多对多联系。对于实体集 A 中的每一个实体，实体集 B 中有 n（$n>=0$）个实体与之联系，反之，对于实体集 B 中的每一个实体，实体集 A 中也有 m 个实体与之联系（$m>=0$），则称实体集 A 和实体集 B 有多对多的联系，记为 $m:n$。

如图 2-2 所示，一个班级只有一个班主任，一个班主任只负责一个班级，所以它们是一对一联系；在一个班级中有多个学生，一个学生只属于一个班级，所以它们是一对多联系；一个学生可以选修多门课程，一门课程也可以被多个学生选修，所以它们是多对多联系。

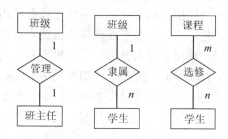

图 2-2　实体之间联系

2.3.3　概念模型的表示方法

概念模型是对信息世界建模，所以概念模型必需能够方便、准确地表示信息世界中的常用概念。概念模型的表示方法很多，其中最著名和最常用的是 P.P.S.Chen 于 1976 年提出的实体-联系（Entity-Relationship Approch）方法。该方法用 E-R 图描述现实世界的概念模型，E-R 方法也称 E-R 模型。这里只简单介绍 E-R 图的要点，有关如何认识和分析现实世界，并从中抽象出实体和实体之间的联系，将在第 8 章中详细讲解。

E-R 图提供了表示实体型、属性和联系的方法。

（1）用矩形框表示实体型，在框内写上实体名。

（2）用椭圆形框表示实体的属性，并用无向边把实体和属性连接起来。

（3）用菱形框表示实体间的联系，在菱形框内写上联系名，用无向边分别把菱形框与有关实体连接起来，在无向边旁注明联系的类型。如果实体间的联系也有属性，则把属性和菱形框也用无向边连接起来。

学生与班级、学生与课程之间的 E-R 图如图 2-3 所示。可以看出，班级实体有名称、班主任和人数 3 个属性，学生实体有学号、姓名和简历 3 个属性，班级和学生之间是一对多的隶属关系，每个班有多个学生，每个学生只能隶属一个班级。学生和课程之间是多对多的选修关系，一个学生可以选修多门课程，每门课程可以被多个学生选修。

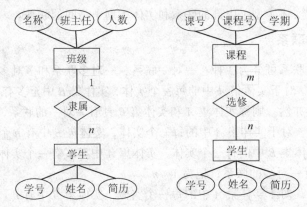

图 2-3　学生班级与学生、学生与课程之间的 E-R 图

2.4　逻辑模型

逻辑模型是直接面向数据库的逻辑结构，是现实世界的第二层抽象。逻辑模型实质上是向用户提供的一组规则，这些规则用以规定计算机系统中数据结构的组织和相应允许进行的操作。逻辑模型有严格的形式化定义，以便于在计算机系统中实现。

当前主要的逻辑模型有层次模型、网状模型、关系模型和面向对象模型。目前一些新兴数据库技术的研究，如时态（Temporal）数据库、实时（Real Time）数据库、主动（Active）数据库技术等，大多都是基于关系和面向对象模型的。其中，关系数据库以其具有系统的数学理论基础和成熟的技术，取得了巨大的成功。目前，大多数的商业数据库管理系统产品都是基于关系模型的。

2.4.1　层次模型

顾名思义，所谓的层次模型（Hierarchical Model），就是按照层次结构的形式来组织数据的数据模型，也称树状模型。在现实世界中，存在许多按层次组织起来的事物，例如，一所学校包括若干个部门和若干个系，每个系又包括若干名教师和若干名学生。在这种模型中，数据被组织成由"根"开始的"树"，每个实体由根开始沿着不同的分支放在不同的层次下，如果不再向下分支，那么此分支序列中最后的结点称为"叶"。上级结点与下级结点之间为一对一或一对多的联系。

在层次模型中，用记录来描述某个事物。记录是存储数据的单位，由若干个命名字段所组成。记录有型和值之分。所说的记录型是指所描述的事物所具有的共同特征的描述，也就是记录的模式；而记录值是该记录型的一个实例。该实例描述了具体的一个事物特征。

层次数据模型中最基本的数据关系是两个记录型之间的父-子联系（Parent-Child Relationship），称作 PCR 型。它代表两个记录型之间的一对多（记为 1：n）的联系，当然也包括一对一（记为 1:1）的联系。这种父-子联系表明，子记录型的多个实例可以与父记录型的单个实例相对应；反过来，每个子记录型的实例只能有一个父记录型的实例。

层次数据模型把整个数据库的结构表示成一个有序树的集合。这些有序树的每一个结点是一个记录型，而且任一个结点与它的一个子结点间是一个 PCR 型。层次模型中每棵树必须满足下列条件（限制）：

（1）有且仅有一个结点无父结点，该结点称为根结点。

（2）除根结点外，其他结点有且仅有一个父结点。

支持层次模型的数据库管理系统称为层次型数据库管理系统，在这种系统中建立的数据库是层次数据库。

层次模型的优点主要有：

（1）层次模型的数据结构比较简单清晰。

（2）层次数据库的查询效率高。因为层次模型中记录之间的联系也就是记录之间的存取路径，当要存取某个结点的记录值，DBMS 沿着这条路径很快就可以找到记录值。

（3）层次数据模型提供了良好的完整性支持。

层次模型的缺点如下：

（1）现实世界中很多联系是非层次性的，如结点之间具有多对多联系，不适合使用层次模型来表达。

（2）一个结点具有多个双亲等，层次模型表示这类联系的方法很笨拙，只能通过引入冗余数据（易产生不一致性）或创建非自然的数据结构（引入虚拟结点）来解决。对插入和删除操作的限制比较多，因此应用程序的编写比较复杂。

（3）查询子女结点必须通过双亲结点。

（4）由于结构严密，层次命令趋于程序化。

图 2-4 所示为学校的层次结构。

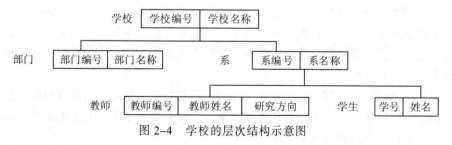

图 2-4　学校的层次结构示意图

2.4.2　网状模型

用网络结构表示数据及数据之间联系的模型称为网状模型（Network Model），也称网络模型。网状模型取消了层次模型的两个限制，即可以有任意结点（包括零个）无父结点；允许结点有多个父结点。因此，网状模型可以方便地表示各种类型的联系。

与层次数据模型相似，网状数据模型也是以记录为数据存储的单位。记录包含若干数据项。数据项相当于层次模型中的字段。网状模型两个记录型间的联系仍然是父–子联系。一个父–子联系的集合可以形成一个图，图中的每个结点是一个记录型。网状数据模式就是由一个父–子联系的集合所构成的一个连通图。

支持网状模型的数据库管理系统称为网状数据库管理系统，在这种系统中建立的数据库是网状数据库。网络模型可以直接表示多对多联系，这也是网状模型的主要优点。

网状模型的优点如下：

（1）能够更为直接地描述现实世界。如一个结点可以有多个双亲，结点之间可以有多种联系。

（2）具有良好的性能，存取效率很高。数据结构是直接描述现实世界，存取时数据相互关系可以非常简单，存取效率很多。

网状模型的缺点如下：

（1）结构比较复杂，而且随着应用环境的扩大，数据库的结构就变得越来越复杂，不利于最终用户掌握。

（2）网状模型的 DDL（数据定义语言）、DML（数据操纵语言）复杂，并且要嵌入某种高级语言（Java、C）中，用户不容易掌握和使用。

（3）由于记录之间的联系通过存取路径实现，应用程序在访问数据时必须选择适当的存取路径，因此用户必须了解系统结构的细节，加重了编程应用程序的负担。

图 2–5 所示为教师、学生与课程的网状结构。

图 2–5　教师、学生与课程的网状结构示意图

2.4.3　关系数据模型

用关系结构表示数据及数据之间联系的模型称为关系模型（Relational Model）。关系模型是以关系数学理论为基础的，在关系模型中，关系操作的对象和结果都是二维表，这种二维表称为关系。支持关系模型的数据库管理系统称为关系型数据库管理系统，在这种系统中建立的数据库是关系数据库。

关系模型自 20 世纪 70 年代诞生以来，经过不断的发展，已经成为最成熟的数据模型。自 20 世纪 80 年代以来，计算机厂商推出的数据库管理系统几乎都是基于关系模型的。

更多的关系模型的知识将在第 3 章讲解。

关系模型的优点如下：

（1）关系模型建立在严格的数学概念基础之上（相关内容见第 3 章和第 7 章）。

（2）关系模型的概念单一，无论实体还是实体之间的联系都用关系来表达，其结构简单、清晰，用户易懂易用。

（3）关系模型的存取路径对用户透明，从而具有更高的数据独立性、更好的安全保密性，也简化了数据库开发管理的工作，从而减轻了程序员的负担。

关系模型的缺点如下：

由于存取路径对用户透明，查询效率往往不如非关系数据模型。因此，为了提高性能，DBMS 必须对用户的查询请求进行优化，因此增加了 DBMS 的开发难度。

2.4.4　面向对象模型

面向对象的概念最早出现在程序设计语言中，20 世纪 70 年代末、80 年代初开始提出了面向对象数据模型（Object—Oriented Data Model），面向对象数据模型是面向对象概念与数据库技术相结合的产物，用以支持非传统应用领域对数据模型提出的新需求。它的基本目标是以更接近人类思维的方式描述客观世界的事物及其联系，且使描述问题的问题空间和解决问题的方法空间在结构上尽可能一致，以便对客观实体进行结构模拟和行为模拟。

面向对象模型的基本概念有对象、类、消息与封装、继承。

（1）对象（Object）。对象是现实世界中的实体的模型化。现实世界中的任一实体都可模型化为一个对象，每一个对象都有唯一的对象标识。

对象由状态和行为两部分组成，对象的状态是对象属性的集合。属性用来描述对象的状态、组成及特性，属性既可以是一些简单的数据类型，也可以是一个对象，即对象可以嵌套。对象的行为是在对象状态上操作的方法的集合。方法用来描述对象的行为方式。方法的实现是一段程序代码，用以实现方法的功能。

（2）类（Class）。具有相同属性集和方法集的所有对象构成一个类。任一个对象是某一类的一个实例。类可以由用户自定义，也可以从其他类派生出来，称为子类，原来的类称为超类（或父类），一个子类可以有多个超类，有的是直接的，有的是间接的。超类和子类构成层次结构关系，称为类层次。如图 2-6 所示，研究生、本科生及专科生都是学生类的子类，博士研究生、硕士研究生是研究生的子类，学生和研究生是博士研究生及硕士研究生的超类，其中研究生是直接超类。

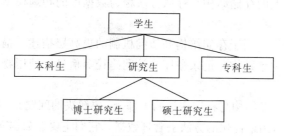

图 2-6　学生的类层次结构图

（3）消息（Message）与封装（Encapsulation）。由于每个对象是其状态与行为的封装，一个对象不能直接访问或改变另一对象的内部状态（属性）和行为（方法）。对象与外部的通信只能借助于消息，消息从外部传递给对象，调用对象的相应方法，执行相应的操作，再以消息的形式返回操作的结果，这是面向对象模型的主要特征之一。封装使方法的接口和实现分开，有利于数据的独立性，同时封装使对象只接受对象中所定义的操作，有利于提高程序的可靠性。

（4）继承（Inheritance）。子类可以继承其所有超类中的属性和方法，同时子类还要定义自己的属性和方法。图2-6所示的硕士研究生继承了研究生的所有属性和方法。继承是面向对象模型中避免重复定义的机制之一，大大减少了信息冗余，而且作为一种强有力的建模工具，能以人类思维规律对现实世界提供一种简明准确的描述，同时也有利于软件的重用。

面向对象数据模型的优点如下：

（1）适合处理各种各样的数据类型。与传统的数据库（如层次、网状或关系）不同，面向对象数据库适合存储不同类型的数据，如图片、声音、视频、文本、数字等。面向对象数据模型结合了面向对象程序设计与数据库技术，因而提供了一个集成应用开发系统。

（2）提高开发效率。面向对象数据模型提供强大的特性，如继承、多态和动态绑定，这样允许用户不用编写特定对象的代码就可以构成对象并提供解决方案。这些特性能有效地提高数据库应用程序开发人员的开发效率。

（3）改善数据访问。面向对象数据模型明确地表示联系，支持导航式和关联式两种方式的信息访问，比关系模型能提供更好的访问性能。

面向对象数据模型的缺点如下：

（1）没有准确的定义。面向对象数据模型很难提供一个准确的定义来说明面向对象DBMS应建成什么样，这是因为该名称已经应用到很多不同的产品和原型中，而这些产品和原型考虑的方面可能不一样。

（2）维护困难。随着组织信息需求的改变，对象的定义也要求改变，并且需移植现有数据库，以完成新对象的定义。当改变对象的定义和移植数据库时，它可能面临真正的挑战。

（3）不适合所有应用。面向对象数据模型适合于需要管理数据对象之间存在复杂关系的应用，特别适合于特定的应用，如工程、电子商务、医疗等，但并不适合所有应用，当用于普通应用时，其性能会降低并要求很高的处理能力。

2.5 物理模型

数据库在物理设备上的存储结构与存取方法称为数据库的物理模型，它依赖于选定的数据库管理系统。

数据的物理模型提供了用于存储结构和访问机制的更高层描述，描述数据是如何在计算机中存储的，如何表达记录结构、记录顺序和访问路径等信息。使用物理模型，可以在系统层实现数据库。

物理模型主要包含存储结构与存取方法两个部分，要解决的问题是如何用最优化的物理结构存储有效的数据和如何用最优化的方法去管理数据。它们主要靠数据库管理系统来实现。

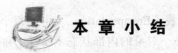 本 章 小 结

本章首先介绍了数据模型的基本概念及组成要素，然后介绍了数据库中不同层次的数据

模型：概念模型、逻辑模型和物理模型。常用的概念模型是 E-R 模型，可以有效表达实体、属性和实体间的联系；常见的逻辑模型有层次模型、网状模型、关系模型和面向对象模型，其中关系模型是目前最重要的一种逻辑模型。

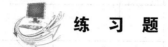

练 习 题

1. 什么是概念模型？简述概念模型的作用。
2. 请简述数据模型的三要素。
3. 目前数据库领域中，常见的数据模型有哪些？请简述各模型的优缺点。

实验 2　使用 SQL Server Management Studio

【实验目的】

1. 掌握 SQL Server Management Studio 的基本使用方法。
2. 了解 SQL Server 数据库的逻辑结构和物理结构。
3. 了解 SQL Server 的基本数据类型。

【实验内容】

使用 SQL Server Management Studio，完成以下操作：

1. 连接本机的数据库服务器，创建数据库"教学数据库（teachDB）"。要求：数据文件的初始大小为 10 MB，最大不限制，按 10%比例增长；日志文件初始大小为 2 MB，最大为 5 MB，按 1 MB 增长；其余参数自定。

2. 在"教学数据库"中创建 3 个表，即 Student（学生表）、Course（课程表）和 SC（选课表）。

Student（学生表）结构

列名	中文名称	数据类型	长度	可否为空	默认值	说明
Sno	学号	Char	7	否	无	主键
Sname	姓名	Char	8	否	无	
Ssex	性别	Bit		否	1	
Sage	年龄	Int		是	无	
Sdept	所在系	Char	10	是	'计算机'	

Course（课程表）结构

列名	中文名称	数据类型	长度	可否为空	默认值	说明
Cno	课程号	Char	3	否	无	主键
Cname	课程名	Char	20	否	无	
Cpno	先修课程	Char	20	是	无	
Ccredit	课程学分	Tinyint		否	0	

<h3 align="center">SC（选课表）结构</h3>

列名	中文名称	数据类型	长度	可否为空	默认值	说明
Sno	学号	Char	7	否	无	主键 外键（参照 Student 表中的 Sno）
Cno	课程号	Char	3	否	无	主键 外键（参照 Course 表中的 Cno）
Grade	成绩	Tinyint		是	0	

3. 在"教学数据库"数据库中的数据表中完成主键约束和外键约束。

4. 在"教学数据库"插入如下示例数据，并思考数据之间应满足何种关系才能插入成功。

<h3 align="center">Student（学生表）示例数据</h3>

Sno	Sname	Ssex	Sage	Sdept
2016001	刘勇	男	20	CS
2016002	唐军	女	19	IS
2016003	王刚	女	18	MA
2016004	吴飞	男	19	IS

<h3 align="center">Course（课程表）示例数据</h3>

Cno	Cname	Cpno	Ccredit
C01	数据库	C05	4
C02	数学		2
C03	信息系统	C01	4
C04	操作系统	C06	3
C05	数据结构	C07	4
C06	数据处理		2
C07	C 语言	C06	4

<h3 align="center">SC（选课表）示例数据</h3>

Sno	Cno	Grade
2016001	C01	92
2016001	C02	85
2016001	C03	88
2016002	C02	90
2016002	C03	80

第3章
关系数据库

关系数据库系统已从实验室走向了社会，成为最重要、应用最广泛的数据库系统。关系型数据库建立在扎实的理论基础之上，理解关系模型是掌握关系数据库的关键。本章主要介绍关系数据结构、关系操作和关系模型的完整性约束，最后介绍关系代数。

3.1 关系数据结构及形式化定义

关系数据库系统是支持关系模型的数据库系统。按照数据模型的 3 个要素，关系模型由关系数据结构、关系操作和关系完整性约束条件三部分构成。

3.1.1 关系

关系数据模型的数据结构非常简单，只包含单一的数据结构——关系。关系模型的数据结构虽然简单却能表达丰富的语义，描述出现实世界的实体以及实体之间的各种联系。也就是说，在关系模型中，现实世界的实体以及实体间的各种联系均用单一的结构类型即关系来表示。

1. 域

【定义 3–1】域（Domain）是一组具有相同数据类型的值的集合。例如，整数、实数和字符串集合都是域。域中允许的不同个数称作域的基数。

设有 3 个域 $D1$、$D2$ 和 $D3$，它们分别表示用户姓名（NAME）、性别（SEX）和生日（BIRTHDATE）的集合。这些域定义为：

$D_1=\{$王丽，李明，刘大海$\}$，基数 $M_1=3$

$D_2=\{$男，女$\}$，基数 $M_2=2$

$D_3=\{1993\text{-}08\text{-}19，1996\text{-}06\text{-}15，1999\text{-}07\text{-}26\}$，基数 $M_3=3$

注意：由于域是值的集合，域中的元素无排列次序，例如，$D_2=\{$男，女$\}=\{$女，男$\}$。

2. 笛卡儿积

【定义 3-2】 给定一组域 D_1, D_2, $\cdots$, D_n, 其中某些域可以相同。D_1, D_2, $\cdots$, D_n 的笛卡儿积（Cartesian Product）为：

$$D_1 \times D_2 \times \ldots \times D_n = \{ (d_1, d_2, \cdots, d_n) | d_i \in D_i, i = 1, 2, \cdots, n \}$$

其中，每一个元素（d_1, d_2, $\cdots$, d_n）称为一个 n 元组（n-tuple）或简称元组（Tuple）。元组中的每一个值 d_i 称为一个分量（Component）。

若 D_i（$i = 1$, 2, $\cdots$, n）为有限集，其基数（Cardinal number）为 m_i（$i = 1$, 2, $\cdots$, n），则 $D_1 \times D_2 \times \cdots \times D_n$ 的基数 M 为：

$$M = \prod_{i=1}^{n} m_i$$

笛卡儿积可表示为一个二维表。表中的每一行对应一个元组，表中每一列的值来自一个域。

对于前面定义的 3 个域 D_1、D_2 和 D_3，可以得到如下的笛卡儿积：

D1 × D2 × D3 = {(王丽, 男, 1993-08-19),(王丽, 男, 1996-06-15),(王丽, 男, 1999-07-26),(王丽, 女, 1993-08-19),(王丽, 女, 1996-06-15),(王丽, 女, 1999-07-26),(李明, 男, 1993-08-19),(李明, 男, 1996-06-15),(李明, 男, 1999-07-26),(李明, 女, 1993-08-19),(李明, 女, 1996-06-15),(李明, 女, 1999-07-26),(刘大海, 男, 1993-08-19),(刘大海, 男, 1996-06-15),(刘大海, 男, 1999-07-26),(刘大海, 女, 1993-08-19),(刘大海, 女, 1996-06-15),(刘大海, 女, 1999-07-26) }。

$D_1 \times D_2 \times D_3$ 的基数 $m = m_1 \times m_2 \times m_3 = 3 \times 2 \times 3 = 18$，也就是说 $D_1 \times D_2 \times D_3$ 中共有 18 个元组。这些元组可列成一张二维表，如表 3-1 所示。

表 3-1　D_1、D_2 和 D_3 的笛卡儿积

NAME	SEX	BIRTHDATE	NAME	SEX	BIRTHDATE
王丽	男	1993-08-19	李明	女	1993-08-19
王丽	男	1996-06-15	李明	女	1996-06-15
王丽	男	1999-07-26	李明	女	1999-07-26
王丽	女	1993-08-19	刘大海	男	1993-08-19
王丽	女	1996-06-15	刘大海	男	1996-06-15
王丽	女	1999-07-26	刘大海	男	1999-07-26
李明	男	1993-08-19	刘大海	女	1993-08-19
李明	男	1996-06-15	刘大海	女	1996-06-15
李明	男	1999-07-26	刘大海	女	1999-07-26

3. 关系

【定义 3-3】 $D_1 \times D_2 \times \cdots \times D_n$ 的子集称为在域 D_1, D_2, $\cdots$, D_n 上的关系（Relation），表示为：

$$R(D_1, D_2, \cdots, D_n)$$

R 表示关系的名字，n 表示关系的目或度。关系是笛卡儿积的有限子集，所以关系也是一张二维表，表的每一行对应一个元组，每一列对应一个域。由于域可以相同，为了加以区

分，必须对每一列起一个名字，称为属性（Attribute），n 目关系有 n 个属性，同一关系中的属性名不能相同。

从表 3-1 可以看出，该笛卡儿积中许多元组没有意义，因为一位用户只有一种性别和一个出生日期，不可能存在某人的性别既是"男"又是"女"。因此表 3-1 中的一个子集才是有意义的，如表 3-2 所示的用户（userinfo）关系。

表 3-2　用户（userinfo）关系

NAME	SEX	BIRTHDATE
王丽	男	1996-06-15
李明	女	1993-08-19
刘大海	男	1999-07-26

关系可以有 3 种类型：基本关系（通常又称基本表）、查询表和视图表。其中，基本表是实际存在的表，它是实际存储数据的逻辑表示；查询表是查询结果对应的表；视图表是由基本表或其他视图表导出的表，不对应实际存储的数据。

关系数据库系统中，基本表具有以下 6 个性质：

（1）列是同质的，即同一列中的分量是同一类型的数据，它们来自同一个域。

（2）同一关系的属性名不能重复。同一关系中不同属性的数据可出自同一个域，但不同的属性要给予不同的属性名。

（3）列的顺序无所谓，即列的次序可以任意交换。许多关系数据库产品增加新属性时，永远是插入至最后一列。

（4）关系中的任意两个元组不能完全相同。

（5）行的顺序无所谓，即行的次序可以任意交换。

（6）关系中的分量具有原子性，即关系中每一个分量都必须是不可分的数据项。

关系模型要求关系必须是规范化的，即要求关系必须满足一定的规范条件。这些规范条件中最基本的一条就是，关系的每一个分量必须是一个不可分的数据项。

4. 码

若关系中某一属性组的值能唯一地标识一个元组，而其子集不能，则这个属性组为候选码（Candidate Key）。

若一个关系中有多个候选码，则选定其中的一个为主码（Primary key）。

候选码的诸属性称为主属性（Prime attribute），不包含在任何候选码中的属性称为非主属性（Non-Prime attribute）或非码属性（Non-key attribute）。

若关系中只有一个候选码，且这个候选码中包括全部属性，则称该候选码为全码（All-Key）。

例如，在订单明细（orderBook）（orderID，bookID，quantity）关系中，orderID 是订单 ID，bookID 图书 ID，quantity 是购买数量。属性组（orderID，bookID）能唯一地标识一个元组，但属性 orderID（或 bookID）不能，因此，（orderID，bookID）是 orderBook 的候选码。其中，orderID、bookID 是主属性，quantity 不包含在任何候选码中，因此是非主属性。

5. 外码

设 FR 是关系 R 的一个或一组属性，但不是关系 R 的候选码，如果 FR 与关系 S 的主码 KS 相对应，则称 FR 是关系 R 的外码（Foreign Key），关系 R 为参照关系，关系 S 为被参照关系（Referenced Relation）或目标关系（Target Relation）。

需要指出的是，外码并不一定要与相应的主码同名。但在实际应用中，为便于识别，当外码与相应的主码属于不同关系时，往往给它们取相同的名字。

例如，在网上书城（bookstore）数据库中有图书（book）和图书类别（category）2 个关系：

book（bookID，title，author，press，price，categoryID，stockAmount）；

category（category ID，categoryName，description）。

在 book 关系中，bookID 是候选码，category ID 不是 book 关系的码，但与 category 关系的主码 categoryID 相对应，因此是 book 关系的外码。其中，book 关系是参照关系，category 关系为被参照关系。

3.1.2　关系模式

在数据库中要区分型和值。关系数据库中，关系模式是型，关系是值。关系模式是对关系的描述。

关系是元组的集合，因此关系模式必须指出这个元组集合的结构，即它由哪些属性构成，这些属性来自哪些域，以及属性与域之间的映像关系。

现实世界随着时间在不断地变化，因而在不同的时刻，关系模式的关系也会有所变化。但是，现实世界的许多已有事实限定了关系模式所有可能的关系必须满足一定的完整性约束条件，这些约束或者通过对属性取值范围的限定，如用户的性别只能取值为"男"或"女"，或者通过属性值间的相互关联（主要体现在值的相等与否）反映出来。关系模式应当刻画出这些完整性约束条件。

【定义 3-4】关系的描述称为关系模式（Relation Schema）。它可以形式化地表示为 $R(U,D,Dom,F)$。其中，R 为关系名；U 为组成该关系的属性集合；D 为属性组 U 中属性所来自的域；Dom 为属性向域的映像的集合；F 为属性间数据的依赖关系集合。

属性间的数据依赖将在第 7 章讨论，本章中的关系模式仅涉及关系名、各属性名、域名、属性向域的映像 4 部分内容，即 $R(U, D, Dom)$。一般来说，关系模式也可以简记为 $R(U)$ 或 $R(A_1,A_2,...,A_n)$。其中，R 为关系名，$A_1,A_2,...,A_n$ 为属性名。

关系是关系模式在某一时刻的状态或内容。关系模式是静态的、稳定的，而关系是动态的、随时间不断变化的，因为关系操作在不断地更新着数据库中的数据。在实际工作中，有时人们把关系模式和关系都称为关系。

3.1.3　关系数据库

在关系模型中，实体以及实体间的联系都是用关系来表达的。在一个给定的应用领域中，全体关系的集合构成一个关系数据库。

关系数据库也有型与值之分。关系数据库的型称为关系数据库模式，是关系数据库的描述。关系数据库模式包含若干域的定义，以及在这些域上定义的若干关系模式。

关系数据库的值是这些关系模式在某一时刻对应的关系的集合，通常称为关系数据库。

3.2　关系操作

关系模型给出了关系操作的能力的说明，但不对关系数据库管理系统的语言给出具体的语法要求，也就是说，不同的关系数据库管理系统可以定义和开发不同的语言来实现这些操作。

3.2.1　基本的关系操作

关系模型中常用的关系操作包括查询（Query）和插入（Insert）、删除（Delete）、修改（Update）操作两大部分。

关系的查询表达能力很强，是关系操作中最主要的部分。查询操作又可分为选择（Select）、投影（Project）、连接（Join）、除（Divide）、并（Union）、差（Except）、交（Intersection）、笛卡儿积（Cartesian Product）等。其中，选择、投影、并、差和笛卡儿积是 5 种基本操作，其他操作可以用基本操作定义和导出。

查询操作关系操作的特点是集合操作方式，即操作的对象和结果都是集合。这种操作的方式称为一次一集合的方式。相应地，非关系数据模型的数据操作方式则为一次一记录的方式。

3.2.2　关系数据语言的分类

早期的关系操作能力通常用代数方式或逻辑方式来表示，分别称为关系代数（Relational Algebra）和关系演算（Relational Calculus）。关系代数用对关系的运算来表达查询要求，关系演算则用谓词来表达查询要求。关系演算又可按谓词变元的基本对象是元组变量还是域变量分为元组关系演算和域关系演算。关系代数、元组关系演算和域关系演算这 3 种方法在表达能力上是完全等价的。

关系代数、元组关系演算和域关系演算都是抽象的查询语言。这些抽象的语言与具体 RDBMS 中实现的实际语言并不完全一样。但它们能用作评估实际系统总查询语言能力的标准或基础。实际的查询语言除了提供关系代数或关系演算的功能外，还提供了许多附加功能，如聚集函数、关系赋值、算术运算等。

另外还有一种介于关系代数和关系演算之间的语言 SQL（Structure Query Language）。SQL 不仅具有丰富的查询功能，而且具有数据定义和数据控制功能，是集查询、数据定义语言、数据操纵语言和数据控制语言于一体的关系数据语言。它充分体现了关系数据语言的特点和优点，是关系数据库的标准语言。

因此，关系数据语言可分为三类，如图 3-1 所示。

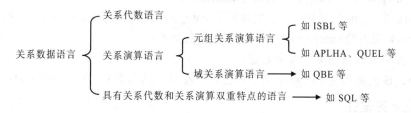

图 3-1　关系数据语言分类

特别地，SQL 语言是一种高度非过程化的语言，用户不必请求 DBA 为其建立特殊的存取路径。存取路径的选择由 DBMS 的优化机制来完成。关系数据库管理系统中研究和开发了查询优化方法，系统可以自动选择较优的存取路径，提高查询效率。

3.3 关系模型的完整性

关系模型的完整性规则是对关系的某种约束条件。关系模型中可以有 3 类完整性约束：实体完整性、参照完整性和用户定义的完整性。其中实体完整性和参照完整性是关系模型必须满足的完整性约束条件，被称作是关系的两个不变性，应该由关系系统自动支持。

3.3.1 实体完整性

【规则 3-1】实体完整性规则　若属性（或属性组）A 是基本关系 R 的主属性，则 A 不能为空值。

注意：该规则规定基本表的所有主属性都不能取空值（空值不是空格值，它是无输入的属性值，用 "NULL" 表示，说明 "不知道" 或 "无意义"）。

例如，网上书城（bookstore）的图书（book）关系和订单明细（orderBook）关系。在 book(bookID,title,author,press,price,categoryID,stockAmount)中，bookID 为主码，则 bookID 不能取空值；在 orderBook(orderID,bookID,quantity)中，(orderID,bookID)为主码，根据实体完整性规则，orderID 和 bookID 都不能取空值。

3.3.2 参照完整性

现实世界中的实体往往存在某种关系，在关系模型中表现为关系与关系之间的联系。外键表示了参照关系和被参照关系的引用关系，参照完整性则定义了外码与被参照关系的主码之间的引用规则。

【规则 3-2】参照完整性规则　若属性（或属性组）F 是基本关系 R 的外键，它与基本关系 S 的主键 K_S 相对应（基本关系 R 和 S 不一定是不同的关系），则对于 R 中每个元组在 F 上的值必须等于 S 中某个 K_S 值或者取空值。

注意：外键 F 和相应的主码 KS 可以不同名，但必须定义在同一域上；关系 R 和关系 S 也可以是同一个关系。

例如，网上书城（bookstore）数据库中的图书（book）和图书类别（category）关系：

book（bookID,title,author,press,price,categoryID,stockAmount）;

category（category ID，categoryName，description）。

其中，categoryID 是 book 关系的外码，它参照了 category 关系的主码 categoryID。根据参照完整性规则，book 关系的 categoryID 属性值可以取两类值：

① 空值，表示该图书的类别尚未确定；

② 非空值，该值必须是 category 关系中已经存在某个图书类别 ID（categoryID）。

3.3.3 用户定义完整性

任何关系数据库系统都应该支持实体完整性和参照完整性。除此之外，不同的关系数据库系统根据其应用环境的不同，往往还需要一些特殊的约束条件，用户定义完整性就是针对某一具体关系数据库的约束条件，它反映某一具体应用所涉及的数据必须满足的语义要求。例如，网上书城（bookstore）数据库中，图书的库存量必须大于 0。

关系模型应提供定义和检验这类完整性的机制，以便用统一的系统的方法处理它们，而不需由应用程序承担这一功能。

3.4　关系代数

关系代数是一种抽象的查询语言，它用对关系的运算来表达。

任何一种运算都是将一定的运算符作用于一定的运算对象上，得到预期的运算结果。所以，运算对象、运算符、运算结果是运算的三大要素。

关系运算的对象是关系，运算结果也是关系。关系运算包括的运算符包括四类：集合运算符、专门的关系运算符、算术比较符和逻辑运算符，如表 3-3 所示。

表 3-3　关系代数运算符

运　算　符		含　义	运　算　符		含　义
集合运算符	∪	并	比较运算符	>	大于
	−	差		>=	大于等于
	∩	交		<	小于
	×	笛卡儿积		<=	小于等于
				=	等于
				<>	不等于
专门的关系运算符	σ	选择	逻辑运算符	∧	与
	π	投影		∨	或
	⋈	连接		¬	非
	÷	除			

3.4.1　传统的集合运算

传统的集合运算是二目运算，包括并、交、差、笛卡儿积 4 种运算。

设关系 R 和关系 S 具有相同的目 n（即两个关系都有 n 个属性），且相应的属性取自相同的域，t 是元组变量，$t \in R$，表示 t 是 R 的一个元组。

可以定义并、交、差、笛卡儿积运算如下：

（1）并（Union）。关系 R 与关系 S 的并记作 $R \cup S = \{ t | t \in R \lor t \in S \}$。

（2）差（Except）。关系 R 与关系 S 的差记作 $R - S = \{ t | t \in R \land t \notin S \}$。

（3）交（intersection）。关系 R 与关系 S 的交记作 $R \cap S = \{ t | t \in R \land t \in S \}$。

（4）笛卡儿积（Cartesian Product）。这里的笛卡儿积是广义的笛卡儿积，两个分别为 n 目和 m 目的关系 R 和关系 S 的笛卡儿积是一个（$n+m$）列的元组集合。若 R 有 k_1 个元组，S 有 k_2 个元组，则关系 R 和关系 S 的笛卡儿积有 $k_1 \times k_2$ 个元组。记作 $R \times S = \{ \widehat{t_r t_s} | t_r \in R \land t_s \in S \}$。

图 3-2（a）、图 3-2（b）分别为具有 3 个属性的关系 R、S、R∪S，R-S、R∩S 和 R×S 的运算结果分别见图 3-2（c）、图 3-2（d）、3-2（e）、图 3-2（f）。

R

A	B	C
A_1	B_1	C_1
A_1	B_2	C_2
A_2	B_2	C_1

（a）

S

A	B	C
A_1	B_2	C_2
A_1	B_3	C_2
A_2	B_2	C_1

（b）

R∪S

A	B	C
A_1	B_1	C_1
A_1	B_2	C_2
A_2	B_2	C_1
A_1	B_3	C_2

（c）

R-S

A	B	C
A_1	B_1	C_1

（d）

R∩S

A	B	C
A_1	B_2	C_2
A_2	B_2	C_1

（e）

R×S

R.A	R.B	R.C	S.A	S.B	S.C
A_1	B_1	C_1	A_1	B_2	C_2
A_1	B_1	C_1	A_1	B_3	C_2
A_1	B_1	C_1	A_2	B_2	C_1
A_1	B_2	C_2	A_1	B_2	C_2
A_1	B_2	C_2	A_1	B_3	C_2
A_1	B_2	C_2	A_2	B_2	C_1
A_2	B_2	C_1	A_1	B_2	C_2
A_2	B_2	C_1	A_1	B_3	C_2
A_2	B_2	C_1	A_2	B_2	C_1

（f）

图 3-2　传统集合运算举例

3.4.2　专门的关系运算

专门的关系运算包括选择、投影、连接、除运算等。为了叙述上的方便，先引入几个记号。

（1）设关系模式为 $R(A_1, A_2, \cdots, A_n)$，它的一个关系设为 R。$t \in R$ 表示 t 是 R 的一个元组。$t[A_i]$ 则表示元组 t 中属性 A_i 上的一个分量。

（2）若 $A=\{A_{i1}, A_{i2}, \cdots, A_{in}\}$，其中 A_{i1}, A_{i2}, A_{ik} 是 $A_1, A_2, \cdots, A_n$ 中的一部分，则 A 称为属性列或属性组。$t[A]=(t[A_{i1}], t[A_{i2}], \cdots, t[A_{ik}])$ 表示元组 t 在属性列 A 上诸分量的集合。$\overline{A}$ 则表示 $\{A_1, A_2, A_3, \cdots, A_n\}$ 中去掉 $\{A_{i1}, A_{i2}, \cdots, A_{in}\}$ 后剩余的属性组。

（3）R 为 n 目关系，S 为 m 目关系。$t_r \in R$，$t_s \in S$，$\widehat{t_r t_s}$ 称为元组的连接（Concatenation）或元组的串接。它是一个 $n+m$ 列的元组，前 n 个分量为 R 中的一个 n 元组，后 m 个分量为 S 中的一个 m 元组。

（4）给定一个关系 $R(X, Z)$，X 和 Z 为属性组。当 $t[X]=x$ 时，x 在 R 中的象集（Images set）定义为 $Z_x=\{t[Z]| t\in R, t[X]=x \}$，它表示 R 中属性组 X 上值为 x 的诸元组在 Z 上分量的集合。

例如，如图 3-3 所示，在关系 R 中，x_1 在 R 中的象集 $Z_{x1}=\{Z_1, Z_2, Z_3\}$；x_2 在 R 中的象集 $Z_{x2}=\{Z_2, Z_3\}$；x_3 在 R 中的象集 $Z_{x3}=\{Z_1, Z_3\}$。

关系 R

x_1	Z_1
x_1	Z_2
x_1	Z_3
x_2	Z_2
x_2	Z_3
x_3	Z_1
x_3	Z_3

图 3-3 象集举例

网上书城（bookstore）数据库包含用户（userInfo）、图书（book）、图书类别（category）、订单（orderInfo）和订单明细（orderBook）5 个关系，如图 3-4 所示。下面的多个例子将对这 5 个关系进行运算。

userInfo

userID	userName	sex	password	birthdate	userState
101	张三	男	101	1993-08-19	正常使用
102	王丽	女	102	1984-02-18	正常使用
103	李明	男	103	1996-06-15	正常使用
104	张艳丽	女	104	1993-12-03	锁定
105	刘大海	男	105	1999-07-26	停用

（a）

category

categoryID	categoryName	description
1	理工类	自然科学、工程技术等
2	人文社科类	哲学、经济、教育学等

（b）

book

bookID	title	author	press	price	categoryID	stockAmount
1001	数据库系统原理	王珊	高等教育出版社	39	1	200
1002	数据结构 C 语言版	严蔚敏	清华大学出版社	35	1	250
1003	计算机网络	谢希仁	电子工业出版社	39	1	50
1004	经济学原理	曼昆	清华大学出版社	64	2	25
1005	中国哲学简史	冯友兰	北京大学出版社	38	2	10
1006	教育心理学	莫雷	教育科学出版社	36	2	180

（c）

图 3-4 网上书城（bookstore）数据库

orderInfo

orderID	userID	payment	orderTime	orderState
2016001	101	109.00	2016-08-01 07:56:32	已完成
2016002	102	138.00	2016-08-03 08:34:38	已完成
2016003	102	143.00	2016-08-03 21:34:53	已提交
2016004	102	117.00	2016-08-07 08:50:29	未提交
2016005	103	117.00	2016-08-08 15:50:28	已支付
2016006	103	73.00	2016-08-08 23:28:28	已完成
2016007	104	175.00	2016-08-09 12:50:33	已完成

（d）

orderBook

orderID	bookID	quantity
2016001	1001	1
2016001	1002	2
2016002	1004	1
2016002	1005	1
2016002	1006	1
2016003	1002	1
2016003	1006	3
2016004	1001	2
2016004	1003	1
2016005	1001	2
2016005	1003	1
2016006	1002	1
2016006	1005	1
2016007	1001	1
2016007	1004	1
2016007	1006	2

（e）

图 3-4　网上书城（bookstore）数据库（续）

1. 选择（Select）

选择又称限制（Restriction）。它是在关系 R 中选择满足条件的诸元组，记作：

$$\sigma_F(R) = \{t \mid t \in R \wedge F(t) = '真'\}$$

其中，σ 为选择运算符，$\sigma_F(R)$，表示从 R 中选择满足条件的元组，F 是一个逻辑表达式（$X\ \theta\ Y$，θ 为关系运算符）。

选择运算实际上是从关系 R 中选取使逻辑表达式 F 为真的元组。这是从行的角度进行的运算。

【例 3-1】查询高等教育出版社出版的图书。

$$\sigma_{press = '高等教育出版社'}(book)$$

【例 3-2】查询价格在 49 元以下的图书。

$$\sigma_{price<49}(\text{book})$$

2. 投影（Projection）

关系 R 上的投影是从 R 中选择出若干属性列组成新的关系。记作：

$$\pi_A(R)=\{t[A]|t\in R\}$$

其中 A 为 R 的属性列。投影操作是从列的角度进行的。

【例 3-3】查询全体图书的书名和出版社，即求 book 关系上的书名和出版社两个属性上的投影。

$$\pi_{title,\ press}(\text{book})$$

投影之后不仅取消了原关系中的某些列，而且还可能取消了某些元组，因为取消了某些属性列后，就可能出现重复行，应取消这些完全重复的行。

【例 3-4】查询 book 关系中都有哪些出版社，即查询关系 book 上出版社属性上的投影。

$$\pi_{press}(\text{book})$$

所得结果集是取消完全重复的出版社，因此只有 5 个元组。

3. 连接（Join）

连接也称 θ 连接。它是从两个关系的笛卡儿积中选取属性间满足一定条件的元组。记作：

$$R\underset{A\ \theta\ B}{\bowtie}S=\{\ \widehat{t_r\ t_s}\ |\ t_r\in R\wedge t_s\in S\wedge t_r[A]\ \theta\ t_s[B]\ \}$$

其中 A 和 B 分别是 R 和 S 上列数相等且可比的属性组。θ 是比较运算符。连接运算从 R 和 S 的笛卡儿积 $R\times S$ 中选取 R 关系在 A 属性组上的值与 S 关系在 B 属性组上值满足比较关系 θ 的元组。

连接运算中有两个重要的也是最常用的连接：等值连接（equijoin）和自然连接（natural join）。

如果 θ 为 "=" 的连接运算称为等值连接。它是从关系 R 与 S 的广义笛卡儿积中选取 A、B 属性值相等的那些元组，即等值连接为：

$$R\underset{A=B}{\bowtie}S=\{\ \widehat{t_r\ t_s}\ |\ t_r\in R\wedge t_s\in S\wedge t_r[A]=t_s[B]\ \}$$

自然连接（Natural join）是一种特殊的等值连接。它要求两个关系中进行比较的分量必须是同名的属性组，并且在结果中把重复的属性列去掉。即若 R 和 S 具有相同的属性组 B，U 为 R 和 S 的全体属性集合，则自然连接可记作：

$$R\bowtie S=\{\ \widehat{t_r\ t_s}[U-B]\ |\ t_r\in R\wedge t_s\in S\wedge t_r[B]=t_s[B]\ \}$$

一般连接操作是从行的角度进行运算，但自然连接还需要取消重复列，所以是同时从行和列两个角度进行运算。

【例 3-5】设图 3-5（a）和图 3-5（b）分别表示两个关系 R 和 S，图 3-5（c）为一般连接 $R\underset{C<E}{\bowtie}S$ 的结果，图 3-5（d）为 $R\underset{R.B=S.B}{\bowtie}S$ 的结果，图 3-5（e）为 $R\bowtie S$ 的结果。

两个关系 R 和 S 在进行自然连接时，选择两个关系在公共属性上值相等的元组构成新的关系。同时 R 或者 S 中的一些元组被舍弃。

如果把舍弃的元组也保存在结果关系中，而在其他属性上填空值（NULL），那么这种连接就称为外连接。如果只把左边关系 R 中要舍弃的元组保留就称为左外连接，如果只把右边的关系 S 中要舍弃的元组保留就称为右外连接。R 和 S 的外连接如图 3-6 所示。

$$R \underset{C<E}{\bowtie} S$$

A	B	C
a_1	b_1	5
a_1	b_2	6
a_2	b_3	8
a_2	b_4	12

（a）关系 R

B	E
b_1	3
b_2	7
b_3	10
b_3	2
b_5	2

（b）关系 S

A	R.B	C	S.B	E
a_1	b_1	5	b_2	7
a_1	b_1	5	b_3	10
a_1	b_2	6	b_2	7
a_1	b_2	6	b_3	10
a_2	b_3	8	b_3	10

（c）一般连接

$$R \underset{R.B=S.B}{\bowtie} S$$

A	R.B	C	S.B	E
a_1	b_1	5	b_1	3
a_1	b_2	6	b_2	7
a_2	b_3	8	b_3	10
a_2	b_3	8	b_3	2

（d）等值连接

A	B	C	E
a_1	b_1	5	3
a_1	b_2	6	7
a_2	b_3	8	10
a_2	b_3	8	2

（e）自然连接

图 3-5　连接运算举例

A	B	C	E
a_1	b_1	5	3
a_1	b_2	6	7
a_2	b_3	8	10
a_2	b_3	8	2
a_2	b_4	12	NULL
NULL	b_5	NULL	2

（a）外连接

A	B	C	E
a_1	b_1	5	3
a_1	b_2	6	7
a_2	b_3	8	10
a_2	b_3	8	2
a_2	b_4	12	NULL

（b）左外连接

A	B	C	E
a_1	b_1	5	3
a_1	b_2	6	7
a_2	b_3	8	10
a_2	b_3	8	2
NULL	b_5	NULL	2

（c）右外连接

图 3-6　外连接运算举例

4. 除（Division）

给定关系 $R(X, Y)$ 和 $S(Y, Z)$，其中 X、Y、Z 为属性组。R 中的 Y 与 S 中的 Y 可以有不同的属性名，但必须出自相同的域集。

R 和 S 的除运算得到一个全新的关系 $P(X)$，P 是 R 中满足下列关系的元组在 X 属性上的投影：元组在 X 上的分量值 x 的象集 Y_x 包含 S 在 Y 上投影的集合，记作：

$$R \div S = \{t_r[X] \mid t_r \in R \land \pi_Y(S) \subseteq Y_x\}$$

其中 Y_x 为 x 在 R 中的象集，$x=t_r[X]$。

除操作是同时从行和列的角度进行的。

【例 3-6】设关系 R、S 分别如图 3-7 所示，$R \div S$ 的结果如图 3-7（c）所示。

R

A	B	C
a_1	b_1	c_2
a_2	b_3	c_7
a_3	b_4	c_6
a_1	b_2	c_3
a_4	b_6	c_6
a_2	b_2	c_3
a_2	b_2	c_3
a_1	b_2	c_1

（a）

S

B	C	D
b_1	c_2	d_1
b_2	c_1	d_1
b_2	c_3	d_2

（b）

$R \div S$

A
a_1

（c）

图 3-7　除运算举例

所以 $R \div S = \{a_1\}$。

【例3-7】查询至少买了1001号图书和1003号图书的订单号。

首先建立一个临时关系 K：

K
bookID
1001
1003

2016001 象集为 {1001,1002}，2016002 象集为 {1004,1005,1006}，2016003 象集为 {1002,1006}，2016004 象集为 {1001,1003}，2014005 象集为 {1001,1003}，2016006 象集为 {1002,1005}，2016007 象集为 {1001,1004,1006}，只有 201604 和 2016005 包含 {1001,1003}。因此，$\pi_{sno, cno}(orderBook) \div K$，结果为 {2016004，2016005}

3.4.3　关系代数表达式

关系代数中，这些关系代数运算经有限次复合后形成的表达式称为关系代数表达式。可以利用关系代数表达式来表达复杂的查询要求。

下面再以网上书城（bookstore）数据库为例，给出几个综合应用多种关系代数运算进行查询的例子。

【例3-8】查询购买了1001号图书的订单号。

$$\pi_{orderid}(\sigma_{bookid = "1001"}(orderbook))$$

【例3-9】查询至少买了一本高等教育出版社出版的书的用户姓名。

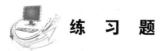

$$\pi_{name}(\sigma_{press = '高等教育出版社'}(book) \bowtie orderbook \bowtie orderInfo \bowtie userInfo)$$

本 章 小 结

关系数据库系统是本书的重点，这是因为关系数据库系统是目前使用最广泛的数据库系统，20世纪70年代以后开发的数据库管理系统产品几乎都是基于关系的。在数据库发展的历史上，最重要的成果就是关系模型。

本章系统讲解了关系数据库的重要概念，包括关系数据结构、关系操作以及关系的完整性约束，最后介绍了关系代数。

练 习 题

1. 试述关系模型的3个组成部分。
2. 试述关系操作的特点和关系操作语言的分类。

3. 定义并理解下列术语，说明它们之间的联系与区别：

（1）域，笛卡儿积，关系，元组，属性。

（2）主码，候选码，外码。

（3）关系，关系模式，关系数据库。

4. 简述关系模型的实体完整性规则。

5. 试述关系模型的完整性规则。在参照完整性中，为什么外码可以取空值？

6. 试述等值连接与自然连接的区别和联系。

7. 关系代数的基本运算有哪些？如何用这些基本运算来表示其他运算？

实验 3 关系代数表达式

【实验目的】

熟练运用关系代数表达式。

【实验内容】

已知有如下教学数据库，分表由 Student（学生）、Course（课程）和 SC（选课）3 个关系构成。

Student（学生表）

Sno （学号）	Sname （姓名）	Ssex （性别）	Sage （年龄）	Sdept （所在系）
2016001	刘勇	男	20	CS
2016002	唐军	女	19	IS
2016003	王刚	女	18	MA
2016004	吴飞	男	19	IS

Course（课程表）

Cno （课程号）	Cname （课程名）	Cpno （先行课）	Ccredit （学分）
C01	数据库	C05	4
C02	数学		2
C03	信息系统	C01	4
C04	操作系统	C06	3
C05	数据结构	C07	4
C06	数据处理		2
C07	C 语言	C06	4

SC（选课表）

Sno （学号）	Cno （课程号）	Grade （成绩）
2016001	C01	92
2016001	C02	85
2016001	C03	88
2016002	C02	90
2016002	C03	80

请根据学过的知识，分别写出满足以下查询条件的关系代数表达式及查询结果。

（1）查询学生姓名及所在系。

（2）查询 Student 关系中的学生来自哪些系。

（3）查询选修了 2 号课程（编号为 C02）的学生学号、姓名及 2 号课程（编号为 C02）的成绩。

（4）查询计算机系（编号为 CS）选修了 2 号课程（编号为 C02）的学生的学号及姓名。

（5）查询信息系（编号为 IS）或选修了 2 号课程（编号为 C02）的学生的学号及姓名。

（6）查询未选修 2 号课程（编号为 C02）的学生学号及姓名。

（7）查询选修了 1 号课程（编号为 C01）或选修了 2 号课程（编号为 C02）的学生学号及姓名。

（8）查询同时选修了 1 号课程（编号为 C01）和 2 号课程（编号为 C02）的学生学号及姓名。

（9）查询选修了全部课程的学生学号及姓名。

（10）查询至少选修了一门其直接先行课（属性名 Cpno）为 5 号课程（编号为 C05）的学生姓名。

第4章
关系数据库标准语言 SQL

结构化查询语言（Structured Query Language，SQL）是关系数据库的标准语言，其功能不仅仅是查询，而是包括数据库模式创建、数据库数据的插入、删除与修改、数据库安全性和完整性定义与控制等一系列功能。本章主要介绍 SQL 的基本功能。

4.1 SQL 概述

自 SQL 成为国际标准之后，各软件厂商纷纷推出了支持 SQL 的数据库管理系统。这就使不同数据库系统之间的互操作有了共同基础。

4.1.1 SQL 的产生与发展

SQL 是在 1974 年由 Boyce 和 Chamberlin 提出的，最初名称为 Sequel，并在 IBM 公司研制的关系数据库管理系统原型 System R 上实现。由于 SQL 简单易学，功能丰富，深受用户及业界的欢迎，因此被数据库厂商采用。经各公司的不断修改、扩充和完善，SQL 得到了业界的认可。1986 年，美国国家标准局（ANSI）的数据库委员会 X3H2 批准了 SQL 作为关系数据库的美国标准，同年公布了 SQL 标准文本（简称 SQL/86）。1987 年，国际标准化组织（ISO）也通过了这一标准。

SQL 标准从公布以来随数据库技术的发展而不断发展、不断丰富。表 4-1 是 SQL 标准的进展过程，可以发现，SQL 标准的内容越来越丰富，也越来越复杂。

表 4-1　SQL 标准的进展过程

标　　准	大致页数	发布日期	标　　准	大致页数	发布日期
SQL/86		1986 年	SQL 2003	3 600 页	2003 年
SQL/89(FIPS 127-1)	120 页	1989 年	SQL 2008	3 777 页	2006 年
SQL/92	622 页	1992 年	SQL 2011		2010 年
SQL/99(SQL 3)	1 700 页	1999 年			

目前，没有一个数据库系统能支持 SQL 标准的所有概念和特性。大部分数据库系统能支持 SQL/92 标准中的大部分功能以及 SQL/99、SQL 2003 中的部分新概念。同时，许多软件厂商对 SQL 基本命令集还进行了不同程度的扩充和修改，支持标准以外的一些功能特性。本章仅介绍 SQL 的基本概念和基本功能，读者在使用具体数据库系统时要查阅该系统的用户手册。

4.1.2　SQL 的特点

SQL 是一门综合的、功能极强同时又简洁易学的语言，它集数据查询、数据操纵、数据定义和数据控制于一体。其主要特点包括：

（1）综合统一。SQL 集数据查询、数据操纵、数据定义和数据控制于一体，语言风格统一。

（2）高度非过程化。用 SQL 语言进行数据操作时，只须提出"做什么"，而无须指明"怎么做"，因此用户无须了解存取路径。存取路径的选择以及 SQL 的操作过程由系统自动完成，这不但大大减轻了用户负担，而且有利于提高数据独立性。

（3）面向集合的操作。SQL 采用集合操作方式，不仅操作对象、查找结果是元组的集合，而且一次插入、删除和更新操作的对象也可以是元组的集合。

（4）以同一种语法结构提供多种使用方法。SQL 既是独立的语言，能够独立地用于联机交互的使用方式，又是嵌入式语言，能够嵌入到高级语言（如 C、C++、Java、C#）程序中供程序员使用。而在两种不同的使用方式下，SQL 的语法结构基本上是一致的。这种以统一的语法结构提供不同使用方式的做法，带来了极大的灵活性和方便性。

（5）语言简洁，易学易用。SQL 功能强大，但语言十分简洁，完成核心功能只用 9 个动词，如表 4-2 所示。SQL 接近英语口语，易于学习和使用。

表 4-2　SQL 的动词

SQL 功能	动　　词
数据查询	SELECT
数据定义	CREATE、DROP、ALTER
数据操纵	INSERT、UPDATE、DELETE
数据控制	GRANT、REVOKE

4.1.3　SQL 运行环境

SQL 运行环境看作是运行在某个设备上的数据库管理系统。SQL 环境由很多组件构成，各组件协同工作，以完成 SQL 操作。以 SQL Server 为例，这些组件分为客户端组件、通信组件、服务器端组件（见图 4-1）。客户端组件是一组可视化的编程维护环境和实用工具；通信组件负责将 SQL 命令从客户端传递到服务器端，或将执行结果由服务器端返回客户端；服务器端组件负责执行 SQL 命令，一个服务器端组件称为一个"实例"。

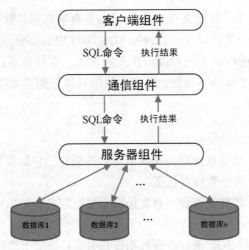

图 4-1   SQL 运行环境

4.2   网上书城示例数据库

网上书城（bookstore）数据库包括 5 个基本表：用户表（userInfo）、图书类别表（category）、图书表（book）、订单表（orderInfo）、订单明细表（orderBook），各基本表的定义见图 4-2，其数据示例见图 4-3。

用户表（userInfo）

字 段	中文名称	数据类型	说 明
userID	用户 ID	Int	primay key
userName	姓名	Varchar(20)	not null，unique
sex	性别	Varchar(2)	"男"，"女"
password	密码	Varchar(8)	not null
birthdate	出生日期	Datetime	null
userState	用户状态	Varchar(20)	正常使用，锁定，停用

（a）

图书类别表（category）

字 段	中文名称	数据类型	说 明
categoryID	类别 ID	Int	primary key
categoryName	类别名称	Varchar(40)	not null
description	描述信息	Varchar(250)	null

（b）

图 4-2   网上书城（bookstore）数据库模式

图书表（book）

字　　段	中 文 名	数据类型	说　　明
bookID	图书 ID	Int	primay key
title	书名	Varchar(50)	not null
author	作者	Varchar(50)	not null
press	出版社	Varchar(80)	not null
price	价格	Numeric(17,2)	not null
categoryID	类别 ID	Int	not null,foreign key
stockAmount	库存量	Int	not null

（c）

订单表（orderInfo）

字　　段	中 文 名	数据类型	说　　明
orderID	订单 ID	Int	primary key
userID	用户 ID	Int	foreign key
payment	订单总金额	Numeric(17,2)	null
orderTime	下单时间	Datetime	not null
orderState	订单状态	Varchar(20)	未提交、已提交、已支付、已完成

（d）

订单明细表（orderBook）

字　　段	中 文 名	数据类型	说　　明
orderID	订单 ID	Int	primary key,foreign key
bookID	图书 ID	Int	primary key,foreign key
quantity	购买数量	Int	not null

（e）

图 4-2　网上书城（bookstore）数据库模式（续）

userInfo

userID	userName	sex	password	birthdate	userState
101	张三	男	101	1993-8-19	正常使用
102	王丽	女	102	1984-2-18	正常使用
103	李明	男	103	1996-6-!5	正常使用
104	张艳丽	女	104	1993-12-3	锁定
105	刘大海	男	105	1999-7-26	停用

（a）

category

categoryID	categoryName	description
1	理工类	自然科学、工程技术等
2	人文社科类	哲学、经济、教育学等

（b）

图 4-3　网上书城（bookstore）数据库示例数据

book

bookID	title	author	press	price	categoryID	stockAmount
1001	数据库系统原理	王珊	高等教育出版社	39	1	200
1002	数据结构 C 语言版	严蔚敏	清华大学出版社	35	1	250
1003	计算机网络	谢希仁	电子工业出版社	39	1	50
1004	经济学原理	曼昆	清华大学出版社	64	2	25
1005	中国哲学简史	冯友兰	北京大学出版社	38	2	10
1006	教育心理学	莫雷	教学科学出版社	36	2	180

（c）

orderInfo

orderID	userID	payment	orderTime	orderState
2016001	101	109.00	2016/8/1 7:56:32	已完成
2016002	102	138.00	2016/8/3 8:34:38	已完成
2016003	102	143.00	2016/8/3 21:34:53	已提交
2016004	102	117.00	2016/8/7 8:50:29	未提交
2016005	103	117.00	2016/8/8 15:50:28	已支付
2016006	103	73.00	2016/8/8 23:28:28	已完成
2016007	104	175.00	2016/8/9 12:50:33	已完成

（d）

orderBook

orderID	bookID	quantity
2016001	1001	1
2016001	1002	2
2016002	1004	1
2016002	1005	1
2016002	1006	1
2016003	1002	1
2016003	1006	3
2016004	1001	2
2016004	1003	1
2016005	1001	2
2016005	1003	1
2016006	1002	1
2016006	1005	1
2016007	1001	1
2016007	1004	1
2016007	1006	2

（e）

图 4-3　网上书城（bookstore）数据库示例数据（续）

4.3　数据定义

SQL 的数据定义功能主要包括定义模式、基本表、视图与索引等，如表 4-3 所示。

表 4-3　SQL 的数据定义语句

操作对象	操作方式		
	创建	删除	修改
数据库	CREATE DATABASE	DROP DATABASE	ALTER DATABASE
模式	CREATE SCHEMA	DROP SCHEMA	
基本表	CREATE TABLE	DROP TABLE	ALTER TABLE
视图	CREATE VIEW	DROP VIEW	
索引	CREATE INDEX	DROP INDEX	ALTER INDEX

SQL 标准不提供修改模式定义和修改视图定义的操作。如果用户想修改这些对象，只能先将它们删除然后再重建。SQL 标准也没有提供索引相关的语句，但为了提高查询效率，商业数据库管理系统通常都提供了索引机制和相关语句。

在早期的数据库系统中，所有的数据库对象都属于一个数据库，也就是说一个命名空间。现代数据库库管理系统提供了一个层次化的数据库对象命名机制。如图 4-4 所示，一个关系数据库管理系统的实例中可以建立多个数据库，一个数据库可以建立多个模式，一个模式下通常包含多个表、视图和索引等数据库对象。

本节介绍如何定义数据库、基本表和模式，索引和视图的定义分别在 4.7 和 4.8 节介绍。

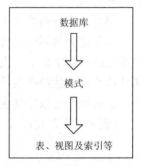

图 4-4　数据库对象命名机制的层次结构

4.3.1　数据库的定义与删除

1. 定义数据库

定义数据库使用 CREATE DATABASE 语句，其语法格式如下：

```
CREATE DATABASE <database_name>
```

其中，<database_name>为要创建的数据库的名称。

【例 4-1】创建网上书城示例数据库，数据库名称为 bookstore。

```
CREATE DATABASE bookstore
```

执行该语句后，数据库系统会创建一个名为 bookstore 的数据库，并在默认的数据库文件位置创建相应的数据文件和日志文件。

2. 删除数据库

删除数据库使用 DROP DATABASE 语句，其语法格式如下：

```
DROP DATABASE <database_name>;
```

其中，<database_name>是要删的数据库的名称。

【例 4-2】删除例 4-1 中创建的示例数据库 bookstore。

```
DROP DATABASE bookstore;
```

执行该语句后，数据库系统会删除 bookstore 数据库及相应的数据文件和日志文件。

4.3.2 基本表的定义、删除与修改

1. 基本表的定义

定义基本表使用 CREATE TABLE 语句，其语法格式如下：

```
CREATE TABLE <table_name> (<column_name> <数据类型> [列级完整性约束]
        [,<column_name> <数据类型> [列级完整性约束]]... [,<表级完整性约束>]);
```

其中，<table_name>是要创建的基本表的名称，<column_name>是基本表的列的名称。

对于基本表的定义，需要注意以下几点：

（1）"< >"表示该项目必选，"[]"表示该项目可选。

（2）表名和列名是以字母开头，由字母、数字和下画线"_"组成的字符串，长度不超过 30 个字符。表名不能与 SQL 中的关键字重复，也不能与其他表名和视图重名。如果表名和列名用到了关键字，将导致 SQL 语句编译失败，必须用方括号或双引号分隔含有关键字的表名和列名。

（3）表中各列的定义在括号内完成，各列之间以逗号隔开，同一个表的列名不能重复。

（4）建表的同时还可以定义与该表有关的完整性约束条件，这些完整性约束条件被保存到系统的数据字典中，当用户操作表中的数据时，关系数据库管理系统自动检查该操作是否违背这些完整性约束约束条件。如果完整性约束约束条件涉及该表的多个属性，则必须定义在表级上，否则既可以定义在列级也可以定义在表级。

【例 4-3】创建图 4-2 所示数据库中的用户表（userInfo）。

```
CREATE TABLE userInfo
(
    userID INT PRIMARY KEY,                  /*列级完整性约束，userID 为表的主键 */
    userName VARCHAR(20) NOT NULL UNIQUE, /* userName 非空并具有唯一值约束 */
    sex VARCHAR(2) NOT NULL,
    password VARCHAR(8) NOT NULL,
    birthdate DATETIME,
    userState VARCHAR(20) NOT NULL
);
```

在创建表时各列默认设置允许为空（NULL），除非指明为 NOT NULL 属性。在上述的用户表中，userID、userName、sex、password 和 birthdate 列为非空（NOT NULL），即在数据库的插入和修改操作的这些字段的值为必修填写，否则数据库会报错，拒绝操作。表中 userID 虽然没有指明不能为空，但 userID 为表的主键（PRIMARY KEY），默认不能为空。userName 具有唯一值约束（UNIQUE），在表中主键和 UNIQUE 的字段的值是不允许重复的。

【例 4-4】创建图 4-2 所示数据库中的订单明细表（orderBook）。

```
CREATE TABLE orderBook
(
    orderID INT FOREIGN KEY REFERENCES orderInfo(orderID),/*列级完整性约束，
定义外键*/
    bookID INT FOREIGN KEY REFERENCES book(bookID),/*列级完整性约束，定义外
键*/
    quantity INT NOT NULL DEFAULT(1),/*列级完整性约束，定义默认值*/
    PRIMARY KEY(orderID,bookID)          /*表级完整性约束，定义主键*/
```

```
);
```

可以看出，在 orderBook 表中，由于主键（PRIMARY KEY）约束对多个列起到约束作用，只能定义表级完整性约束。而外键约束，只对单列起到约束作用，既可以定义列级完整性约束，也可以定义表级完整性约束。例 4-4 也可以写成如下形式：

```
CREATE TABLE orderBook
(
    orderID INT,
    bookID INT,
    quantity INT NOT NULL DEFAULT(1),/*列级完整性约束，定义默认值*/
    PRIMARY KEY(orderID,bookID),      /*表级完整性约束，定义主键*/
    FOREIGN KEY (ordered) REFERENCES orderInfo(orderID), /*表级完整性约束，
定义外键*/
    FOREIGN KEY (bookID)REFERENCES book(bookID) /*表级完整性约束，定义外键*/
);
```

2. 基本表的删除

删除基本表使用 DROP TABLE 语句，其语法格式如下：

```
DROP TABLE <table_name>;
```

其中，<table_name>是要删除的基本表的名称。

删除基本表会删除整个表结构，删除后，该表在数据库中将不复存在。当要删除的表与其他表存在关联关系时（如表的主键被其他表的外键引用），数据库管理系统不允许用户删除该表。

【例 4-5】删除例 4-4 中创建的用户表（userInfo）。

```
DROP TABLE userInfo;
```

当执行上述 SQL 语句时，系统会给出如下错误提示：无法删除对象'userInfo'，因为该对象正由一个 FOREIGN KEY 约束引用。原因就是订单表（orderInfo）中外键 userID 引用了用户表（userInfo）中的 userID 属性列。如果必须删除用户表（userInfo），可以进行如下操作：先删除订单表（orderInfo）中外键，然后再删除用户表（userInfo）。

3. 基本表的修改

随着应用环境和应用需求的变化，有时需要修改已经建立好的基本表。修改基本表使用 ALTER TABLE 语句，其语法格式如下：

```
ALTER TABLE <table_name>
[ADD <column_name> <数据类型> [完整性约束]]
[ADD <表级完整性约束>]
[DROP COLUMN <column_name>]
[DROP CONSTRAINT <constraint_name>]
[ALTER COLUMN <column_name> <数据类型> [完整性约束]]
```

其中，<table_name>是要修改的基本表的名称。ADD 子句用于增加新列、新的完整性约束；DROP 子句用于删除表中的列；DROP CONSTRAINT 子句用于删除指定的完整性约束，ALTER COLUMN 子句用于修改原有列的定义。

【例 4-6】给用户表（userInfo）增加一个列用户级别（vipLevel）。

```
ALTER TABLE userInfo ADD vipLevel INT;
```

【例 4-7】给用户表（userInfo）的 vipLevel 属性增加一个默认值约束（默认值为 0）。

```
ALTER TABLE userInfo ADD DEFAULT(0) FOR vipLevel
```

【例 4-8】删除用户表（userInfo）的 vipLevel 属性的默认值约束。

```
ALTER TABLE userInfo DROP DF__userInfo__vipLev__2739D489
```

其中，DF__userInfo__vipLev__2739D489 为约束名称（SQL Server 在用户没有明确命名时自动生成的），删除完整性约束必须提供该约束的名称。

【例 4-9】修改用户表（userInfo）的 vipLevel 列的数据类型修改为 SMALLINT。

```
ALTER TABLE userInfo ALTER COLUMN vipLevel SMALLINT
```

【例 4-10】删除用户表（userInfo）的 vipLevel 列。

```
ALTER TABLE userInfo DROP COLUMN vipLevel
```

4.3.3　模式的定义与删除

1．模式的定义

定义模式使用 CREATE SCHEMA 语句，其语法格式如下：

```
CREATE SCHEMA <schema_name> AUTHORIZATION <user_name>
```

在当前数据库创建模式，并授权给指定的数据库用户，如果没有指定 <schema_name>，则为指定 user_name 创建同名的模式。执行创建模式的用户必须拥有数据库管理员的权限，而且用户名是指定数据库的用户。在 SQL SERVER 中数据库用户和登录账号是两个概念，登录账号必须映射到数据库的指定数据库用户才可以对数据库进行访问。

【例 4-11】创建模式 SC 并授予数据库用户 U1。

```
CREATE SCHEMA SC AUTHORIZATION U1
```

【例 4-12】为用户 U1 创建默认的模式 U1。

```
CREATE SCHEMA AUTHORIZATION U1
```

定义模式实际上定义一个命名空间，在这个空间可以进一步创建属于该空间的数据库对象，如数据表、视图、存储过程等。在创建模式的同时可以直接创建相应的对象和对这些对象授权，即：

```
CREATE SCHEMA <schema_name> AUTHORIZATION <user_name>[<table_definition>
|<view_definition>|<grant_statement>]
```

【例 4-13】为 test 用户创建默认的模式 test，并创建测试表 test。

```
CREATE SCHEMA test AUTHORIZATION test
CREATE TABLE test(col1 varchar(20),col2 int)
```

2．模式的修改

模式修改是将模式对象从一个模式转到另外一个模式，其语法格式如下

```
ALTER SCHEMA <new_schema_name> TRANSFER <old_schema_name.object_name>
```

【例 4-14】将 test 表转移给模式 SC。

```
ALTER SCHEMA SC TRANSFER test.test
```

3．模式的删除

SQL Server 只有确保该模式名下没有数据库对象时才可以删除模式，在这之前用户可以用 DROP 语句删除模式名下的对象或者使用 ALTER SCHEMA 语句将对象转到其他模式名下。

其语法格式如下；

```
DROP SCHEMA <schema_name>
```

【例 4-15】删除模式 test。

```
DROP SCHEMA test
```

该语句删除了模式 test，在数据库下再也不存在模式 test。

4.4　数据更新

数据更新有 3 种方式：插入、删除和修改。

4.4.1　插入数据

插入数据使用 INSERT INTO 语句，其语法格式如下：

```
INSERT INTO <table_name> [(<column1>[,<column2>]…)]
       VALUES (<value1>[,< value2>]…);
```

该语句的功能是将新元组插入到指定的表中。新元组的属性列 column1 对应的值为 value1，属性列 column2 对应的值为 value2，……INTO 子句没有出现的属性列，将以空值替代，如果该列在表定义上指明为非空并且没有默认值设定，插入失败。如果表名<table_name>后面没有指定列（column1,column2…），认为是整行插入，必须为表中的每一列指定数值。

【例 4-16】将用户(用户 ID:101,姓名:'张三',性别:'男',密码:'101',出生日期:'1993-08-19',用户状态:'停用')插入到用户表（userInfo）中。

```
INSERT   INTO   userInfo(userID,userName,sex,password,birthdate,state)
VALUES(101,'张三','男','101','1993-08-19','正常使用');
```

由于是在全部列上插入值，表名后的属性名列表可以省略，也可以写成：

```
INSERT INTO userInfo VALUES(101,'张三','男','101','1993-08-19','正常使
用');
```

4.4.2　修改数据

修改数据使用 UPDATE 语句，其语法格式如下：

```
UPDATE <table_name>
SET <column1>=<expression1>,[,column2=<expression2>]…
[WHERE  <条件>];
```

UPDATE 语句主要包括 3 个部分：要修改的表名；修改的列和对应的新值；选择需要更新的记录的条件。SET 子句包含了列赋值表达式的清单。表列名在赋值清单中只能出现一次，并且表达式必须要产生一个与被赋值列的数据类型相兼容的值。WHERE 子句是可选的，当省略 WHERE 子句，代表对整个表的所有记录执行相同的操作，否则只有符合 WHERE 子句的筛选条件的记录才执行 SET 子句操作。

【例 4-17】将用户表（userInfo）中"张三"的姓名修改为"张山"，同时将状态修改为"锁定"状态。

```
UPDATE userInfo SET userName='张山',userState='锁定' WHERE userID=101
```

4.4.3　删除数据

删除数据使用 DELETE FROM 语句，其语法格式为：

```
DELETE FROM <table_name> [WHERE <条件>];
```

该语句将从指定的表中删除符合条件的记录。如果没有 WHERE 子句，则删除所有的数据行。

【例 4-18】从用户表（userInfo）中删除用户"张山"。

```
DELETE FROM userInfo WHERE userName='张山'
```

4.5 数据查询

数据查询是数据库的核心操作。SQL 提供了 SELECT 语句进行数据查询，该语句功能强大，使用方式灵活。

4.5.1 SELECT 语句的结构

SELECT 语句的一般语法格式如下：

```
SELECT [DISTINCT|ALL] <column_exp1>[,<colum_exp2>]…
FROM  <table1/view1>[,<table2/view2>…]|(select_exp) [AS]<alias>
[WHERE <condiction_exp>]
[GROUP BY <column_exp1,>[,<column_exp2>]…]
[HAVING <condiction_exp>]
[ORDER BY <column_exp1>[ASC|DESC][,<column_exp2>[ASC|DESC]]…]
```

查询语句中，SELECT 子句和 FROM 子句是必需的，其他子句都是可选的。基本的 SELECT 语句的含义是，根据 WHERE 子句的条件表达式从 FROM 子句指定的基本表、视图或者派生表中找到符合条件的记录，再按 SELECT 子句中的目标列表达式选择或计算记录中的属性值形成查询结果表。

SELECT 语句中共包含 5 个子句：SELECT 子句、FROM 子句、WHERE 子句、GROUP BY 子句和 ORDER BY 子句。各子句的功能如下：

（1）SELECT 子句包含可选关键字 DISTINCT 和 ALL。在需要过滤查询结果中的重复行时，使用关键字 DISTINCT；在需要返回所有查询结果记录时使用 ALL，默认 ALL 查询返回所有的结果记录。

（2）FROM 子句包含一个或多个基本表、视图或者派生表（子查询）。

（3）WHERE 子句列出检索的条件，用于筛选符合要求的记录。如果没有 WHERE 子句，代表所有目标表中的所有记录都满足条件。

（4）GROUP BY 子句用于将查询结果按照分组表达式中的值进行分组，分组表达式的值相同的记录为同一组，通常会在分组中进行统计运算。如果 GROUP BY 子句带有 HAVING 子句，则只有满足指定条件的组才会输出。

（5）ORDER BY 子句接收 SELECT 子句的输出，对查询的结果进行排序。ASC 关键字代表升序，DESC 关键字代表降序，默认为升序。排序表达式根据排序表达式的值进行升序或者降序排列。

4.5.2 单表查询

单表查询是指仅涉及一个表的查询。

1. 查询表中的若干列

（1）查询指定列。用户在查询数据库记录时，大多数情况下只关心表中的若干列，这时可以通过 SELECT 子句中的<column_exp1>（目标列表达式）指定要查询的属性列。

【例 4-19】查询全体用户的用户 ID、姓名和状态。

```
SELECT userID,userName,userState FROM userInfo
```

（2）查询表中的所有列。将表中的所有属性列都输出有两种方法：一种是在 SELECT 后面列出所有列名；如果列的显示顺序与表中顺序一致，也可以简单地将<column_exp1>（目标列表达式）指定为*。

【例 4-20】查询全体用户的详细记录。

```
SELECT * FROM userInfo;
```

等价于

```
SELECT userID,userName,sex,password,birthdate,userState FROM userInfo
```

（3）查询经过计算的值。SELECT 子句中的目标列表达式不仅可以是表中的属性列，也可以是表达式。表达式的形式可以是算术表达式，也可以是字符串常量、函数等。

【例 4-21】查询全体用户姓名、性别和年龄。

```
SELECT userName,sex,2017-birthdate FROM userInfo;
```

或

```
SELECT userName,sex,DATEDIFF(yyyy,birthdate,GETDATE()) FROM userInfo;
```

其中的 YEAR、DATEDIFF 和 GETDATE 为 SQL SERVER 内置函数。上述语句的查询结果如图 4-5 所示。

	userName	sex	（无列名）
1	张三	男	24
2	王丽	女	33
3	李明	男	21
4	张艳丽	女	24
5	刘大海	男	18

图 4-5　例 4-21 查询结果 1

上述结果集中，年龄列显示为（无列名），在实际开发中不方便进一步的处理。用户可以使用 AS 关键字为结果列指定别名，AS 关键字可以省略。例如，例 4-21 中的 SQL 语句可以写成如下形式：

```
SELECT userName,sex,2017-birthdate AS age FROM userInfo;
```

或

```
SELECT     userName,sex,DATEDIFF(yyyy,birthdate,GETDATE())     age     FROM
userInfo;
```

其查询结果如图 4-6 所示。

（4）使用 DISTINCT 去除重复信息。在查询过程中，经常需要去除查询结果中的重复行，这时需要用 DISTINCT 去除重复行。

	userName	sex	age
1	张三	男	24
2	王丽	女	33
3	李明	男	21
4	张艳丽	女	24
5	刘大海	男	18

图 4-6　例 4-21 查询结果 2

【例 4-22】查询所有有购买记录的用户的 ID。

```
SELECT userID FROM orderInfo
```

查询结果如图 4-7 所示。

由于一个用户可能有多次购买记录,因此会在查询结果中出现多次。可以使用 DISTINCT 关键字去掉重复行。例 4-22 中的 SQL 语句可以写成如下形式:

```
SELECT DISTINCT userID  FROM orderInfo
```

其查询结果如图 4-8 所示。

	userID
1	101
2	102
3	102
4	102
5	103
6	103
7	104

图 4-7　例 4-22 查询结果 1

	userID
1	101
2	102
3	103
4	104

图 4-8　例 4-22 查询结果 2

2. 使用 WHERE 子句进行条件查询

在实际数据库中,表中的数据量一般都比较大,用户一般只关心自己感兴趣的部分数据,这就需要进行条件筛选,SELECT 语句中的 WHERE 子句可以实现。

WHERE 子句常用的查询条件主要有:

(1)比较运算符:=(等于)、>=(大于等于)、<=(小于等于)、>(大于)、<(小于)、!=(不等于)、<>(不等于)、!>(不大于)、!<(不小于)。

(2)范围比较:BETWEEN AND、NOT BETWEEN AND。

(3)确定集合:IN、NOT IN。

(4)字符串匹配:LIKE、NOT LIKE。

(5)空值比较:IS NULL、IS NOT NULL。

(6)组合条件:AND、OR、NOT。

1)比较大小

用于进行比较的运算符一般包括=(等于)、>=(大于等于)、<=(小于等于)、>(大于)、<(小于)、!=(不等于)、<>(不等于)、!>(不大于)、!<(不小于)。

【例 4-23】查询全体理工类图书的信息。

```
SELECT *
FROM book
WHERE categoryID=1;
```

【例 4-24】查询库存量小于等于 50 的图书的信息。

```
SELECT *
FROM book
WHERE stockAmount<=50
```

2)范围比较

谓词 BETWEEN ... AND ...、NOT BETWEEN ... AND ...可以用来查找属性值在(或不在)指定的范围内的元组,其中 BETWEEN 后是范围的下限,AND 后是范围的上限。

【例 4-25】查询所有的价格在 30～40 元之间（包括 30 元和 40 元）的图书的信息。

```
SELECT *
FROM book
WHERE price BETWEEN 30 AND 40
```

3）确定的范围

谓词 IN 用来查找属性值属于指定集合的元组。与 IN 相对的是 NOT IN，用于查找属性值不属于指定集合的元组。

【例 4-26】查询状态为'锁定'或'停用'的用户。

```
SELECT *
FROM userInfo
WHERE userState IN('停用','锁定')
```

4）字符串匹配

字符串匹配通过使用通配符来实现模糊查询。SQL 语言提供的通配符有"%""_"和"[]"。其一般语法格式如下：

```
[NOT] LIKE '<pattern>' [ESCAPE 'escapeChar']
```

其含义为判断字符串与指定模板是否匹配，其中：

（1）%代替一个或多个任意字符。

（2）_仅代替一个任意字符。

（3）[charlist]代表字符列表中的任何单字符。

（4）[^charlist]代表不在字符列表中的任何单字符。

【例 4-27】查找所有以'计'开头的所有图书。

```
SELECT *
FROM book
WHERE title like '计%'
```

【例 4-28】查找所有书名以'经'或'数'开头的图书。

```
SELECT *
FROM book
WHERE title like '[经数]%'
```

【例 4-29】查询用户姓名的第二个字是'明'的用户。

```
SELECT *
FROM userInfo
WHERE userNAME LIKE '_明%'
```

【例 4-30】查找所有书名包含'%'的图书。

```
SELECT *
FROM book
WHERE title like '%\%%' ESCAPE '\'
```

由于%是通配符，要匹配'%'需要把'%'转为普通字符，ESCAPE 子句含义告诉 SQL 解析器'\'后的字符为普通字符，不再有通配符的作用。

5）空值判断

判断一个值是否为空值（NULL），不能直接使用'='来判断，需要使用 IS NULL 或 IS NOT NULL。

【例 4-31】查询所有价格尚未确定（price 为空值）的图书。

```
SELECT *
FROM book
WHERE price IS NULL
```

6）复合条件查询

逻辑运算符 AND、OR 可用来连接多个查询条件，AND 的优先级高于 OR，但用户可以用括号改变优先级。

【例 4-32】查找所有已经支付并且总金款大于 120 元的订单。

```
SELECT *
FROM orderInfo
WHERE orderState='已支付' AND payment>120
```

3. ORDER BY 子句

用户可以使用 ORDER BY 子句对查询结果根据一个或多个属性列进行升序（ASC）或降序（DESC）的排列，默认是升序。对于空值，排序时显示的次序由具体系统实现来决定，例如，在 SQL Server 中，按照升序排列时，空值显示在最前面。

【例 4-33】查找所有状态为'已完成'的订单，并按订单总金额降序排列。

```
SELECT *
FROM orderInfo
WHERE orderState='已完成'
ORDER BY payment DESC
```

【例 4-34】查找所有的图书，并按出版社进行升序排列，出版社相同时，按照价格进行降序排列。

```
SELECT *
FROM book
ORDER BY press,price DESC
```

4. 聚集函数

为了增强 SQL 的查询功能，SQL 提供了许多聚集函数，主要的聚集函数及功能如表 4-4 所示。

如果指定了关键字 DISTINCT，表示对表中指定列的非空不重复值进行统计分析，默认是 ALL，即对所有非空值进行统计分析。

【例 4-35】查询 1001 号图书的销售册数。

```
SELECT SUM(quantity)
FROM orderBook
WHERE bookID=1001
```

表 4-4 聚合函数

函　　　数	功　　　能
COUNT(*)	统计记录数
COUNT ([DISTINCT|ALL] <column_name>)	统计一列中非空值的个数
SUM([DISTINCT|ALL] <column_name>)	计算一列中值的总和
MAX([DISTINCT|ALL] <column_name>)	求一列中值的最大值
MIN([DISTINCT|ALL] <column_name>)	求一列中值的最小值
AVG([DISTINCT|ALL] <column_name>)	计算一列中值的平均值

【例 4-36】查询所有状态为'已支付'或'已完成'的订单的平均金额。

```
SELECT AVG(payment)
FROM orderInfo
WHERE orderState='已支付' OR orderState='已完成'
```

5. GROUP BY 子句

GROUP BY 子句将查询结果按某一属性列或多属性列的值进行分组，值相等的为一组。

对查询结果分组的目的是为了细化聚集函数的作用对象。如果没有对查询结果进行分组，聚集函数将作用于整个查询结果。分组后聚集函数将作用于每一个组，即每一个组都有一个函数值。

【例 4-37】查询每个订单订购的图书册数。

```
SELECT orderID,SUM(quantity) AS itemCount
FROM orderBook
GROUP BY orderID
```

查询先对订单明细表的记录按订单号分组，然后统计各个组中图书的总册数。查询结果如图 4-9 所示。

	orderID	itemCount
1	2016001	2
2	2016002	3
3	2016003	2
4	2016004	2
5	2016005	2
6	2016006	2
7	2016007	3

图 4-9 例 4-37 查询结果

如果分组后还要求按照一定条件对这些组进行筛选，最终只输出满足指定条件的组，则可以使用 HAVING 短语指定筛选条件。

【例 4-38】查询订购图书册数在 2 册以上的订单的订单号及订购的图书册数。

```
SELECT orderID,SUM(quantity) AS itemCount
FROM orderBook
GROUP BY orderID
HAVING COUNT(bookID)>2
```

查询先对订单明细表的记录按订单号分组，然后统计各个分组中不同书目的个数，再采用 HAVING 指定的条件对统计后的分组做筛选，HAVING 子句专用于对分组的统计信息进行筛选，只有图书订购册数在 3 册以上的组才会被选出来。其查询结果如图 4-10 所示。

	orderID	itemCount
1	2016002	3
2	2016007	3

图 4-10 例 4-38 查询结果

4.5.3 多表连接查询

前面的查询都是在一个表中进行的。若一个查询同时涉及两个以上的表，则称为连接查询。连接查询是关系数据库中最主要的查询，包括普通连接查询、自身连接查询、外连接查询和多表连接查询等。

1. 普通连接查询

普通连接是最典型、最常用的连接查询。连接查询的 WHERE 子句中用来连接两个表的条件称为连接条件，其一般格式为

[<表名1>].[列名1]<比较运算符>[<表名2>].<列名2>]

其中连接运算符主要有=、>、<、>=、<=、!=(或<>)等。

当连接运算符为=时，称为等值连接。连接条件中的列名称为连接字段，连接条件中的各连接字段名字不必相同，但数据类型必须是可比的。

【例 4-39】查询所有订单详细信息，包含订单 ID、图书 ID、购买数量、书名、出版社和价格。

```
SELECT orderID,book.bookID,quantity,title,press,price
FROM orderBook,book
WHERE orderBook.bookID=book.bookID
```

需要注意的是，由于参与连接运算的多个表之间可能存在同名的属性列，因此，所有的属性列名之前都需要加上表名前缀。如果属性名在参与连接运算的各表中是唯一的，则可以省略该属性列名前的表名。

2. 自身连接查询

一个表与其自身进行连接，称为表的自身连接。由于参与连接的表同名，两个表的所有属性列也完全同名，因此，需要对参与连接的表分别取别名。

【例 4-40】查询图书库存量相同的图书，输出各图书的名称、出版社、价格及库存量。

```
SELECT A.title,A.press,A.price,B.title,B.press,B.price,B.stockAmount
FROM book A,book B
WHERE A.stockAmount=B.stockAmount AND A.bookID!=B.bookID
```

3. 外连接查询

外连接包括左外连接、右外连接和全外连接。

（1）左外连接。左外连接的结果集包括连接左表的所有行，而不仅仅是连接列所匹配的行。如果左表的某行在右表中没有匹配行，则在相关联的结果集行中右表的所有选择列均为空值。左外连接使用 LEFT Outer Join（或 LEFT JOIN）短语。

（2）右外连接。右外连接是左外连接的反向连接，将返回右表的所有行。如果右表的某行在左表中没有匹配行，则将为左表返回空值。右外连接使用 RIGHT Outer Join（或 RIGHT JOIN）短语。

（3）全外连接。全外连接返回左表和右表中的所有行，当某行在另一个表中没有匹配行时，则另一个表的选择列包含空值，如果表之间有匹配行，则整个结果集行包含基表的数据值。右外连接使用 FULL Outer Join（或 FULL JOIN）短语。

【例 4-41】查询全体用户和他们的订单信息（如果该用户没有订购记录，也需要显示）。

```
SELECT userInfo.userID,userName,orderID,orderTime,orderState
FROM userInfo LEFT JOIN orderInfo on userInfo.userID=orderInfo.userID
```

由于 105 号用户没有订单记录，使用普通连接不会出现在结果集中。使用左外连接，将

连接左表（userInfo）的所有记录均保留在结果集中。其查询结果如图 4-11 所示。

	userID	userName	orderID	orderTime	orderState
1	101	张三	2016001	2016-08-01 07:56:32.000	已完成
2	102	王丽	2016002	2016-08-03 08:34:38.000	已完成
3	102	王丽	2016003	2016-08-03 21:34:53.000	已提交
4	102	王丽	2016004	2016-08-07 08:50:29.000	未提交
5	103	李明	2016005	2016-08-08 15:50:28.000	已支付
6	103	李明	2016006	2016-08-08 23:28:28.000	已完成
7	104	张艳丽	2016007	2016-08-09 12:50:33.000	已完成
8	105	刘大海	NULL	NULL	NULL

图 4-11　例 4-41 查询结果

4. 多表连接查询

两个以上的表之间也可以进行连接运算，这种连接运算称为多表连接。

【例 4-42】查询订单 2016002 的详细信息，包含书名、出版社、单价、购买数量、用户名和用户状态。

```
SELECT title,press,price,quantity,userName,userState
FROM orderInfo,orderBook,book,userInfo
WHERE orderInfo.orderID=orderBook.orderID
   AND orderBook.bookID=book.bookID
   AND orderInfo.userID=userInfo.userID
   AND orderInfo.orderID=2016002
```

4.5.4 嵌套查询

在 SQL 语言中，一个 SELECT-FROM-WHERE 语句称为一个查询块。将一个查询块嵌套在另一个查询块的 WHERE 子句或 WHERE 短语的条件中的查询称为嵌套查询（Nested Query）。外层的查询块则称为外层查询或父查询，内层的查询块称为内层查询或子查询。

SQL 语言允许多层嵌套查询，即一个子查询还可以嵌套其他子查询。需要特别指出的是，子查询的 SELECT 语句中不能使用 ORDER BY 子句，ORDER BY 子句只能对最终查询结果排序。

嵌套查询使用户可以用多个简单查询构成复杂的查询，从而增强 SQL 的查询能力。

1. 返回单值的子查询

一个子查询如果返回单个值，这个子查询就如同一个常量，可以像使用常量一样使用它。

【例 4-43】查询所有的理工类图书。

```
SELECT *
FROM book
WHERE categoryID=(SELECT categoryID
        FROM category
        WHERE categoryName='理工类')
```

通过使用子查询可以替代前面介绍的多表连接的方式。将查询分为两步，先查出'理工类'图书的 categoryID，再从 book 表查询 categoryID 等于子查询结果的数据。本例中子查询的查询条件不依赖于父查询，又称为不相关子查询。查询的执行顺序是先执行不相关子查询，用执行结果作为父查询的条件，再执行父查询。

【例 4-44】查询各用户订单金额高于该用户所有订单的平均金额的订单。

```
SELECT A.*
FROM orderInfo A
WHERE A.payment>
(SELECT AVG(B.payment) FROM orderInfo B WHERE B.userID=A.userID)
```

本例中子查询的条件与父查询相关，称为相关子查询，由于子查询的执行条件与父查询相关，查询的执行顺序是先执行父查询，即遍历 orderInfo 表的每条记录，对于每条记录的 userID，再执行子查询，即查询出该 userID 的平均订单金额，并根据子查询的结果判断该记录是否满足条件。本例中对 orderInfo 表的每条记录会触发子查询一次，计算当前用户所有订单的平均金额。

2．返回多行的子查询

子查询除了返回单个值外，其结果也可以返回一个集合。

1）IN 子查询

谓词 IN 是嵌套查询中最经常使用的谓词。

【例 4-45】查询购买过清华大学出版社出版的图书的用户的用户 ID 和用户姓名。

```
SELECT DISTINCT userInfo.userID,userName
FROM userInfo,orderInfo,orderBook
WHERE userInfo.userID=orderInfo.userID
AND orderInfo.orderID=orderBook.orderID
AND bookID IN
(SELECT bookID FROM book WHERE press='清华大学出版社')
```

2）SOME(ANY)/ALL 子查询

当子查询返回单值时可以使用比较运算符，但返回多值时要用 SOME(ANY)或 ALL 谓词修饰符。使用 SOME(ANY)或 ALL 谓词时必须同时使用比较运算符。其含义如下：

（1）SOME(ANY)：当表达式的值与子查询的结果集中至少一个值满足比较条件时，结果为真。

（2）ALL：当表达式的值与子查询的结果集中所有值都满足比较条件时，结果为真。

【例 4-46】查询比全部理工类图书都贵的人文社科类图书。

```
SELECT *
FROM book
WHERE categoryID=2
 AND price>ALL
(SELECT price FROM book WHERE categoryID=1)
```

【例 4-47】查询比任意一本理工类图书便宜的人文社科类图书。

```
SELECT *
FROM book
WHERE categoryID=2
AND price<ANY (SELECT  price FROM book WHERE categoryID=1)
```

SOME(ANY)/ALL 子查询实际上都可以转化为等价的 IN 谓词运算，或者用聚集函数实现的子查询，而且查询效率会更高。例如，=ANY 等价于 IN 谓词，<>ALL 等价于 NOT IN

谓词，<ANY 等价于<MAX，　<ALL 等价于<MIN。

　　3）EXISTS 子查询

　　与 IN 子查询不同，EXISTS 子查询不返回结果，只产生逻辑"真"（TRUE）或"假"（FALSE）。当 EXISTS 引导的子查询结果为非空时，整个 EXISTS 返回逻辑 "真"（TRUE），否则返回逻辑 "假"（FALSE）。与 EXISTS 谓词相对应的是 NOT EXISTS 谓词，其返回结果刚好与 EXISTS 谓词相反。

　　【例 4-48】查询被用户一次购买超过 2 本的书籍。

```
SELECT *
FROM book b
WHERE EXISTS
(SELECT * FROM orderBook WHERE bookID=b.bookID AND quantity>2)
```

　　【例 4-49】查询没有订购记录（查询不到任何订单信息的）的用户的信息。

```
SELECT *
FROM userInfo u
WHERE NOT EXISTS (SELECT * FROM orderInfo WHERE userID=u.userID)
```

　　【例 4-50】查询至少订购了 2016001 号订单订购的图书的全部订单信息。

```
SELECT * FROM orderInfo
WHERE NOT EXISTS
(SELECT * FROM orderBook A WHERE A.orderID=2016001
AND NOT EXISTS
(SELECT * FROM orderBook B WHERE A.bookID=B.bookID AND B.orderID=
orderInfo.orderID))
```

　　由于 SQL 中没有全称量词，但可以把带有全称量词的谓词转换为带有存在量词的谓词。

　　例 4-50 可以转换成等价的存在量词的形式：查询这样的订单，对于 2016001 号订单订购的图书，没有一本图书是它没有订购的。

4.5.5　集合查询

　　SELECT 语句的查询结果是集合，所以多个 SELECT 语句的结果可进行集合操作。集合操作主要包括并（UNION）、交（INTERSECT）和差（EXCEPT）。应该注意的是，参与集合操作的查询结果的列数必须相同，对应列的数据类型也必须相同。

　　【例 4-51】查询订购了'数据库系统原理'或者'计算机网络'的订单的订单号。

```
SELECT orderID
FROM orderBook,book
WHERE orderBook.bookID=book.bookID AND title='数据库系统原理'
UNION
SELECT orderID
FROM orderBook,book
WHERE orderBook.bookID=book.bookID AND title='计算机网络'
```

　　【例 4-52】查询同时订购了'数据库系统原理'和'计算机网络'的订单的订单号。

```
SELECT orderID
FROM orderBook,book
WHERE orderBook.bookID=book.bookID AND title='数据库系统原理'
INTERSECT
```

```
SELECT orderID
FROM orderBook,book
WHERE orderBook.bookID=book.bookID AND title='计算机网络'
```

【例 4-53】查询订购了'数据库系统原理'但没有订购'计算机网络'的订单的订单号。

```
SELECT orderID
FROM orderBook,book
WHERE orderBook.bookID=book.bookID AND title='数据库系统原理'
EXCEPT
SELECT orderID
FROM orderBook,book
WHERE orderBook.bookID=book.bookID AND title='计算机网络'
```

4.5.6 基于派生表的查询

子查询不仅可以出现 WHERE 子句或 HAVING 短语中，也可以出现在 SELECT 子句或 FROM 子句中。如果子查询出现在 FROM 子句中，相当于该子查询的结果作为一个临时的表，也称派生表。

【例 4-54】查询订购册数在 3 册的图书的基本信息及订购次数。

```
SELECT book.*,a.sales
FROM book,(SELECT bookID,SUM(quantity) sales FROM orderBook GROUP BY bookID) a
WHERE book.bookID=a.bookID AND a.sales>3
```

4.6 带子查询的数据更新

在实际应用中，数据更新操作也可以带有子查询。

4.6.1 带有子查询的数据插入

带子查询的数据插入实际上是把从某个或某些表中查询出来的结果插入到另一个表中。其语法格式如下：

```
INSERT INSERT INTO <table_name> [(<column1>[,< column2>]…)]
<子查询>
```

其中，<子查询>是一个合法的 SELECT 查询语句。

【例 4-55】新建用户统计表（userStat），包含用户 ID、订单数量和总金额，并根据数据库的订单情况统计用户信息。

首先创建一个用户统计表：

```
CREATE TABLE userStat
(
  userID INT PRIMARY KEY,
  orderCount INT,
  paymentSum FLOAT
)
```

然后使用带有子查询的 INSERT INTO 语句插入数据：

```
INSERT INTO userStat
SELECT userID,count(*),sum(payment)
FROM  orderInfo
```

```
GROUP BY userID
```

4.6.2　带子查询的数据修改

带子查询的 UPDATE 语句的语法格式如下：

```
UPDATE <table_name>
SET <column1>=<expression1>,[,column2=<expression2>]…
    WHERE  <带子查询的条件>；
```

【例 4-56】给图书订购册数在 3 册以上的图书增加 100 册的库存量。

```
UPDATE book
SET stockAmount=stockAmount+100
WHERE bookID IN
(SELECT bookID FROM orderBook GROUP BY bookID HAVING SUM(quantity)>3)
```

实际上，子查询除了出现在 WHERE 子句中，SET 子句中也可以出现子查询。

【例 4-57】根据最新的订单明细表，更新用户统计表中（userStat）各用户 ID 对应的订单数量和总金额。

```
UPDATE userStat
   SET orderCount=(SELECT COUNT(*) FROM orderInfo WHERE
userID=userStat.userID),
      paymentSum=(SELECT SUM(payment) FROM orderInfo WHERE
userID=userStat.userID)
```

4.6.3　带子查询的数据删除

带子查询的 DELETE FROM 语句的语法格式为：

```
DELETE FROM <table_name>
WHERE <带子查询的条件>；
```

【例 4-58】将数据库中状态为'停用'的用户订单明细信息全部删除。

```
DELETE FROM orderBook
WHERE orderID IN
(SELECT orderID FROM orderInfo,userInfo
   WHERE orderInfo.userID=userInfo.userID AND userState='停用');
```

4.7　索引

在数据库中，用户最频繁的操作是数据查询。当表中的数据较大时，查询操作会比较耗时，建立索引是加快查询速度的有效手段。

数据库索引类似于图书后面的索引，能快速定位到需要查询的内容，用户可以根据环境的需要在基本表上建立一个或多个索引，以提供多种存取路径，加快查找速度。

一般来说，建立和删除索引由数据库管理员或表的属主（owner）负责完成。关系数据库管理系统在执行查询时会自动选择合适的索引作为存取路径，用户不必显式地选择索引。

虽然索引能加快查询速度，但索引本身需要占用一定的存储空间，检索索引也需要花费一定的时间，并且当基本表更新时，索引要进行相应的维护，这些都会增加数据库的负担。因此要根据实际应用的需要有选择地建立索引。

4.7.1 索引类型

数据库索引有多种类型，常见索引包括顺序文件上的索引、B+树索引、散列（hash）索引和位图索引。顺序文件上的索引时针对按指定属性值升序或降序存储的关系，在该属性上建立一个顺序索引文件，索引文件由属性值和相应的元组指针组成。B+树索引是将索引属性组织成 B+树，B+树的叶结点为属性值和相应元组的指针，B+树索引具有动态平衡的优点。散列索引时建立若干个桶（bucket），将索引属性按照其散列函数值映射到相应的桶中，桶中存放索引属性值和相应的元组指针，散列索引具有查找速度快的特点。位图索引是用位向量记录索引属性中可能出现的值，每一个位向量对应一个可能值。

商用关系数据库管理系统一般都支持索引机制，但不同的关系数据库管理系统支持的索引类型不尽相同。

4.7.2 建立索引

建立索引使用 CREATE INDEX 语句，其语法格式为：

```
CREATE [UNIQUE][CLUSTERED|NONCLUSTERED] INDEX <index_name>
ON <table_name>(<column_name1> [ASC|DESC],[<column_name2> [ASC|DESC]],…)
```

其中，<index_name>为创建的索引的名称，<table_name>为要创建索引的基本表的名称。每个列可以指明创建的索引表中索引值的排列次序，默认 ASC（升序）。可选关键词 UNIQUE 表明次索引为唯一性索引，不允许表中不同行在索引字段上有重复的值，CLUSTERED（或 NONCLUSTERED）表明索引为聚簇索引（或非聚簇索引）。

【例 4-59】为 userInfo 表的 userName 创建唯一索引。

```
CREATE UNIQUE INDEX IX_userInfo_userName ON userInfo(userName);
```

索引一旦建立，就由数据库管理系统自动使用和维护，用户无须干预。建立索引是为了加快查询速度，减少操作时间，但如果数据频繁的更新，系统会花费许多时间来维护索引，从而降低了整体操作效率。

4.7.3 删除索引

删除索引使用 DROP INDEX 语句，其语法格式为：

```
DROP INDEX <table_name>.<index_name>
```

【例 4-60】删除例 4-59 建立的索引。

```
DROP INDEX userInfo.IX_userInfo_username
```

4.8 视图

视图是从一个或几个基本表（或视图）导出的虚表。它与基本表不同，数据库中只存放视图的定义，而不存放视图对应的数据，这些数据仍存放在原来的基本表中。所以，一旦基本表的数据发生变化，从视图中查询出的数据也相应发生变化。

视图一经定义，就和普通表一样可以被查询和删除，但对视图的更新（增、删、改）操作则有一定的限制。

4.8.1　定义视图

1. 建立视图

建立视图使用 CREATE VIEW 语句，其语法格式为：

```
CREATE VIEW <viewname> [(column1,column2...)]
AS <select statement>
[WITH CHECK OPTION]
```

其中，[(column1,column2...)] 为可选项，默认为子查询中的字段名称。

WITH CHCEK OPTION 表示对视图进行 UPDATE、INSERT 和 DELETE 操作时要保证更新、插入或删除的行满足视图定义中<select statement>的 WHERE 条件表达式。

组成视图的属性列名或全部省略，或全部指定，没有第三种选择。如果省略了视图的各个属性列名，则隐含该视图由子查询 SELECT 子句目标列组成。但在下列 3 种情况下，必须明确指定组成视图的所有列名：

（1）某个目标列不是单纯的属性名，而是聚集函数或表达式。

（2）多表连接时选出了几个同名列作为视图的列。

（3）需要在视图中为某个列启用新的列名。

【例 4-61】查看人文社科类图书（categoryID=2）的基本情况，并要求进行修改、插入和删除操作时仍保证该视图满足类别为"人文社科类"这个条件。

```
CREATE VIEW v_book_social
AS
  SELECT bookID,title,author,press,price,stockAmount
  FROM book
  WHERE categoryID=2
  WITH CHECK OPTION
```

若一个视图是从单个表中导出，并且只是去掉了基本表的某些行和某些列，但保留了主码，则这类视图称为行列子集视图。v_book_social 是一个行列子集视图。

【例 4-62】创建视图，统计订单表每个用户的下单次数和总金额。

```
CREATE VIEW v_orderStatByUser
AS
SELECT userID,count(*) buyCount,sum(payment) totalPayment
FROM orderInfo
GROUP BY userID
```

使用带有聚集函数和 GROUP BY 子句的查询定义的视图，称为分组视图。v_orderStatByUser 就是一个分组视图。

【例 4-63】创建视图，查询每个用户的用户 ID、用户名、用户状态、下单次数和总金额。

```
CREATE VIEW v_userStat
AS
SELECT U.userID,U.userName,U.userState,buyCount,totalPayment
FROM  userInfo U left join v_orderStatByUser O on U.userID=O.userID
```

视图不仅可以建立在一个或多个基本表上，也可建立在一个已经定义的视图上。如 v_userStat 视图建立在另一个视图 v_orderStatByUser 之上。

2. 删除视图

删除视图使用 DROP VIEW 语句，其语法格式为：

```
DROP VIEW <viewname>
```

视图删除后，视图的定义将从数据字典中删除，由该视图导出的其他视图无法使用。同理，基本表删除后，由该基本表导出的所有视图均无法使用。

【例 4-64】删除视图 v_userStat。

```
DROP VIEW v_userStat;
```

4.8.2 查询视图

创建视图后，用户可以像对基本表一样对视图进行查询。对视图的查询和派生表的查询是相似的，只是视图生成后存在于数据库的数据字典中，其他查询都可以直接引用，而派生表只在语句的执行环境中临时生成，在执行环境中有效执行完后即被删除。所有对视图的查询最终都会解析成对基本表的查询，这个过程由数据库系统自动进行优化。

关系数据库管理系统在执行对视图的查询时，首先进行有效性检查，检查查询中涉及的表、视图是否存在。如果存在，则从数据字典中取出视图的定义，把定义中的子查询和用户查询结合起来，转换成等价的对基本表的查询，然后再执行修正了的查询。这一转换过程称为视图的消解。

4.8.3 更新视图

使用视图更新数据和更新基本表中的数据在语法上是一致的。由于视图不实际存储数据，所以对视图的更新最终要转换为对基本表的更新。并不是所有对视图的更新都可以通过视图消解转换为对基本表的更新，可以确定的是行列子集视图一定可以直接消解为对应的基本表的更新。所以通过视图来更新数据需要注意以下几点：

（1）创建视图的 SELECT 语句中没有聚合函数，且没有 TOP、GROUP BY、UNION 子句及 DISTINCT 关键字。

（2）创建视图的 SELECT 语句中不包含从基本表的列通过计算所得的列。

（3）创建视图的 SELECT 语句的 FROM 子句中至少要包含一个基本表。

当通过视图进行数据更新时，对于具有 WITH CHECK OPTION 子句的视图，数据库管理系统会检查通过视图插入、修改、删除的数据是否符合视图的定义中谓词条件，否则拒绝操作。

【例 4-65】通过视图 v_book_social 插入一个新的记录，bookID 为 1007，书名为西方经济学，作者为高鸿业，出版社为中国人民大学出版社，价格为 38 元，库存为 100。

```
insert into v_book_social values (1007,'西方经济学','高鸿业','中国人民大学出版社',38,2,100)
```

假如

```
insert into v_book_social values (1007,'西方经济学','高鸿业','中国人民大学出版社',38,1,100)
```

在视图 v_book_social 执行该第 2 条 insert 语句时会失败，因为违反了 CHECK OPTION 约束。

【例 4-66】通过视图 v_book_social 修改记录，bookID 为 1007，设置库存为 220。

```
UPDATE v_book_social
SET stockAmount=220
WHERE bookID=1007
```

查询 v_book_social 结果如图 4-12 所示。

	bookID	title	author	press	price	categoryID	stockAmount
1	1004	经济学原理	曼昆	清华大学出版社	64.00	2	25
2	1005	中国哲学简史	冯友兰	北京大学出版社	38.00	2	10
3	1006	教育心理学	莫雷	教学科学出版社	36.00	2	180
4	1007	西方经济学	高鸿业	中国人民大学出版社	38.00	2	220

图 4-12 查询结果 1

尝试使用 v_book_social 对非人文社科类图书进行修改，由于该视图指定了 WITH_CHECK_OPTION，无法对通过该视图对人文社科类图书进行修改。

```
UPDATE v_book_social
SET stockAmount=220
WHERE bookID=1003
```

结果如图 4-13 所示。

(0 行受影响)

图 4-13 查询结果 2

【例 4-67】通过视图 v_book_social 删除记录，bookID 为 1007。

```
DELETE FROM  v_book_social
WHERE bookID=1007
```

以上的例子都是基于行列子集视图上视图的更新，除了行列子集视图，理论上还有其他类型的视图是可更新的，但各数据库管理系统在可更新视图的规则定义上有差异。

4.8.4 视图的作用

合理使用视图具有以下优点：

（1）提供数据的逻辑独立性。视图作为虚表，它的定义实际上是外模式到模式的映像。当数据的模式发生变化时，可以通过仅修改视图的定义（即外模式\模式映像）来保持数据库的外模式不变，从而实现数据的逻辑独立性。

（2）简化用户操作。视图不仅可以简化用户对数据的理解，也可以简化他们的操作。那些被经常使用的查询可以被定义为视图，以后用户就不必为每次查询都指定全部的条件。

（3）提供数据的安全性保护。视图机制还能够为数据提供一定的安全保护功能。只给用户访问视图的权限，对用户保密的基本表不为其定义视图，这样用户只能透过视图访问其有权访问的那部分数据。

本 章 小 结

SQL 可分为数据定义、数据查询、数据操纵和数据控制四大部分，本章详细地讲解了前面三部分的内容。数据定义语言用于定义数据库中的模式、基本表等对象；数据查询是 SQL 的核心，SELECT 语句的语法复杂、功能强大；数据操纵语言用于更新指定的数据，包括插入、删除和修改。

建立索引是加快查询速度的有效手段。索引一旦建立，就由数据库管理系统自动使用和维护，用户无须干预。

视图是从一个或几个基本表（或视图）导出的虚表。数据库中只存放了视图的定义，不存放视图的数据。合理使用视图的优点包括提供数据的逻辑独立性、简化用户操作和提供数据的安全性保护。

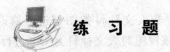

练 习 题

1. 解释下列术语：

   A. 基本表　　　　B. 视图　　　　　C. 行列子集视图　　D. 派生表
   E. 嵌套查询　　　F. 相关子查询　　G. 分组查询　　　　H. 索引
   I. 聚簇索引　　　J. 视图消解　　　K. 连接查询　　　　L. 外连接

2. 简述 CREATE TABLE 语句的基本语法。
3. 简述 SELECT 语句的基本语法。
4. 分别简述 INSERT INTO 语句、UPDATE 语句、DELETE FROM 语句的语法。
5. 比较 B+树索引、哈希索引、位图索引及各自适用的条件。
6. 试述视图的优点。

实验 4　创建数据库

【实验目的】

1. 掌握使用 SQL 语句创建数据库和基本表。
2. 熟悉使用 INSERT INTO 语句为基本表插入数据。
3. 掌握不同索引类型的创建和使用。

【实验内容】

1. 创建示例数据库 bookstore，依据图 4-3 网上书城数据库的示例在数据库中创建 5 个基本表：用户表（userInfo）、图书类别表（category）、图书表（book）、订单表（orderInfo）和订单明细表（orderBook）

2. 使用相应 SQL 语句，完成如下表的定义修改操作。

（1）给图书表增加如下约束条件：stockAmount 必须大于 0。

（2）给订单详情表增加相应约束条件：quantity 默认值为 1，且必须大于 0。

（3）给用户表增加相应约束条件：userName 必须为唯一。

3. 依据图 4-4 网上书城数据库的数据示例，使用 INSERT 语句在相应表中插入数据。

4. 使用相应 SQL 语句，完成如下索引创建操作。

（1）在用户表的"userName"列上创建一个唯一值、聚簇索引 IX_user_name。能否创建成功？为什么？

（2）在订单表"orderState"列上创建一个非唯一性值、非聚簇索引 IX_order_state。观察创建索引后，数据表中的数据有何变化？为什么？

实验 5　数据查询

【实验目的】

1. 掌握 SQL Server 查询语句的基本语法。
2. 熟练掌握并运用 SQL Server 所提供的函数。
3. 熟练使用 SQL 的 Select 语句对单表进行查询、多表连接查询。
4. 熟练使用 SQL 语句进行子查询、嵌套查询、集合查询。

【实验内容】

1. 使用相应 SQL 语句，完成如下基本查询操作。

（1）查询所有用户的用户 ID 和姓名。

（2）查询年龄最小 3 位用户的用户 ID，姓名和年龄。

（3）查询库存量小于 50 本的所有图书信息。

（4）查询清华大学出版社的所有图书信息。

（5）查询价格在 50-100 元的所有图书的书名。

（6）查询姓"张"或姓"王"或姓"李"且单名的用户的情况。

（7）查询所有图书的书名、出版社及价格，要求出版社升序排列，出版社相同时，按价格从高到底进行排序。

（8）查询所有有订单记录的用户 ID。

2. 使用相应 SQL 语句，完成如下数据汇总操作。

（1）查询理工类图书的最高价格、最低价格及平均价格。

（2）查询所有理工类图书的库存总量。

（3）查询"1001"号图书被订购的总次数。

（4）查询不同状态订单的数量。

（5）查询各类别图书的库存总量。

（6）查询被订购 2 次以上（含 2 次）的图书 ID、订购次数，并按照订购次数从高到低进行排序。

3. 使用相应 SQL 语句，完成如下连接查询操作。

（1）查询购买过"1001"号图书的全部用户的用户 ID、姓名和状态。

（2）查询购买过"1001"号图书的用户名、性别及购买时间，并按照购买时间降序排列。

（3）查询性别为"男"且购买过人文社科类图书的用户 ID、用户名及状态。

（4）查询价格在 37 元以上（含 37 元）且被购买过 2 次以上的图书名称、价格、出版社及购买次数，并按照购买次数降序排列。

（5）查询用户 ID 为"102"的所有订单号、下单日期及状态。

（6）查询订单状态为"已支付"的所有订单的订单号、下单用户、图书名称、图书类别、数量信息，并按照订单号排序。

4. 使用相应 SQL 语句，完成如下嵌套查询操作：

（1）查询订购次数在平均购买次数以上的图书 ID、书名、价格及订购次数，并按订购次数排序。

（2）查询至少包含"2016003"号订单包含的图书的订单号、下单用户、下单日期及订单状态。

（3）查询购买过清华大学出版社的书籍的所有人的信息。

（4）查询与王丽购买过同种书籍的所有人的信息。

（5）找出每个客户超过他购买的书的平均价格的图书信息。

（6）查询购买张三购买了的全部书籍的客户信息。

5. 使用相应 SQL 语句，完成如下集合查询操作

（1）查询性别为"男"且购买过人文社科类图书或性别为"女"且购买过理工类图书的用户 ID、用户名及状态。

（2）查询性别为"男"且购买过人文社科类图书的用户 ID、用户名及状态。

（3）查询购买过人文社科类图书但不包含下单次数为 1 次的的用户 ID、用户名及状态。

实验 6 数据更新和视图

【实验目的】

1. 掌握数据表中数据的插入、修改、删除操作。
2. 掌握视图的创建和删除，并通过视图进行数据插入、修改和查询。

【实验内容】

1. 使用相应 SQL 语句，完成如下数据更新操作：

（1）根据订单信息更新 orderInfo 表中的 payment（订单总金额）字段的值。

（2）新建图书订购情况统计表 bookstas（包含图书编号、图书名称、图书类别、图书价格和订购册数，数据类型自定），并根据数据库的订单情况将人文社科类图书的订购情况插入表中。

（3）新建用户订购统计表 userstas（包含用户编号、用户名、订单数量、总金额，数据类型自定），并根据数据库的订单情况将活跃用户（正常使用、锁定）的情况插入表中。

（4）给用户表增加一字段 level（等级），初始值为 0，根据各用户订单总金额来给予评级（1：100～200 元，2：200～300 元，3：300 元以上）。

（5）用户 102 通过提交了一订单购买 1001 号图书 1 本，请问如何在数据库中完成上述操作？（假设订单号编号连续，要求完成订单信息、库存更新、订单总额及用户等级信息）。

（6）给数据中库存在 100 本以上的图书增加库存，其中人文社科类图书分别增加 200 本、理工类图书分别增加 300 本。

（7）将数据库中处于锁定状态的用户的状态更改为正常使用，同时重新设定其密码为"0000"。

（8）将数据库中订单状态为"未提交"的订单状态修改为"已提交"，同时给予该订单九折优惠。

（9）将数据库中已经停用的用户及其订单信息全部删除。

2．使用相应 SQL 语句，完成如下视图操作

（1）创建视图 View1，查看各订单的订单号、下单用户、订单总金额和订单状态。

（2）创建视图 View2，查看各图书的编号、作者、名称、出版社、价格、订购册数。

（3）创建视图 View3，查看人文社科类图书的基本情况，并要求进行修改、插入和删除操作时仍能保证该视图满足图书类别为"人文社科类"这个条件。

（4）通过 View1，查看订单总额在 100 元以上（含 100 元）且状态为已完成的订单号、下单用户、订单总金额。

（5）通过视图 View2，查看订购册数在平均值以上的图书编号、作者、名称、出版社、价格、订购册数，并按订购册数降序排列。

（6）通过视图 View3，将库存在 200 本以上的图书的库存分别减少 50 本。

（7）往 View3 中插入数据（内容自定），观察什么样的数据才可以成功插入？

（8）删除视图 View1。

第 5 章

数据库安全性

安全性问题不是数据库系统所独有的，所有的计算机系统都存在不安全因素。在数据库系统中，大量数据集中存放，且为众多最终用户共享，从而使安全性问题更加突出。

5.1 安全性概述

本节从数据库安全性的重要性和数据库安全级别的分类方面宏观地说明数据库的保护措施。

5.1.1 安全性定义

数据库安全性是指保护数据库以防止不合法的使用造成的数据泄露、更改或破坏。关于数据库安全性问题的提出，可以从以下几方面考虑：

（1）随着计算机应用的普及，越来越多的国家和军事部门在数据库中存储了大量的机密信息，这些数据的泄露会危及国家安全。

（2）许多大型企业使用数据库管理系统存储客户档案、进销存记录、市场营销策略等核心数据，这些信息的泄露或破坏会给企业造成难以估量的经济损失。

（3）随着电子商务的风靡，越来越多的人进行网上购物和其他商业活动，如果数据库信息被恶意篡改，会造成大量资金丢失，给银行和用户带来巨大的经济损失。

因此，数据库的安全性成为衡量一个数据库管理系统优劣的重要指标之一。

安全性问题不是数据库系统所独有的，它与计算机系统的安全性紧密联系、相互支持。计算机系统的安全性问题涉及操作系统的安全、网络系统的安全等方面。由于存储数据量大、用户众多，数据库系统的安全性问题尤为重要。

5.1.2 安全性措施

在一般计算机系统中，安全措施是一级一级层层设置的。例如，在图 5-1 所示的安全性模型中，用户要求进入计算机系统时，系统首先根据用户输入的标识进行身份鉴定，只有合法的用户才准许进入计算机系统；对已进入系统的用户，数据库管理系统还要进行存取控制，只允许合法用户执行合法操作；操作系统也会有自己的保护措施；数据最后还可以以加密的形式存储到数据库中。

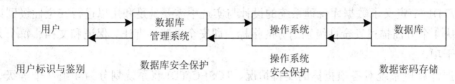

图 5-1　计算机系统的安全模型

5.1.3　安全标准简介

计算机及信息安全技术方面有一系列的安全标准，最有影响的是 TCSEC 和 CC 标准。

TCSEC 是指 1985 年美国国防部（Department of Defense，DoD）正式颁布的《DoD 可信计算机系统评估标准》。

在 TCSEC 推出后，不同的国家都开始启动开发建立在 TCSEC 概念上的评估标准（见图 5-2），如欧洲的信息技术安全评估准则（ITSEC）、加拿大的可信计算机产品评估准则（CTCPEC）、美国信息技术安全联邦标准（FC）草案等。这些准则比 TCSEC 更加灵活，适应了 IT 技术的发展。

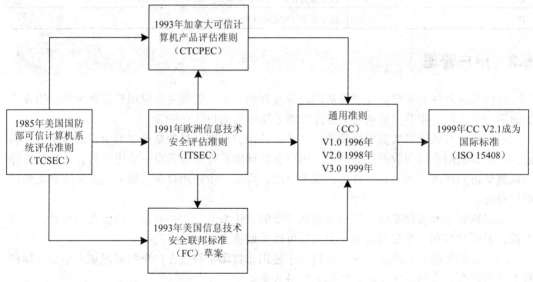

图 5-2　信息安全标准的发展简史

为满足全球 IT 市场上互认标准化安全评估结果的需要，CTCPEC、FC、TCSEC 和 ITSEC 的发起组织于 1993 年开始联合行动，解决原标准中概念和技术上的差异，将各自独立的准则集合成一组单一的、能被广泛使用的 IT 安全准则，这一行动被称为通用准则（Common Criteria，CC）。项目发起组织的代表建立了专业的委员会来开发通用准则，历经多次讨论和修订，CC V2.1 于 1999 年被 ISO 采用为国际标准，2001 年被我国采用为国家标准。

目前，CC 已经基本取代 TCSEC，成为评估信息产品安全性的主要标准。

TCSEC 又称橘皮书。1991 年 4 月，美国国家计算机安全中心（National Computer Security Center，NCSC）颁布了《可信计算机系统评估准则关于可信数据库系统的解释》（TCSEC/ Trusted Database Interpretation，TCSEC/TDI，即紫皮书），将 TCSEC 扩展到数据库管理系统。TCSEC/TDI 中定义了数据库管理系统的设计与实现中需要满足和用以进行安全性级别评估的标准，从 4 个方面描述安全性级别划分的指标，即安全策略、责任、保证和文档，每个方面又细分若干项。

根据计算机系统对各项指标的支持情况，TCSEC/TDI 将系统划分为 4 组 7 个等级，依次是 D、C（C1，C2）、B（B1,B2,B3）、A（A1），按系统可靠或可信程度逐渐增高，如表 5-1 所示。关于各安全级别的具体要求，有兴趣的读者可自行查阅相关资料。

表 5-1　TCSEC/TDI 安全级别划分

安全级别	定　义
A1	验证设计（Verified Design）
B3	安全域（Security Domain）
B2	结构化保护（Structural Protection）
B1	标记安全保护（Labeled Security Protection）
C2	受控的存取保护（Controlled Access Protection）
C1	自主安全保护（Discretionary Access Protection）
D	最小保护（Minimal Protection）

5.2　用户管理

任何系统软件的安全性控制都从用户管理开始，用户管理是界定用户是否可以使用该系统的第一层认证，本节主要阐述数据库管理系统中的用户认证措施。

用户标识与认证是数据库管理系统最外层的保护措施，目的是通过对用户的身份进行认证，拒绝非法用户访问数据库的请求。用户在数据库管理系统获得一个用户名，系统会首先确认提交访问请求的用户是否合法，如果合法，则进一步使用口令、磁卡、签名等方法验证用户身份。

大多数数据库管理系统采用用户名和口令的方法来鉴别用户身份，该方法简单易行，成本低，但用户名和口令易被窃取，因此还可以采取更为复杂的方法。

（1）有的数据库系统支持用户在口令中使用非打印字符或在口令的末尾加入空格，即使有人看到口令，也是不完整的，仍然无法进入系统。

（2）有的数据库系统对用户口令进行加密保存，即使有人看到数据库中用户的信息，也无法破解原始密码。

（3）有的数据库管理系统采用"询问-回答"的机制，即每个用户都预先约定好一个计算函数，验证用户身份时，系统提供一个随机数，用户根据自己预先约定的计算函数进行计算，系统根据用户的计算结果是否正确来判断用户是否合法。这种方法没有口令在系统中保存或传输，不存在口令泄露问题。

5.3　角色和权限

数据库安全性最重要的是数据库管理系统的存取控制机制。存取控制机制的主要内容是为不同用户规定对不同数据对象的不同存取权限，限制用户的操作不会超过已定义好的权限范围。存取控制机制主要包括两方面功能：

（1）定义功能。数据库管理系统提供适当的语言定义用户的权限，将这些定义编译后存放在数据目录中，被称为安全规则或授权规则。

（2）检查功能。用户发出存取数据库的操作请求后，数据库管理系统检查该用户是否具有执行该操作的权限，若有，则执行；若没有，则操作被拒绝。

现代数据库管理系统经常使用自主存取控制和强制存取控制两种方法，下面对这两种方法进行介绍：

（1）自主存取控制（Discretionary Access Control，DAC）。自主存取控制非常灵活，用户对不同的数据对象有不同的存取权限，不同用户对同一数据对象也有不同的权限，且用户还可以将其拥有的存取权限授权给其他用户。目前，大型数据库管理系统几乎都支持自主存取控制。

（2）强制存取控制（Mandatory Sccess Control，MAC）。在强制存取控制方法中，每个数据对象被标以一定的密级，每一个用户也被授予一个级别的许可证。对于任意一个数据对象，只有具有合法许可证的用户才可以对它进行存取。这种方法适用于对数据库安全性要求较高，且对数据有严格而固定的密级分类的部门，如军事部门和政府部门等。

本节主要讨论自主存取控制的相关内容。

5.3.1　权限

用户对某一数据对象的操作权力称为权限。用户权限是由数据库对象和操作类型两个要素组成的，定义一个用户的权限就是定义这个用户可以对哪些数据对象进行哪些类型的操作。关系型数据库系统中，存取控制的对象除数据本身（表中数据、属性数据等）外，还包括数据库模式（包括数据库、数据表、视图和索引的创建）。

（1）针对数据本身的权限主要有：

① SELECT：允许用户读取表和视图中的数据。

② INSERT：允许用户在表和视图中插入数据。

③ UPDATE：允许用户修改表或视图中的数据，可能只允许修改某一个属性。

④ DELETE：允许用户删除表和视图中的数据。

（2）针对数据库模式的权限主要有：

① RESOURSE：允许用户创建新表。

② ALTER：允许用户在关系结构中添加或删除新的属性。

③ DROP：允许用户删除表。

④ INDEX：允许用户创建和删除索引。

5.3.2　授权与回收

在自主存取控制中，用户可以将其拥有的存取权限转授给其他用户，称为授权。同时，用户也可以将已经授予给其他用户的权限再收回来，称为回收权限。数据库管理系统应保证授权和回收权限功能的正确执行。SQL 支持授权和回收权限功能，分别采用 GRANT 和 REVOKE 语句实现。

1. 授权语句 GRANT

GRANT 语句的一般格式为：

```
GRANT <权限表> ON <数据库对象> TO <用户名表> [WITH GRANT OPTION]
```

其语义是：将对指定操作对象的指定操作权限授予指定的用户，使用该 GRANT 语句的可以是数据库管理员，也可以是该数据库对象的所有者，或是已拥有该权限的用户。关于 GRANT 语句，有如下几点说明：

（1）接受授权的可以是一个或多个用户，也可以是 PUBLIC，即所有用户。

（2）权限表中权限可以是 5.3.1 节中提到的任何权限中的一个或多个，如果权限表中包括所有的权限，则可以用关键字 ALL PRIVIELEGES 代替。

（3）数据对象可以是表、视图和索引等。

（4）短语 WITH GRANT OPTION 表示获得该权限的用户还可以把获得的权限转授给其他用户，但不允许循环授权，即被授权者不能再授权给授权者及其祖先，如图 5-3 所示。

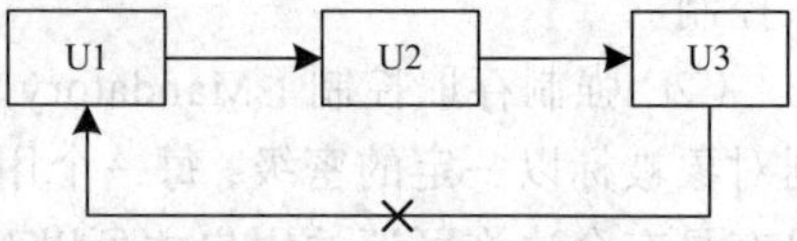

以 bookstore 数据为例，假设在数据库已存在 U1、U2 和 U3 用户。

【例 5-1】将对 book 表的查询权限授权给 U1。

```
GRANT SELECT ON book TO U1;
```

【例 5-2】将对 category 表的查询权限授权给所有用户。

图 5-3 不允许循环授权

```
GRANT SELECT ON category TO PUBLIC;
```

【例 5-3】将对 book 表的插入权限和对 price 的更新权限授权给 U2，并允许其将此权限授权给其他用户。

```
GRANT INSERT,UPDATE(price)  ON book TO U2 WITH GRANT OPTION;
```

【例 5-4】U2 可以将对 book 表的插入权限授权给 U3。

```
GRANT INSERT ON book TO U3
```

由于 U2 没有授予 U3 继续传播此权限的权限，所以 U3 不能再传播此权限。

2. 回收权限语句 REVOKE

授予的权限可以由数据库管理员或其他授权者使用 REVOKE 语句回收，REVOKE 语句的一般格式为：

```
REVOKE <权限表> ON <数据库对象> FROM <用户名表> [RESTRICT|CASCADE]
```

其语义是：回收指定用户对指定数据库对象的指定操作权限，其中<权限表>是要回收的权限列表，<数据库对象>是指在哪个或哪些数据库对象上被回收权限，<用户名表>是指从哪些用户回收权限。关于 REOVKE 语句，有如下几点说明：

（1）被回收权限的可以是一个或几个用户，也可以是 PUBLIC，即所有用户。

（2）CASCADE 是指以级联式方式回收权限，即用户 U1 从用户 U2 回收权限时，要同时将 U2 转授出去的同样的权限一同回收；RESTRICT 指以非级联式方式回收权限，即用户 U1 从用户 U2 回收权限时，当 U2 没有将同样的权限转授出去时，回收成功，否则系统拒绝回收。多数数据库系统默认采用 RESTRICT 方式。

【例 5-5】回收 U2 对 book 表的 price 的更新权限。

```
REVOKE UPDATE(price) on book FROM U2;
```

【例 5-6】回收所有用户对 category 表的查询权限。

```
REVOKE SELECT on category FROM PUBLIC;
```

【例 5-7】级联式回收 U2 对 book 表的插入权限。

```
REVOKE INSERT on book FROM U2 CASCADE;
```

5.4　视图机制

在授权机制中，可以通过 GRANT 语句将某个表的某些权限授予用户，但往往还会遇到这样的问题：需要授予某个用户某个表中一部分数据的操作权限，即需要对用户的数据访问范围设定必要的限制，这种限制可以通过视图机制来实现。

具体来说，就是为不同的用户定义不同的视图，通过视图机制将具体用户需要访问的数据加以限定，并将无权访问的数据隐藏起来，使得用户只能在视图定义的范围内访问数据，从而自动对数据提供了一定程度的安全保护。视图机制的主要功能提供了数据独立性，其附加的安全性保护功能级别较低，不能达到应用系统的要求。在实际应用中，通常将视图机制与存取控制配合使用：首先使用视图机制屏蔽掉无权访问的数据，然后在视图的基础上进一步定义存取权限。

【例 5-8】创建最畅销 10 本图书的视图 V_HOTSALES，将其授权给普通用户 U1。

```
--1.创建视图 V_HOTSALES
CREATE VIEW V_HOTSALES
AS
SELECT TOP(10) title,sum(orderBook.quantity) sales
    FROM BOOK,orderBook WHERE book.bookID=orderBook.bookID
    GROUP BY title
    ORDER BY sales DESC;
--2.将 V_HOTSALES 的查询权限授权给 U1
GRANT SELECT ON V_HOTSALES TO U1;
```

5.5　数据加密

前面提到的安全措施可以防止非法用户访问数据库，除此之外，还要考虑一些其他的威胁，如存放数据库的物理介质失窃、数据在网络上被截获等。因此，对于高度敏感性的数据，如财务数据、军事数据、国家机密等，还需要采用数据加密技术。

数据加密的基本思想是采用加密算法对原始数据进行加密，输出加密后不可直接识别格式。将原始数据称为源文，加密后不可直接识别的格式称为密文。加密算法主要有替换方法和置换方法两种。

5.5.1　替换方法

替换方法是使用密钥（Encryption Key）将源文中的每个字符映射为另外一个字符，将源文中的所有字符都进行替换后，形成密文。恺撒密码是最早使用的比较有代表的替换方法之一，这种密码将字母表看成是一个循环的表，将其中每个字母按一定位移移动后得到的另一个字符代替。如果位移为 2，则 A 对应 C，B 对应 D，……，Y 对应 A，Z 对应 B。按照这种方法，原文 SQLSERVER 就被加密成密文 USNUGTXGT。恺撒密码的示意图如图 5-4 所示。

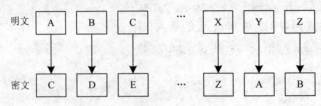

图 5-4　恺撒密码加密示意图

5.5.2　置换方法

置换方法是将源文中的字符按照某种方法重新排列，形成密文输出。矩阵转置密码就是一种较为简单的置换方法，其实现思想是将源文写成矩阵结构，通过控制其输出方向和输出顺序来形成密文。如源文 I have a beautiful dog 在相同输出方向、不同输出顺序下输出的密文如图 5-5 所示。

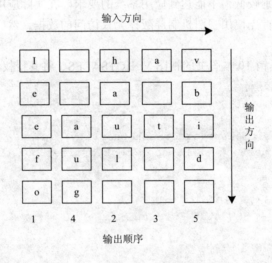

密文：Ieefohaul a t　augvbid

图 5-5　矩阵转置密码加密示意图

5.6　审计

前面所介绍的用户管理、存储控制机制并不能保证数据库系统百分之百的安全，盗窃、蓄意破坏数据的人员总是想方设法打破数据库的控制，因此还需要在其他方面提供相应支持，随时记录主体对客体的访问轨迹，来阻止对数据库的非法攻击。审计功能就是一种事后监视措施，它将用户对数据库的所有操作自动记录下来，存放在审计日志中。数据库管理员可以通过对审计跟踪信息进行分析，发现对数据库的非法操作，进而找出非法存取数据的人、时间和内容等。

需要审计的事件有成功或失败的登录、对数据执行各种操作的尝试、成功或失败的授权等；需要审计的数据对象有表、视图、属性等。审计日志一般要记录终端标识和用户标识、数据操作类型、操作时间、操作是否成功、操作的数据对象以及操作的旧值和新值，以帮助数据库管理员发现非法访问。

审计功能的时间和空间开销很大，所以数据库管理系统往往将其作为可选特征，数据库管理员根据对安全性的要求，灵活选择打开或关闭审计功能。审计功能多用于对安全性要求较高的部门。

审计一般分为用户级审计和系统级审计，前者是任何用户都可以设置的审计，主要针对用户自己创建的表和视图进行审计；后者只针对数据库管理员设置，用以监测成功或失败的登录及各种操作。

5.7　SQL Server 安全管理

5.7.1　概述

1. 基本概念

为了理解 SQL Server 的安全管理机制，首先需要了解一些常用的基本概念。

1）主体

主体是指可以请求 SQL Server 资源的用户、组和进程。每个主体都具有一个安全标识符（SID）。主体可以是主体的集合，也可以是不可分主体。例如，SQL Server 登录名是一个不可分主体，而 SQL Server 固定服务器角色则是一个集合主体。

主体的影响范围取决于主体定义的范围（Windows、服务器或数据库）以及主体是否不可分或一个集合。SQL Server 主体的级别如表 5-2 所示。

表 5-2　SQL Server 的各级别主体

主体级别	主　　体
Windows 级别的主体	Windows 域登录名、Windows 本地登录名
服务器级别的主体	SQL Server 登录名、SQL Server 固定服务器角色
数据库级别的主体	数据库用户、数据库角色、应用程序角色

2）安全对象

安全对象是 SQL Server 数据库引擎授权系统控制对其进行访问的资源。通过创建可以为设置安全性的名为"范围"的嵌套层次结构，可以将某些安全对象包括在其他安全对象中。安全对象范围包括服务器、数据库和架构三层，如表 5-3 所示。

表 5-3　SQL Server 的安全对象

安全对象范围	安全对象
服务器	端点、登录名、数据库
数据库	用户、角色、应用程序角色、程序集、消息类型、路由、服务、远程服务绑定、全文目录、证书、非对称密钥、对称密钥、约定、架构
架构	类型、XML 架构集合、聚合、约束、函数、过程、队列、统计信息、同义词、表、视图

3）权限

权限是访问数据库时，对数据对象可以进行的操作集合。每个 SQL Server 安全对象都有可以授予主体的关联权限。

4）角色

为便于管理用户的权限，可以将一组具有相同权限的用户组织在一起，这组具有相同权限的用户称为"角色"。为一个角色进行权限管理相当于对该角色的所有成员进行操作。使用角色的好处在于系统管理员不必关心具体的用户情况，只需对权限的种类进行划分，然后给不同的角色授予不同权限。当角色的成员发生变化时，如添加成员或删除成员，系统管理员无须做任何权限管理的操作。

5）身份验证

身份验证是 SQL Server 系统标识用户或进程的过程，客户端必须通过服务器端的身份验证之后才能请求其他资源。

2. 安全管理模式

数据库的安全性包括两方面：既要保证具有数据访问权限的用户能够登录到数据库服务器访问数据以及对数据库对象执行各种权限范围内的操作，又要防止非授权用户的非法操作。为此，SQL Server 系统设置了三层安全管理模式。

1）服务器级别的安全管理

每个登录到 SQL Server 服务器的用户都需要有一个登录名，登录名包括登录名和登录密码。通过控制登录服务器的登录名，可以保证访问数据库用户的合法性。在 SQL Server 系统中预先设置了若干固定的服务器角色，为具有服务器管理员资格的用户分配了权限，具有固定服务器角色的用户可以拥有服务器级别的管理权限。

2）数据库级别的安全管理

当用户提供正确的服务器登录名通过服务器级别的安全性验证后，将被验证是否具有访问某个数据库的权限。如果该用户不具有访问某个数据库的权限，系统将拒绝该用户对数据库的访问请求。当合法用户登录到 SQL Server 服务器时，将会自动进入该用户的默认数据库中。

3）数据库对象级别的安全管理

用户通过服务器和数据库级别的安全性验证之后，在对数据库的数据库进行访问或对具体的安全对象进行操作时，还将接受安全检查，系统将拒绝不具有相应访问权限的用户。数据库对象的所有者拥有对该对象全部的操作权限，在创建数据库对象时，系统会自动将该对象的所有权限赋予给该对象的创建者。

总的来说，用户要访问 SQL Server 数据库中的数据，至少经过 3 个认证过程：第一个认证是身份验证，只验证用户是否具有连接到数据库服务器的"连接权"；第二个认证过程是验证用户是否是数据库的合法用户；第三个认证过程是验证用户是否具有对数据库中数据或对象的操作许可。

5.7.2 服务器身份验证

1. 身份验证模式

SQL Server 系统支持两种类型的登录名：

（1）Windows 授权用户：来自于 Windows 的用户或组。

（2）SQL Server 授权用户：来自于非 Windows 用户，这类用户也称为 SQL Server 用户。

针对这两种类型的登录名，SQL Server 提供了两种身份验证模式：Windows 身份验证模式和混合身份验证模式。Windows 身份验证模式会启用 Windows 身份验证并禁用 SQL Server 身份验证；混合身份验证模式会同时启用 Windows 身份验证和 SQL Server 身份验证。Windows 身份验证始终可用，并且无法禁用。可以在登录 SQL Server 服务器后更改服务器的身份验证模式。

2．登录名的管理

可以通过 SQL Server 的 SQL Server Management Studio 来管理登录名，也可通过相应的 T-SQL 语句来实现。下面着重介绍通过 T-SQL 语句的方式。

创建登录名的 T-SQL 语句是 CREATE LOGIN 语句，其简化语法格式为：

```
CREATE LOGIN login_name { WITH <option_list1> | FROM <sources> }
  <option_list1> ::=
    PASSWORD ='password' [,<option_list2> [,...] ]
<option_list2> ::=
    SID=sid
    | DEFAULT_DATABASE=database
    | DEFAULT_LANGUAGE=language
<sources> ::=
    WINDOWS [ WITH <windows_options>[,...] ]
<windows_options> ::=
    DEFAULT_DATABASE=database
    | DEFAULT_LANGUAGE=language
```

其中各参数含义如下：

- login_name：指定创建的登录名。如果是从 Windows 域用户映射 login_name，则 login_name 必须用[]括起来。
- WINDOWS：指定将登录名映射到 Windows 用户名。
- PASSWORD='password'：指定正在创建的登录名的密码，仅适用于 SQL Server 身份验证的登录名。
- SID=sid：指定新 SQL Server 登录名的 GUID（全球唯一标识符），如果未选择此选项，则 SQL Server 将自动指派 GUID，仅适用于 SQL Server 身份验证的登录名。
- DEFAULT_DATABASE=database：指定新建登录名的默认数据库，如果未包括此选项，则默认数据库为 master。
- DEFAULT_LANGUAGE=language：指定新建登录名的默认语言，如果没有包括此选项，则默认语言为服务器的当前默认语言。

【例 5-9】创建 SQL Server 身份验证的登录名 L1，密码为 123。

```
CREATE LOGIN L1 WITH PASSWORD='123'
```

【例 5-10】创建 Windows 身份验证的登录名，从 Windows 域用户创建[PC\USER1]登录名（PC 是计算机名，USER1 为该计算机上的 Windows 用户）。

```
CREATE LOGIN [PC\USER1] FROM WINDOWS
```

修改登录名使用 ALTER LOGIN 语句，删除登录名使用 DROP LOGIN 语句。

3. 登录名权限的管理

登录名创建后，默认情况下只有连接服务器的权限。如果想要登录名获得更大的权限，则需要成为固定服务器角色成员，从而继承固定服务器角色的权限。

SQL Server 已经预定义一组具有固定权限的服务器角色，用户不能创建新的服务器角色或删除已有的固定服务器角色，也不能更改服务器角色的权限。

具有系统管理权限的用户可以使用系统存储过程为服务器角色添加成员，也可以将登录名从服务器角色中删除。

添加登录名以作为固定服务器角色的成员使用系统存储过程 sp_addrolemember，其语法格式如下：

```
sp_addsrvrolemember [@loginame=] 'login',[@rolename=] 'role'
```

其中各参数的含义如下：

- [@loginame =] 'login'：将添加到固定服务器角色中的登录名。
- [@rolename =] 'role'：要添加登录名的固定服务器角色的名称，必须是 sysadmin、securityadmin、serveradmin、setupadmin、processadmin、diskadmin、dbcreator 和 bulkadmin 几个值之一。

该存储过程的返回值为 0（成功）或 1（失败）。

【例 5-11】将登录名 L1 添加为 dbcreator 的成员，使其具有创建数据库的权限。

```
EXEC sp_addsrvrolemember 'L1','dbcreator'
```

删除服务器角色成员使用存储过程 sp_dropsrvrolemember，其语法格式如下：

```
sp_dropsrvrolemember [@loginame=] 'login',[@rolename=] 'role'
```

其中各参数的含义如下：

- [@loginame =] 'login'：将删除到固定服务器角色中的登录名。
- [@rolename =] 'role'：登录名的固定服务器角色的名称。

该存储过程的返回值为 0（成功）或 1（失败）。

【例 5-12】将固定服务器角色 dbcreator 的成员 L1 删除。

```
sp_dropsrvrolemember 'L1','dbcreator'
```

5.7.3 数据库用户

数据库用户是数据库级别上的安全主体。用户在具有登录名之后，只能连接到 SQL Server 数据库服务器，并不具备访问任何用户数据库的权限，只有成为数据库的合法用户后，才能访问数据库。

数据库用户必须映射到服务器已经存在的登录名，一个登录名可以映射为多个数据库的用户，这种映射关系对同一服务器上不同数据库的权限带来了极大的方便。默认情况下，新建立的数据都存在一个用户：dbo，它是数据库的拥有者。

1. 数据库用户的管理

可以通过 SQL Server 的 SQL Server Management Studio 来管理数据库用户，也可通过相应的 T-SQL 语句来实现。下面着重介绍通过 T-SQL 语句的方式。

建立数据库用户的 T-SQL 语句是 CREATE USER，该语句的简化语法格式为：

```
CREATE USER user_name [ {FOR|FROM}
    {
        LOGIN login_name
    }
]
```

其中各参数的含义如下：

- user_name：指定在此数据库中用于识别该用户的名称。
- login_name：指定要映射为数据库用户的有效登录名。

需要注意的是，如果省略 FOR LOGIN，则新的数据库用户将被映射到同名的 SQL Server 登录名。

【例 5-13】让 SQL_User1 登录名成为 bookstore 数据库中的用户，且用户名与登录名相同。

```
USE bookstore;
GO
CREATE USER SQL_User1;
```

【例 5-14】在数据库 bookstore 中创建用户名 U1，使其映射到登录名 L1。

```
USE bookstore;
GO
CREATE USER U1 FOR LOGIN L1;
```

修改用户名使用 ALTER USER 语句，删除登录名使用 DROP USER 语句。

2. 数据库用户的权限管理

数据库用户的权限管理包括授权、回收权限和拒绝权限。其中授权、回收权限的 SQL 语法参照 5.3.2 节。

拒绝权限的 T-SQL 语句的简化语法格式如下：

```
DENY <权限表> ON <数据库对象> TO <用户名或角色名表>
```

【例 5-15】拒绝 U1 用户对 book 表的更新和删除权限。

```
DENY UPDATE,DELETE ON book TO U1;
```

5.7.4　角色

在 SQL Server 中，角色分为系统预定义的固定角色和用户自定义的用户角色两类。这里只介绍用户角色的管理。

1. 用户角色的管理

可以通过 SQL Server 的 SQL Server Management Studio 来管理用户角色，也可通过相应的 T-SQL 语句来实现。

（1）用户角色的创建、删除和修改

创建用户自定义的角色的 T-SQL 语句是 CREATE ROLE 语句，其语法格式为：

```
CREATE ROLE role_name [AUTHORIZATION ower_name]
```

其中各参数的含义如下：

- role_name：待创建的角色名称。
- AUTHORIZATION ower_name：将拥有新角色的数据库用户或角色。如果没有指定，则执行 CREATE ROLE 的用户拥有该角色。

【例 5-16】创建自定义角色 R1，其拥有者为创建该角色的用户。

```
USE bookstore;
Go
CREATE ROLE R1;
```

修改用户角色使用 ALTER ROLE 语句，删除用户角色使用 DROP ROLE 语句。

（2）为用户角色进行授权

为用户角色进行授权和为数据库用户进行授权的方法一样，其 SQL 语句语法完全相同。

【例 5-17】为 R1 角色授予其对 book 表的查询权限。

```
GRANT SELECT ON book TO R1
```

2. 角色成员的管理

角色中的成员自动具有角色的全部权限，因此为角色进行授权后，可以为角色添加成员，也可以将用户从角色中删除。

添加角色成员使用系统存储过程 sp_addrolemember，其语法格式如下：

```
sp_addrolemember [@rolename=] 'role',[@membername=] 'security_account'
```

其中各参数的含义如下：

- [@rolename=] 'role'：当前数据库中的数据库角色名。
- [@membername=] 'security_account'：要添加到角色中的数据库用户名，可以是数据库用户、数据库角色、Windows 登录名等。

该存储过程的返回值为 0（成功）或 1（失败）。

【例 5-18】将数据库用户 U1 添加到数据库角色 R1 中。

```
EXEC sp_addrolemember 'R1','U1'
```

删除角色成员使用存储过程 sp_droprolemember，其语法格式如下：

```
sp_droprolemember [@rolename=] 'role',[@membername=] 'security_account'
```

其中各参数的含义如下：

- [@rolename=] 'role'：当前数据库中的数据库角色名。
- [@membername=] 'security_account'：要添加到角色中的数据库用户名，可以是数据库用户、数据库角色、Windows 登录名等。

该存储过程的返回值为 0（成功）或 1（失败）。

【例 5-19】将数据库角色 R1 中的数据库用户 U1 删除。

```
EXEC sp_droprolemember 'R1','U1'
```

 **本 章 小 结**

保护数据库系统安全有多种方法，最重要的有用户管理、存取控制机制、视图机制、数据加密和审计技术。自主存取控制的授权和回收功能一般通过 SQL 提供的 GRANT 和 REVOKE 语句来实现，视图机制提供隐藏某些数据的功能，数据加密有替换和置换两种常用方法，审计功能将用户对数据库的所有操作自动记录下来，为数据库管理员监测对数据库的非法操作提供技术支持。本章最后介绍了 SQL Server 安全管理的具体实现。

　　　练 习 题

1. 什么是数据库安全？它与操作系统安全性有什么关系？
2. 数据库用户权限中，针对数据的权限有哪些？
3. 保证数据库安全性的措施有哪些？
4. 什么是数据库的存取控制机制？主要包括哪几种？
5. 试述数据库安全领域中的审计功能。

实验 7　数据库安全性

【实验目的】

1. 理解 SQL Server 的安全管理机制。
2. 掌握 GRANT、REVOKE 和 DENY 语句的语法。

【实验内容】

　　用系统内置管理员账号 sa 连接 SQL Server 服务器。使用相应 SQL 语句完成相应操作，并回答问题：

　　（1）创建登录名 L1，设置密码为 123，然后用 L1 连接 SQL Server 服务器。请问 L1 具有什么操作权限？为什么？

　　（2）将固定服务器角色 sysadmin 的权限授权给 L1。请问此时 L1 具有什么样的权限？此时 L1 对 bookstore 数据库能进行什么样的操作？为什么？

　　（3)在数据库 bookstore 中创建数据库用户 U1，使其映射到 L1。请问此时 L1 对 bookstore 数据库能进行什么样的操作？为什么？

　　（4）将数据库角色 dbowner 的权限授权给 U1。请问此时 L1 对 bookstore 数据库能进行什么样的操作？为什么？

　　（5）创建登录名 L2，设置密码为 123，在数据库 bookstore 中创建数据库用户 U2，使其映射到 L2，然后用 L2 连接 SQL Server 服务器。请问 L2 对 bookstore 具有什么操作权限？为什么？

　　（6）通过 U1 对 U2 进行如下授权：将 book、userInfo、orderBook 表的 SELECT 权限授权给 U2。请问 U2 对 bookstore 具有什么操作权限？为什么？

　　（7）用户 U1 在 bookstore 数据库中创建角色 R1，并将 orderInfo 表的 SELECT、UPDATE、DELETE 权限授权给 R1，然后将 R1 的全部权限授权给 U2。请问此时 U2 具有什么操作权限？为什么？

　　（8）使用 sa 连接 SQL Server 服务器，使用 DENY 语句否认 U2 对 bookstore 数据中 orderInfo 表的 DELETE 权限。请问此时 U2 具有什么操作权限？为什么？

　　（9）通过 U1 回收 U2 对 userInfo 表的 SELECT 权限、R2 对 orderInfo 表的 UPDATE 权限，请问此时 U2 具有什么操作权限？为什么？

第 6 章

数据库完整性

数据库完整性是指数据库中存放的数据的正确性和相容性。数据的正确性是指数据是符合现实世界语义的、反映当前实际状况的；数据的相容性是指同一数据库对象在不同关系表中的数据是符合逻辑的。本章主要讲解数据库完整性控制功能的实现方法。

6.1 数据库完整性概述

为维护数据库完整性，数据库管理系统必须能够实现如下功能：

（1）提供定义完整性约束条件的机制。完整性约束条件是指数据库中的数据必须满足的语义约束条件，用以限定符合数据模型的数据库状态以及状态的变化，以保证数据的正确、有效和相容。完整性规则一般由 SQL 的数据定义语言语句来实现，并作为数据库模式的一部分存入数据字典。

（2）提供完整性检查的方法。完整性检查一般在数据的插入、修改和删除时检查，也可以在事务提交时检查。检查这些操作执行后数据库中的数据是否违反了完整性约束条件。

（3）进行违约处理。数据库管理系统若发现用户的操作违反了完整性约束条件将采取一定的动作，如拒绝（NO ACTION）执行该操作或级联（CASCADE）执行其他操作以保证数据的完整性。

现在，商用的关系数据库管理系统产品都支持完整性控制，即完整性定义和检查控制由关系数据库管理系统实现，不必由应用程序来完成，从而减轻了应用程序员的负担。更重要的是，关系数据库管理系统使得完整性控制成为其核心支持的功能，从而能够为所有用户和应用提供一致的数据库完整性。

6.2　实体完整性

6.2.1　定义实体完整性

关系模型的实体完整性用 PRIMARY KEY 短语定义。对单属性构成的主键，可定义为列级完整性约束，也可定义为表级完整性约束；对于多个属性构成的键，只能定义为表级完整性约束。

【例 6-1】在 category 表定义中将 categoryID 设置为主键。

```
CREATE TABLE category
(
    categoryID INT PRIMARY KEY, /*列级完整性约束, categoryID 为表的主键 */
    categoryName VARCHAR(40) NOT NULL UNIQUE,
    description VARCHAR(250) NULL,
)
```

或者

```
CREATE TABLE category
(
    categoryID INT,
    categoryName VARCHAR(40) NOT NULL UNIQUE,
    description VARCHAR(250) NULL,
    PRIMARY KEY(categoryID)   /*表级完整性约束, categoryID 为表的主键 */
)
```

6.2.2　实体完整性检查和违约处理

用 PRIMARY KEY 短语定义关系的主键后，往表中插入一条记录或修改包含在主键中的列的值时，关系数据库管理系统将按照实体完整性规则自动进行检查。包括：

（1）检查主键是否唯一，如果不唯一则拒绝插入或修改。

（2）检查主键的各个属性是否为空，只要有一个为空就拒绝插入或修改。从而保证了实体完整性。

检查记录中的主键值是否唯一的一种方法是进行全表扫描，依次判断每一条记录的主键值与将插入记录的主键值（或者修改的新主码值）是否相同。

当关系中的记录数比较大时，全表扫描将变得非常耗时。为了避免对基本表进行全表扫描，关系数据库管理系统一般将在主键上自动建立一个索引（如 B+树索引）。有了主键索引后，数据库管理系统只需要进行索引扫描就可以确定表中是否已经存在插入记录的主键值（或者修改的新主键值），效率将大大提高。

6.3　参照完整性

6.3.1　定义参照完整性

关系模型的参照完整性用 FOREIGN KEY 短语定义，并用 REFERENCES 短语指明外键参照哪些表的主键。

【例 6-2】定义图书表（book）的参照完整性。

```
CREATE TABLE book
(
    bookID INT PRIMARY KEY,
    title VARCHAR(50) NOT NULL,
    author VARCHAR(50) NOT NULL,
    press VARCHAR(80) NOT NULL,
    price NUMERIC(17,2) NOT NULL,
    categoryID INT NOT NULL FOREIGN KEY REFERENCES category(categoryID),
/*列级完整性约束 */
    stockAmount INT
)
```

或者：

```
CREATE TABLE book
(
    bookID INT PRIMARY KEY,
    title VARCHAR(50) NOT NULL,
    author VARCHAR(50) NOT NULL,
    press VARCHAR(80) NOT NULL,
    price NUMERIC(17,2) NOT NULL,
    categoryID INT NOT NULL,
    stockAmount INT NULL,
    FOREIGN KEY (categoryID) REFERENCES category(categoryID),  /*表级完整
性约束 */
)
```

6.3.2　参照完整性检查和违约处理

参照完整性将两个表中的相应元组联系起来。因此，对被参照表和参照表进行插入、删除和修改操作时都有可能破坏参照完整性，必须进行检查以保证这两个表的相容性。

以 category 表和 book 表为例，对 category 表和 book 表的操作有 4 种情况可能破坏参照完整性（见表 6-1）：

表 6-1　可能破坏参照完整性约束的情况及违约处理

被参照表（如 category）	参照表（如 book）	违约处理
可能破坏参照完整性	插入元组	拒绝
可能破坏参照完整性	修改外码值	拒绝
删除元组	可能破坏参照完整性	拒绝/级联删除/设置为空置
修改主码值	可能破坏参照完整性	拒绝/级联修改/设置为空置

（1）book 表增加一个元组，该元组的 categoryID 属性的值与 category 表中任意一个元组的 categoryID 属性值都不相同。

（2）修改 book 表中的一个元组，修改后该元组的 categoryID 属性的值与 category 表中任意一个元组的 categoryID 属性值都不相同。

（3）删除 category 表中的一个元组，造成 book 表中存在一个或多个元组的 categoryID

属性的值与 category 表中任意一个元组的 categoryID 属性值都不相同。

（4）修改 category 表中的一个元组的 categoryID 属性的值，造成 book 表中存在一个或多个元组的 categoryID 属性的值与 category 表中任意一个元组的 categoryID 属性值都不相同。

上述任何一种情况发生后，都违反了参照完整性，系统都需要做相应的违约处理。违约处理方式有：

（1）拒绝执行（NO ACTION）：不允许执行该操作。该方式一般设置为默认处理方式。

（2）级联操作（CASCADE）：当删除或修改被参照表（如 category）的一个元组导致与参照表（如 book）不一致时，删除或修改参照表中的所有导致不一致的元组。

（3）设置为空值：当删除或修改被参照表（如 category）的一个元组导致与参照表（如 book）不一致时，将参照表中的所有导致不一致的元组的对应属性值设置为空值（NULL）。

一般地，当对参照表和被参照表的操作违反了参照完整性约束时，系统会选用默认处理方式，即拒绝执行。如果想让系统采用其他处理方式，则必须在定义参照完整性时显式地加以说明。

【例 6-3】显式说明参照完整性的违约处理示例。

```
CREATE TABLE book
(
    bookID INT PRIMARY KEY,
    title VARCHAR(50) NOT NULL,
    author VARCHAR(50) NOT NULL,
    press VARCHAR(80) NOT NULL,
    price NUMERIC(17,2) NOT NULL,
    categoryID INT NOT NULL,
    stockAmount INT NULL,
    FOREIGN KEY (categoryID) REFERENCES category(categoryID) /*表级完整性
约束*/
       ON DELETE NO ACTION  /*当删除 category 表中元组造成与 book 表不一致时，拒
绝删除*/
       ON UPDATE CASCADE   /*当更新 category 表中的 categoryID 列时，级联更新 book
表中相应的元组 */
)
```

可以对 DELETE 和 UPDATE 采用不同的策略。例如，在例 6-3 中，当删除被参照表(如 category)中的元组，造成与参照表（如 book）不一致时，拒绝删除被参照表（如 category）中的元组；对更新操作则采取级联更新的处理方式。

6.4　用户定义完整性

用户自定义完整性就是针对某一具体应用的数据必须满足的语义要求。目前，关系数据库管理系统都提供了定义和检查这类完整性的机制，使用了和实体完整性、参照完整性相同的技术和方法来处理它们，而不必由应用程序承担这一功能。

在 CREATE TABLE 中定义基本表时，可以根据应用要求定义相应的约束条件。主要的用户自定义约束包括非空约束（NOT NULL）、唯一值约束（UNIQUE）、默认值约束（DEFAULT）和 CHECK 约束。当往表中插入元组或修改元组的值时，关系数据库管理系统

会自动检查定义的约束条件是否被满足，如果不满足则操作拒绝执行。

6.4.1 非空约束

默认情况下，表中的属性列允许取空值。如果需要约束某些属性列不允许取空值，则可使用 NOT NULL 定义非空约束。

【例 6-4】在定义图书表（book）时，title、author、press、price 和 categoryID 属性不允许取空值。

```
CREATE TABLE book
(
    bookID INT PRIMARY KEY,
    title VARCHAR(50) NOT NULL,        /*title属性不允许取空值*/
    author VARCHAR(50) NOT NULL,       /*author属性不允许取空值*/
    press VARCHAR(80) NOT NULL,        /*press属性不允许取空值*/
    price NUMERIC(17,2) NOT NULL,      /*price属性不允许取空值*/
    categoryID INT NOT NULL FOREIGN KEY REFERENCES category(categoryID),
/*categoryID属性不允许取空值*/
    stockAmount INT   /*库存数量允许空,默认为 NULL,所以可省略*/
);
```

6.4.2 唯一值约束

唯一约束保证数据记录中的一列或者多列的组合的取值在表中是唯一的，使用关键字 UNIQUE 定义。

【例 6-5】创建 category 表，其中 categoryID 为主键，categoryName 要求取值唯一。

```
CREATE TABLE category
(
    categoryID INT,
    categoryName VARCHAR(40) NOT NULL UNIQUE,
    description VARCHAR(250),
    PRIMARY KEY(categoryID)
)
```

6.4.3 默认值约束

为某一个属性定义默认值约束，当插入新行时，如果没有为该列指定值，系统自动将该列的值设置为默认值。默认值约束使用关键字 DEFAULT 定义。

【例 6-6】在定义图书表（book）时，将库存量（stockAmount）的默认值设置为 0。

```
CREATE TABLE book
(
    bookID INT PRIMARY KEY,
    title VARCHAR(50) NOT NULL,        /*title属性不允许取空值 */
    author VARCHAR(50) NOT NULL,       /*author属性不允许取空值*/
    press VARCHAR(80) NOT NULL,        /*press属性不允许取空值*/
    price NUMERIC(17,2) NOT NULL,      /*price属性不允许取空值*/
    categoryID INT NOT NULL FOREIGN KEY REFERENCES category(categoryID),
/* categoryID属性不允许取空值*/
    stockAmount INT DEFAULT(0)            /*默认值为 0 */
```

```
);
```

6.4.4　CHECK 约束

CHECK 约束用于检查单个属性或不同属性之间的取值应该满足的约束条件。

【例 6-7】在定义用户表（userInfo）时，要求性别只能取值'男'或'女'，用户状态只能取值"锁定""停用"或"正常使用"3 种状态。

```
CREATE TABLE userInfo
(
    userID INT PRIMARY KEY,    /*列级完整性约束，userID 为表的主键 */
    userName VARCHAR(20) NOT NULL UNIQUE, /* userName 不可重复 */
    sex VARCHAR(2) NOT NULL CHECK(sex IN ('男','女')),
    password VARCHAR(8) NOT NULL,
    birthdate DATETIME,
    userState VARCHAR(20) NOT NULL CHECK(userState IN ('锁定','停用','正
常使用'))
    )
```

6.5　完整性约束命名子句

在 SQL Server 中除了 NOT NULL 约束外，其他约束都可以独立命名，这样用户可以用有意义的名称来命名约束，当系统报错时容易识别。

完整性约束命名子句的语法如下：

```
CONSTRAINT <constraint_name> <完整性约束条件>
```

其中，<constraint_name>是定义的约束名，<完整性约束条件>包括 UNIQUE、DEFAULT、PRIMARY KEY、FOREIGN KEY 和 CHECK 约束等。

【例 6-8】用约束命名子句重新定义例 6-6 中的图书表(book)。

```
CREATE TABLE book
(
    bookID INT CONSTRAINT C1 PRIMARY KEY,
    title VARCHAR(50) NOT NULL,    /*title 属性不允许取空值 */
    author VARCHAR(50) NOT NULL,   /*author 属性不允许取空值*/
    press VARCHAR(80) NOT NULL,    /*press 属性不允许取空值*/
    price NUMERIC(17,2) NOT NULL,    /*price 属性不允许取空值*/
    categoryID INT NOT NULL CONSTRAINT C2 FOREIGN KEY REFERENCES
category(categoryID),   /*categoryID 属性不允许取空值*/
    stockAmount INT CONSTRAINT C3 DEFAULT(0)  /*默认值为 0 */
    );
```

6.6　触发器

6.6.1　触发器的基本概念

触发器是一种特殊的对象，其特殊性在于不需要用户调用执行，而是在用户对表中的数据进行 UPDATE、INSERT 或 DELETE 操作时自动触发执行。触发器通常用于保证业务规则

和数据完整性，其主要优点是用户可以用编程的方法来实现复杂的处理逻辑和商业规则，增强了数据完整性约束的功能。

6.6.2　创建触发器

创建触发器时，要指定触发器的名称、触发器所作用的表、引发触发器的操作以及在触发器中要完成的操作。创建触发器的 T−SQL 语句是 CREATE TRIGGER 语句，其语法格式如下：

```
CREATE TRIGGER 触发器名称
ON {表名|视图名}
{FOR|AFTER|INSTEAD OF}
{[INSERT][,][DELETE][,][UPDATE]}
AS
SQL 语句
```

其中各参数含义如下：

- 触发器名称在数据库中必须是唯一的。
- ON 子句用于指定在其上执行触发器的表名或视图名。
- AFTER：指定触发器只有在引发触发器执行的 SQL 语句都已经成功执行后，才执行触发器。
- FOR：作用同 AFTER。
- INSTEAD OF：指定执行触发器而不是执行引发触发器执行的 SQL 语句，从而替代触发语句的操作。
- INSERT、DELETE 和 UPDATE：引发触发器执行的动作，若指定多个操作，则各操作之间用逗号分隔。

关于创建触发器，有几点需要注意：

（1）在一个表上可以创建多个名称不同、类型各异的触发器，每个触发器可由所有 3 个操作来触发。对于 AFTER 触发器，可以在同一种操作上创建多个触发器；对于 INSTEAD OF 触发器，在同一种操作上只能创建一个触发器。

（2）大部分 SQL 语句都可用在触发器中，但也有一些限制。例如，所有的创建和更改数据库以及数据库对象的语句、所有的 DROP 语句都不允许在触发器中使用。

（3）在触发器中可以使用两个特殊的临时表：INSERTED 表和 DELETED 表，这两个表中的结构同创建触发器的表的结构完全相同，只能用在触发器代码中。INSERTED 表保存了 INSERT 操作中新插入的数据和 UPDATE 操作中更新后的数据，DELETED 表保存了 DELETE 操作中删除的数据和 UPDATE 操作中更新前的数据。在触发器中使用这两个临时表的使用方法与一般基本表一样，可以通过这两个临时表记录的数据来判断所进行的操作是否符合约束。

【例 6−9】当往订单明细表（orderBook）中插入新行时，同时更新该订单中商品的库存量。

```
CREATE TRIGGER tg1
ON orderBook
AFTER INSERT
AS
  BEGIN
```

```
    DECLARE @num int
    SELECT @num=quantity FROM inserted
    UPDATE book SET stockAmount=stockAmount-@num
        WHERE bookID in (SELECT bookID FROM inserted)
END
```

【例 6-10】当往订单明细表（orderBook）中插入新行时，如果库存不够，则取消插入操作。

```
CREATE TRIGGER tg2
ON orderBook
INSTEAD OF INSERT
AS
  BEGIN
    DECLARE @num int,@stock int,@bookID int
    SELECT @num=quantity FROM inserted
    SELECT @bookID=bookID,@stock=stockAmount FROM book WHERE bookID in
(SELECT bookID FROM inserted)
    IF @num<=@stock
        INSERT INTO orderBook SELECT * FROM inserted
    ELSE
        PRINT '图书'+CAST(@bookID AS VARCHAR(5))+'库存不够'
END
```

6.6.3 触发器的管理

可以使用 ALTER TRIGGER 语句修改已定义的触发器，其语法格式类似创建触发器的 CREATE TRIGGER 语句；删除触发器的语句为 DROP TRIGGER 语句，其语法格式为：

```
DROP TRIGGER 触发器名[,…n]
```

本 章 小 结

数据库完整性是指数据库中存放的数据的正确性和相容性。本章讲解了关系数据库管理系统完整性的实现机制，包括完整性约束定义、完整性检查和违约处理。

关系数据库中，完整性约束条件包括实体完整性、参照完整性和用户自定义完整性，主要的用户自定义约束包括非空约束（NOT NULL）、唯一值约束（UNIQUE）、默认值约束（DEFAULT）和 CHECK 约束。

实现数据库完整性的一个重要方法是触发器。与完整性约束条件相比，触发器中的功能更加强大，可以实现更加复杂的完整性要求。

练 习 题

1. 什么是数据库的完整性？
2. 关系数据库管理系统的完整性控制机制应具有哪三方面的功能？
3. 在关系数据库系统中，当操作违反实体完整性、参照完整性和用户定义完整性约束条件时，该如何进行处理？

4．什么是触发器？触发器有什么作用？

实验 8　数据库完整性

【实验目的】

1．掌握常用完整性约束的定义方法。

2．理解完整性约束的运行检查机制和违约处理方法。

3．熟练掌握触发器的定义和使用。

【实验内容】

1．为 bookstore 数据库增加一个收货地址表（address），包含收货地址 ID（addressID）、用户 ID（userID）、收货人姓名（contactName）、详细地址（address）、邮编（postCode）、电话（phoneNo）、是否默认地址（isDefault），数据类型自定。

2．为 bookstore 数据库增加一个用户收藏表（favorite），包含用户 ID（userID）、图书 ID（bookID）、收藏时间（favoriteTime），数据类型自定。

3．假设一个用户可以有多个收货地址、多条收藏记录，请使用 SQL 语句分别为 address、favorite 增加实体完整性约束。

4．请使用 SQL 语句分别为 address、favorite 的 userID 增加命名的参照完整性约束。

5．假设 address 的 PhoneNo 的长度固定是 11 位，如何添加相应的约束以保证插入、修改地址时都满足该条件？

6．favorite 的 favoriteTime 的值默认为用户收藏图书的时间（即插入收藏记录的时间），如何添加相应的约束实现上述功能？

7．创建触发器 tg1，当往 orderBook 表中增加记录时，实现商品库存相应减少；当修改 orderBook 表中相应商品数量时，实现商品数量相应变动。

8．创建触发器 tg2，当往 orderBook 中增加记录时，如果商品库存量少于 10，则不允许购买该商品，并给出相应提示。

9．新建图书订购情况统计表 bookstas（包含图书编号、图书名称、图书类别、图书价格和订购册数，列名、数据类型自定），根据数据库的订单情况将人文社科类图书的订购情况插入表中。

10．创建触发器 tg3，当往 orderBook 表中增加记录时，自动更新 bookstas 表相应图书的统计信息。

第 7 章

关系规范化理论

关系数据库是由一组关系组成的，那么针对一个具体问题，应该如何构造一个适合于它的数据库模式，即应该构造几个关系，每个关系由哪些属性组成等，这是数据库设计的问题，确切地讲是关系数据库逻辑设计问题。实际上设计任何一种数据库应用系统，不论是层次的、网状的还是关系的，都会遇到如何构造合适的数据模式即逻辑结构的问题。由于关系模型有严格的数学理论基础，并且可以向别的数据模型转换，因此人们往往以关系模型为背景来讨论这一问题，形成了数据库逻辑设计的一个有力工具——关系数据库的规范化理论。本章主要讨论规范化理论。

7.1 规范的必要性

针对某一具体应用领域，可以设计出多种不同的数据库模式。这些数据库模式中，哪些设计可以被认为是"好"的设计呢？一个不"好"的设计，可能会带来一系列的问题。

7.1.1 存在的问题

下面以一个实例说明如果一个不好的关系可能会存在的问题。

建立一个网上书城数据库，该数据库涉及的对象包括用户的用户 ID（userID）、用户名（userName）、图书 ID（bookID）、书名（title）、类别 ID（categoryID）、类别名称（categoryName）和购买数量（quantity）。假设用一个单一的关系模式 userBookInfo 来表达，则有：

```
userBookInfo(userID,userName,bookID,title,categoryID,categoryName,quantity)
```

根据语义可以得知：

（1）一个图书类别包含若干本图书，但一本图书只属于同一个类别。

（2）一个用户可以买多本图书，每本图书可被若干个用户购买。

（3）每个用户购买的图书都有一个数量。

但是此关系存在以下问题：

1. 数据冗余

图书的书名、类别 ID 及类别名称等重复出现多次，如表 7-1 所示，这将浪费大量存储空间。

表 7-1　userBookInfo 表

userID	userName	bookID	title	categoryID	categoryName	quantity
101	张三	1001	数据库系统原理	1	理工类	1
101	张三	1002	数据结构 C 语言版	1	理工类	2
102	王丽	1004	经济学原理	2	人文社科类	1
102	王丽	1005	中国哲学简史	2	人文社科类	2
102	王丽	1006	教育心理学	2	人文社科类	3
102	王丽	1002	数据结构 C 语言版	1	理工类	1
102	王丽	1001	数据库系统原理	1	理工类	2
102	王丽	1003	计算机网络	1	理工类	
103	李明	1001	数据库系统原理	1	理工类	2
103	李明	1003	计算机网络	1	理工类	1
103	李明	1002	数据结构 C 语言版	1	理工类	1
103	李明	1005	中国哲学简史	2	人文社科类	1
104	张艳丽	1001	数据库系统原理	1	理工类	1
104	张艳丽	1004	经济学原理	2	人文社科类	1
104	张艳丽	1006	教育心理学	2	人文社科类	2

2. 插入异常

如果是新上市的图书，但还没有人购买过，则无法把该图书的信息插入到数据库中。

3. 删除异常

当删除某个类别的所有图书购买记录时，该图书类别的信息也丢失了。

4. 更新异常

若某图书更改所属类型，则数据库中所有该图书的记录应全部修改，如果有记录没有修改或修改失败，则会面临数据不一致的风险。

7.1.2　解决方法

如果将 userBookInfo 分解成 4 个关系模式：

```
userInfo(userID,userName)
book(bookID,title,categoryID)
category(categoryID,categoryName)
userBook(userID,bookID,quantity)
```

分解后，4 个关系模式都不会发生插入异常、删除异常的问题，数据的冗余也得到控制，数据的更新也变得简单。

什么是一个好的关系模式，以及如何改造一个不好的关系模式，这正是本章讨论的问题。

7.2 函数依赖

7.2.1 函数依赖

数据依赖是一个关系内部属性与属性之间的一种约束关系，通过属性间值的相等与否表现出来，是现实世界属性间相互联系的抽象，是数据内在的性质，是语义的体现。

人们已经提出了许多类型的数据依赖，其中最重要的是函数依赖（Functional Dependency，FD）和多值依赖（Multivalued Dependency，MVD）。

【定义 7-1】设 $R(U)$ 是一个关系模式，U 是 R 的属性集合，X 和 Y 是 U 的子集。若对于 $R(U)$ 的任意一个可能的关系 r，r 中不可能存在两个元组在 X 上的属性值相等，而在 Y 上的属性值不等，则称"X 函数确定 Y"或"Y 函数依赖于 X"，记作 $X \rightarrow Y$。

比如，描述图书的关系，可以有图书 ID（bookID）、书名（title）、类别 ID（categoryID）等几个属性。由于一个图书 ID 只对应一本图书，一本图书只属于一个类别，因此，当 bookID 的值确定之后，title 及 categoryID 的值也就被唯一地确定了。属性间的这种依赖关系类似于数学中的函数 $y=f(x)$，自变量 x 确定后，相应的函数值 y 也就唯一地确定了。

函数依赖和其他数据依赖一样，是语义范畴的概念。我们只能根据数据的语义来确定函数依赖。例如，知道了图书 ID，可以唯一地查询到其对应的书名，因而，可以说"图书 ID 函数确定书名"，记作"图书 ID→书名"。这里的唯一性并非只有一个元组，而是指任何元组，只要它在 X（图书 ID）上相同，则在 Y（书名）上的值也相同。如果满足不了这个条件，就不能说它们是函数依赖。例如，书名与作者的关系，当只有在没有相同书名的情况下可以说函数依赖"书名→作者"成立，如果允许有相同的书名，则"作者"就不再依赖于"书名"。

特别需要注意的是，函数依赖不是指关系模式 R 中某个或某些关系满足的约束条件，而是指 R 的一切关系均要满足的约束条件。

当 $X \rightarrow Y$ 成立时，则称 X 为决定因素（Determinant），称 Y 为依赖因素（Dependent）。当 Y 函数不依赖于 X 时，记为 $X \nrightarrow Y$。

如果 $X \rightarrow Y$，且 $Y \rightarrow X$，则记为 $X \longleftrightarrow Y$。

【定义 7-2】在关系模式 $R(U)$ 中，对于 U 的子集 X 和 Y，如果 $X \rightarrow Y$，但 Y 不是 X 的子集，则称 $X \rightarrow Y$ 是非平凡函数依赖（Nontrivial Function Dependency）。若 Y 是 X 的子集，则称 $X \rightarrow Y$ 是平凡函数依赖（Trivial Function Dependency）。

对于任一关系模式，平凡函数依赖都是必然成立的。它不反映新的语义。因此，若不特别声明，本书总是讨论非平凡函数依赖。

【定义 7-3】在关系模式 $R(U)$ 中，如果 $X \rightarrow Y$，并且对于 X 的任何一个真子集 X'，都有 $X' \nrightarrow Y$，则称 Y 完全函数依赖（Full Functional Dependency）于 X，记作 $X \xrightarrow{F} Y$。若 $X \rightarrow Y$，但 Y 不完全函数依赖于 X，则称 Y 部分函数依赖（Partial Functional Dependency）于 X，记作 $X \xrightarrow{P} Y$。

如果 Y 部分函数依赖于 X，X 中的部分属性就可以确定 Y，从数据依赖的观点来看，X 中存在"冗余"属性。

例如，在 7.1.1 节中关系模式 userBookInfo 中，（userID, bookID）→qunatity 是完全函数依赖，而（userID,bookID）→userName 是部分函数依赖，因为 userID→userName 成立，而 userID 是（userID,bookID）的真子集。

【定义 7-4】在关系模式 $R(U)$ 中，如果 $X→Y$，$Y→Z$，且 $Y\nrightarrow X$，$Z\nsubseteq Y$，则称 Z 传递函数依赖（Transitive Functional Dependency）于 X，记作 $Z\xrightarrow{t}X$。

传递函数依赖定义中之所以要加上条件 $Y\nrightarrow X$，是因为如果 $Y→X$，则 $X\leftarrow\rightarrow Y$，这实际上是 Z 直接依赖于 X，而不是 Z 传递函数于 X。

例如，在 7.1.1 节中关系模式 userBookInfo 中，bookID→categoryID，categoryID→categoryName，所以 bookID$\xrightarrow{t}$categoryName。

设 X、Y 分别是关系模式 R 的属性（或属性组），X 与 Y 之间的联系有如下 3 种类型：

1:1 联系：对于 X 中的任一具体值，在 Y 中至多有一个值与之对应；反之亦然，则称 X 与 Y 是 1:1 联系。如果 X、Y 之间是 1:1 联系，则存在函数依赖 $X\leftarrow\rightarrow Y$。例如，userBookInfo 关系模式中，userID 和 userName 是 1:1 联系，则有 userID$\leftarrow\rightarrow$userName。

1:n 联系：对于 Y 中的任一具体值，与 X 的 n 个值（$n>0$）相对应，但对于 X 中的任一具体指，在 Y 中至多有一个值与之对应，则称 Y 与 X 是 1:n 联系。如果两属性集 Y 与 X 之间是 1:n 联系，则存在函数依赖 $X→Y$。例如，userBookInfo 关系模式中，categoryID 和 bookID 是 1:n 联系，则有 bookID→categoryID。

m:n 联系：如果对于 X 中的任一具体值，Y 中有 n（$n>0$）个值与之对应，而 Y 中的一个值也可以和 X 中的 m 个值（$m>0$）相对应，则称 X 与 Y 是 m:n 联系。如果 X、Y 之间是 m:n 联系，则 X、Y 之间不存在函数依赖，如 useID 和 bookID 就是 m:n 联系。

【例 7-1】设有关系模式 userBookInfo(userID,userName,bookID,title,categoryID,categoryName,quantity)，判断以下函数依赖是否成立。

① userID→userName，bookID→title，(userID,bookID)→quantity。

② userID→categoryID，categoryName→userID。

由于 userID 和 userName 之间存在一对一的联系，所以 userID→userName 成立；同理，bookID→title 和(userID,bookID)→quantity 也成立。

由于 userID 和 categoryID 存在多对多联系，所以 userID→categoryID 不成立；同理，categoryName→userID 也不成立。

7.2.2　码

码（Key）是关系模式中的一个重要概念。在第 3 章中已经给出了有关码的定义，这里用函数依赖的概念来定义码。

【定义 7-5】设 K 为 $R(U,F)$ 中的一个属性（或属性组），若 $K\xrightarrow{F}U$，则 K 为 R 的候选码（Candidate key）。

若候选码多于一个，则选取其中的一个为主键（Primary Key）。

包含在任一候选码中的属性，称为主属性（Prime Attribute）或码属性（Key Attribute）。

不包含在任何候选码中的属性称为非主属性（Nonprime Atttibute）或非码属性（Nonkey Attribute）。

在关系模式中，最简单的情况，单个属性是码，称为单码（Single Key）；最极端的情况，整个属性集合是码，称为全码（All Key）。

例如，在关系模式 book(bookID,title,author,press,price,categoryID,stockAmount)中，bookID 是码，这是单码的情况；在关系模式 orderBook(orderID, bookID, quantity)中，属性组（userID, bookID）是码。

【定义 7-6】关系模式 $R(U,F)$ 中属性或属性集合组 X 并非 R 的码，但它是另一个关系模式的码，则称 X 是 R 的外部码（Foreign Key），也称外码。

如在关系模式 orderBook(orderID, bookID, quantity)中，userID 不是码，但是 bookID 是关系模式 book(bookID,title,author,press,price,categoryID,stockAmount)的码，则 bookID 是关系模式 orderBook 的外码。

7.2.3 函数依赖集的闭包

【定义 7-7】设有关系模式 $R(U,F)$，X 和 Y 分别是属性集合 U 的两个子集，如果对于 R 中每个满足 F 的关系 r 也满足 $X{\rightarrow}Y$，则称 F 逻辑蕴含 $X{\rightarrow}Y$，记为 $F{\models}X{\rightarrow}Y$。

如果考虑到 F 所逻辑蕴含（所推导）的所有函数依赖，就有函数依赖集合闭包的概念。

【定义 7-8】设 F 是函数依赖集合，被 F 逻辑蕴含的函数依赖的全体构成的集合，称为函数依赖集 F 的闭包（Closure），记为 F^+，即 $F^+ = \{ X{\rightarrow}Y \mid F{\models}X{\rightarrow}Y \}$。

由以上定义可知，由已知函数依赖集 F 推导出新的函数依赖可以归结求 F 的闭包 F^+。为了系统的求得 F^+，还必须遵循函数依赖的推理规则。

7.2.4 函数依赖的推理规则

为了求关系模式 R 上已知的函数依赖集 F 的闭包 F^+，Armstrong 于 1974 年提出了一套推理规则。使用这套推理规则，可以由已知的函数依赖推导出新的函数依赖。后来又经过不断完善，形成了著名的"Armstrong 公里系统"，为计算 F^+ 提供了一个有效且完备的理论基础。

Armstrong 公理系统 设有关系模式 $R(U,F)$，X、Y、Z、W 均为 U 的子集，则对 $R(U,F)$ 有以下的推理规则：

① A1（自反律）：若 $Y{\subseteq}X$，则 $X{\rightarrow}Y$。

② A2（增广律）：若 $X{\rightarrow}Y$，则 $XZ{\rightarrow}YZ$。

③ A3（传递律）：若 $X{\rightarrow}Y$，$Y{\rightarrow}Z$，则 $X{\rightarrow}Z$。

运用这些规则不会产生错误的函数依赖。

Armstrong 公理是正确的。即如果函数依赖 F 成立，则由 F 根据 Armstrong 公理所推导的函数依赖总是成立的（并且被称为 F 所蕴含的函数依赖）。证明如下：

① 自反律是正确的。因为在一个关系中不可能存在两个元组在属性 X 上的值相等，而在 X 的某个子集 Y 上的值不等。

② 增广律是正确的。对于 $R(U,F)$ 的任一关系 r 中的任意两个元组 t、s：

若 $t[XZ]=s[XZ]$，则有 $t[X]=s[X]$ 和 $t[Z]=s[Z]$；

由于 $X{\rightarrow}Y$，于是有 $t[Y]=s[Y]$，所以 $t[YZ]=s[YZ]$。

③ 传递律是正确的。对于 $R(U,F)$ 的任一关系 r 中的任意两个元组 t、s：

若 $t[X]=s[X]$，由于 $X{\to}Y$，则有 $t[Y]=s[Y]$；

再由于 $Y{\to}Z$，于是有 $t[Z]=s[Z]$。

由 Armstrong 基本公理 A1、A2 和 A3 为初始点，可以导出下面 3 条有用的推理规则：

① 合并性规则：若 $X{\to}Y$，$X{\to}Z$，则 $X{\to}YZ$。

② 分解性规则：若 $X{\to}Y$，$Z{\subseteq}Y$，则 $X{\to}Z$。

③ 伪传递性规则：若 $X{\to}Y$，$WY{\to}Z$，则 $WX{\to}Z$。

由 Armstrong 公理系统的正确性可知，由 F 出发根据公理推导出的每一个函数依赖 $X{\to}Y$，都有 $F{\models}X{\to}Y$，也即 $X{\to}Y{\in}F^+$，该性质称为公理的有效性。人们就称 Armstrong 公理系统是有效的。另外，如果 F^+ 中每个函数依赖都可以由 F 出发根据 Armstrong 公理系统导出，就称 Armstrong 公理系统是完备的。可以证明，Armstrong 公理系统具有完备性质。

由 Armstrong 公理系统的有效性和完备性，可以得到 F^+ 的另外一个定义。

【定义 7-9】函数依赖集 F 的闭包 F^+ 是由 F 根据 Armstrong 公理系统导出的函数依赖的集合，即 $F^+=\{X{\to}Y\mid X{\to}Y$ 由 F 根据 Armstrong 公理系统导出$\}$。

【例 7-2】设有关系模式 $R(U,F)$，其中 $U=ABC$，$F=\{A{\to}B$，$B{\to}C\}$，则上述关于函数依赖集闭包计算公式，可以得到 F^+ 由 43 个函数依赖组成。例如，由自反性公理 A1 可以知道，$A{\to}\Phi$，$B{\to}\Phi$，$C{\to}\Phi$，$A{\to}A$，$B{\to}B$，$C{\to}C$；由增广性公理 A2 可以推出 $AC{\to}BC$，$AB{\to}B$，$A{\to}AB$ 等；由传递性公理 A3 可以推出 $A{\to}C$，…。为清楚起见，F 的闭包 F^+ 可以列举在表 7-2 中。

表 7-2　F 的闭包 F^+

$A{\to}\Phi$	$AB{\to}\Phi$	$AC{\to}\Phi$	$ABC{\to}\Phi$	$B{\to}\Phi$	$C{\to}\Phi$
$A{\to}A$	$AB{\to}A$	$AC{\to}A$	$ABC{\to}A$	$B{\to}B$	$C{\to}C$
$A{\to}B$	$AB{\to}B$	$AC{\to}B$	$ABC{\to}B$	$B{\to}C$	$\Phi{\to}\Phi$
$A{\to}C$	$AB{\to}C$	$AC{\to}C$	$ABC{\to}C$	$B{\to}BC$	
$A{\to}AB$	$AB{\to}AB$	$AC{\to}AB$	$ABC{\to}AB$	$BC{\to}\Phi$	
$A{\to}AC$	$AB{\to}AC$	$AC{\to}AC$	$ABC{\to}AC$	$BC{\to}B$	
$A{\to}BC$	$AB{\to}BC$	$AC{\to}BC$	$ABC{\to}BC$	$BC{\to}C$	
$A{\to}ABC$	$AB{\to}ABC$	$AC{\to}ABC$	$ABC{\to}ABC$	$BC{\to}BC$	

由此可见，一个仅具有两个元素函数依赖集 F，其闭包 F^+ 包含有 43 个元素的闭包 F^+，当然 F^+ 中会有许多平凡函数依赖，例如 $A{\to}\Phi$、$AB{\to}B$ 等，这些并非都是实际中所需要的。

7.2.5　属性集的闭包

从理论上讲，对于给定的函数依赖集合 F，只要反复使用 Armstrong 公理系统给出的推理规则，直到不能再产生新的函数依赖为止，就可以算出 F 的闭包 F^+。但在实际应用中，这种方法不仅效率较低，而且还会产生大量"无意义"或者意义不大的函数依赖。由于人们感兴趣可能只是 F^+ 的某个子集，因而没有必要求出 F 的闭包 F^+ 中的全体函数依赖。正是为了解决这样的问题，引入了属性集闭包概念。

【定义 7-10】 设 F 是属性集合 U 上的一个函数依赖，$X \subseteq U$，称 $X_F^+ = \{ A \mid A \in U, X \to A$ 能由 F 按照 Armstrong 公理系统导出 $\}$ 为属性集 X 关于 F 的闭包。

如果只涉及一个函数依赖集 F，即无需对函数依赖集进行区分，属性集 X 关于 F 的闭包就可简记为 X^+。

【算法 7-1】 求属性集 X （$X \subseteq U$）关于 U 上的函数依赖集 F 的闭包 X_F^+。

输入：X、F

输出：X_F^+

步骤：

（1）令 $X^{(0)} = X$，$i = 0$。

（2）求 B，这里 $B = \{A \mid (\exists V)(\exists W)(V \to W \in F \wedge V \subseteq X^{(i)} \wedge A \in W)\}$。

（3）$X^{(i+1)} = X^{(i)} \cup B$

（4）判断 $X^{(i+1)} = X^{(i)}$

（5）如果 $X^{(i+1)} = X^{(i)}$ 或 $X^{(i)} = U$，则 $X^{(i)}$ 就是 X_F^+，算法终止。

（6）若否，则 $i = i+1$，返回第 2 步。

【例 7-3】 设有关系模式 $R(U,F)$，其中 $U = ABC$，$F = \{ A \to B, B \to C \}$ 求 A_F^+。

解：由算法 7-1，设 $X^{(0)} = A$，计算 $X^{(1)}$：逐一扫描 F 集合中的各个函数依赖，找出左部为 A 函数依赖，得到 1 个函数依赖：$A \to B$。于是：$X^{(1)} = A \cup B = AB$。

因为 $X^{(1)} \neq X^{(0)}$，所以继续求 $X^{(2)}$：再找出左部为 AB 子集的函数依赖，得到 2 个函数依赖：$A \to B$，$B \to C$。于是：$X^{(2)} = AB \cup BC = ABC$。

由于 $X^{(2)} = U$，所以有 $A_F^+ = ABC$。

对于 U 上的一个函数依赖 $X \to Y$，如何判定它是否为函数依赖集 F 所逻辑蕴含呢？

一个自然的思路就是将 F^+ 计算出来，然后看 $X \to Y$ 是否在集合 F^+ 之中，前面已经说过，由于种种原因，人们一般并不直接计算 F^+，并注意到计算一个属性集的闭包通常比计算一个函数依赖集的闭包来得简便，有必要讨论能否将 "F 逻辑蕴含 $X \to Y$" 判断问题归结为其中决定因素 X 的闭包 X^+ 的计算问题。

F 逻辑蕴含 $X \to Y$ 的充分必要条件：设关系模式 $R(U,F)$，X、$Y \subseteq U$，则 F 逻辑蕴含 $X \to Y$ 的充分必要条件是 $Y \subseteq X_F^+$。

事实上，如果 $Y = A1A2...An$ 并且 $Y \subseteq X_F^+$，则由 X 关于 F 闭包 X_F^+ 的定义，对于每个 $Ai \in Y(i=1,2,\dots,n)$ 能够关于 F 按照 Armstrong 公理推出，再由合并性规则就可知道 $X \to Y$ 能由 F 按照 Armstrong 公理得到，充分性得证。

如果 $X \to Y$ 能由 F 按照 Armstrong 公理导出，并且 $Y = A_1 A_2 \dots A_n$，按照分解性规则可得知 $X \to A_i(i=1,2,\dots,n)$，这样由 X_F^+ 的定义就得到 $A_i \in X_F^+(i=1,2,\dots,n)$，所以 $Y \subseteq X_F^+$，必要性得证。

7.2.6　最小函数依赖集

设有函数依赖集 F，F 中可能有些函数依赖是平凡的，有些是 "多余的"。如果有两个函数依赖集，它们在某种意义上 "等价"，而其中一个 "较大" 些，另一个 "较小些"，人们自然会选用 "较小" 的一个。这个问题的确切提法是：给定一个函数依赖集 F，怎样求得一个

与 F "等价" 的 "最小" 的函数依赖集 $F_{\min}$。

1. 函数依赖集的覆盖与等价

【定义 7-11】 F 和 G 是关系模式 R 上的两个函数依赖集，如果所有为 F 所蕴含的函数依赖都为 G 所蕴含，即 F^+ 是 G^+ 的子集：$F^+ \subseteq G^+$，则称 G 是 F 的覆盖。

当 G 是 F 的覆盖时，只要实现了 G 中的函数依赖，就自动实现了 F 中的函数依赖。

【定义 7-12】 如果 G 是 F 的函数覆盖，同时 F 又是 G 的函数覆盖，即 $F^+ = G^+$，则称 F 和 G 是相互等价的函数依赖集。

2. 最小函数依赖集

【定义 7-13】 对于一个函数依赖集 F，称函数依赖集 $F_{\min}$ 为 F 的最小函数依赖集，是指 $F_{\min}$ 满足下述条件：

（1）$F_{\min}$ 与 F 等价：$F^+_{\min} = F^+$。

（2）$F_{\min}$ 中每个函数依赖 $X \rightarrow Y$ 的依赖因素 Y 为单元素集，即 Y 只含有一个属性。

（3）$F_{\min}$ 中每个函数依赖 $X \rightarrow Y$ 的决定因素 X 没有冗余，即只要删除 X 中任何一个属性就会改变 $F_{\min}$ 的闭包 $F^+_{\min}$。顺便说一句，一个具有如此性质的函数依赖称为是左边不可约的。

（4）$F_{\min}$ 中每个函数依赖都不是冗余的，即删除 $F_{\min}$ 中任何一个函数依赖，$F_{\min}$ 就将变为另一个不等价于 $F_{\min}$ 的集合。

3. 最小函数依赖集的算法

任何一个函数依赖集 F 都存在最小函数依赖集 $F_{\min}$，但并不一定是唯一的。

【算法 7-2】 对于给定的函数依赖集 F，可以分三步对 F 进行 "极小化处理"，找出 F 的一个最小依赖集 $F_{\min}$。

（1）逐一检查 F 中的各函数依赖 $X \rightarrow Y$，若 $Y = A_1A_2 \ldots A_k, k \geq 2$，则用 $\{X \rightarrow A_j | j = 1, 2, \ldots, k\}$ 来代替 $X \rightarrow Y$。

（2）逐一检查 F 中各函数依赖 $X \rightarrow A$，令 $G = F - \{X \rightarrow A\}$，若 $A \in X_G^+$，则从 F 中去掉此函数依赖（因为 F 与 G 等价的充分必要条件是 $A \in X_G^+$）。

（3）逐一检查 F 中各函数依赖 $X \rightarrow A$，设 $X = B_1B_2 \ldots B_m$，$m \geq 2$，逐一考查 B_i（$i = 1, 2, \ldots, m$），若 $A \in (X - B_i)_F^+$，则以 $X - B_i$ 取代 X（因为 F 与 $F - \{X \rightarrow A\} \cup \{Z \rightarrow A\}$ 等价的充分必要条件是 $A \in (X - B_i)_F^+$）。

【例 7-4】 设有关系模式 $R(U, F)$，其中 $U = ABC$，$F = \{A \rightarrow BC, B \rightarrow C, A \rightarrow B, AB \rightarrow C\}$。求 F 的最小函数依赖集 $F_{\min}$。

解：（1）逐一考查 F 的每一个函数依赖，如果函数依赖的右部不是单属性，则写成单属性的形式，于是有 $F = \{A \rightarrow B, A \rightarrow C, B \rightarrow C, AB \rightarrow C\}$。

（2）逐一检查 F 中各函数依赖 $X \rightarrow A$，计算 $X_{F-\{X-A\}}^+$，如果有若 $A \in X_{F-\{X-A\}}^+$，则从 F 中去掉此函数依赖。由此可得 $F = \{A \rightarrow B, B \rightarrow C\}$。

（3）F 中的全体函数依赖的左边的属性都只有一个，所以 $F_{\min} = \{A \rightarrow B, B \rightarrow C\}$。

7.2.7 候选键的求解方法

若 W 是候选键，则必须满足两个条件：W 的闭包是 U；W 没有冗余。

设关系模式 $R(U,F)$，U 中的属性，可将 U 中的属性分为 4 类：

① L 类：仅出现在 F 的函数依赖左部的属性；

② R 类：仅出现在 F 的函数依赖右部的属性；

③ N 类：在 F 的 FD 左右两边均未出现的属性；

④ LR 类：在 F 的 FD 左右两边均出现的属性。

【算法 7-3】求候选键的算法，步骤如下：

① 先找出所有的 L 类和 N 类属性，令它们的并集等于 X；

② 计算 X_F^+，判断 $X_F^+=U$，若是，则 X 为 R 的唯一候选键，算法结束，否则转③；

③ 对于 LR 类的属性，如果还不是主属性，取 $M(M=1,2,...k)$ 个属性形成 A，计算 $(XA)_F^+$，如果 $(XA)_F^+=U$，则 XA 是 R 的一个候选码。

④ 当 $M=LR$ 类属性的个数时，算法结束。

【例 7-5】设有关系模式 $R(U,F)$，其中 $U=ABCDEG,F=\{AB \rightarrow C,CD \rightarrow E,E \rightarrow A.A \rightarrow G\}$，求候选码。

解：（1）从 F 可以看出：BD 为 L 类属性，G 为 R 类属性，ACE 为 LR 属性。

（2）$(BD)_F^+=BD$，所以 BD 不是候选码。

（3）取 $M=1$，得到 ABD、BCD 和 BDE，分别计算它们关于 F 的闭包，有：

$(ABD)_F^+=ABCDEG$

$(BCD)_F^+=ABCDEG$

$(BDE)_F^+=ABCDEG$

所以 R 的候选键分别为 ABC、BCD 和 BDE。

【例 7-6】设有关系模式 $R(U,F)$，其中 $U=ABC,F=\{AB \rightarrow C,C \rightarrow B\}$，求候选码。

解：（1）从 F 可以看出：A 为 L 类属性，BC 为 LR 属性。

（2）$(A)_F^+=A$，所以 A 不是候选码。

（3）取 $M=1$，得到 AB 和 AC，分别计算它们关于 F 的闭包，有：

$(AB)_F^+=ABC$

$(AC)_F^+=ABC$

所以 R 的候选键分别为 AB 和 AC。

7.3 关系的范式

7.3.1 关系的范式简介

1. 非规范化的关系

当一个关系中存在还可以再分的数据项时，这个关系就是非规范化的关系。非规范化的关系存在两种情况：第一种是关系中具有组合数据项；第二种是关系中具有多值数据项。实例如表 7-3 和表 7-4 所示。

表 7-3　具有组合数据项的非规范化关系

bookID	bookInfo			price	categoryID	stockAmount
	title	author	press			
1001	数据库系统原理	王珊	高等教育出版社	39	1	200
1002	数据结构 C 语言版	严蔚敏	清华大学出版社	35	1	250

表 7-4　具有多值数据项的非规范化关系

orderID	userID	payment	bookID	quantity	orderTime	orderState
2016001	101	109.00	1001	1	2016-08-01 07:56:32	已完成
			1002	2		

当一个关系中的所有分量都是不可再分的数据项时，该关系是规范化的，即当关系中不存在组合数据项和多值数据项，只存在不可分的数据项时，这个关系是规范化的。

2. 范式

利用规范化理论，使关系模式的函数依赖集满足特定的要求，满足特定要求的关系模式称为范式（Normal Form）。

关系模式需要满足一定的条件，不同程度的条件称作不同的范式。最低要求的条件是元组的每个分量必须是不可分的数据项，这称为第一范式，简称 1NF，是最基本的规范化。在第一范式的基础上进一步增加一些条件，则为第二范式。依此类推，还有第三范式，Boyce-Codd 范式等。

关系按此规范化程度从低到高可分为 5 级范式，分别称为 1NF、2NF、3NF、BCNF、4NF。规范化程度较高者必是较低者的子集，即 4NF⊆BCNF⊆3NF⊆2NF⊆1NF。

把符合低一级范式的关系模式分解为若干个高一级范式的关系模式的过程称作关系模式的规范化。

7.3.2　关系的范式定义

1. 第一范式（1NF）

【定义 7-14】如果关系模式 R 中不包含多值属性（每个属性必须是不可分的数据项），则 R 满足第一范式（First Normal Form），记作 R∈1NF。

1NF 是规范化的最低要求，是关系模式要遵循的最基本的范式，不满足 1NF 的关系是非规范化的关系。

非规范化关系转化为 1NF 的方法很简单，当然也不是唯一的。对表 7-3 和表 7-4 分别进行横向和纵向展开，可分别转化为表 7-5、表 7-6 中的符合 1NF 的关系。

表 7-5　消除组合数据项的规范化关系

bookID	title	author	press	price	categoryID	stockAmount
1001	数据库系统原理	王珊	高等教育出版社	39	1	200
1002	数据结构 C 语言版	严蔚敏	清华大学出版社	35	1	250

表 7-6 消除多值数据项的规范化关系

orderID	userID	payment	bookID	quantity	orderTime	orderState
2016001	101	109.00	1001	1	2016-08-01 07:56:32	已完成
2016001	101	109.00	1002	2	2016-08-01 07:56:32	已完成

但是满足第一范式的关系模式并不一定是一个好的关系模式，例如，关系模式 userBookInfo（userID,userName,bookID,title,categoryID,categoryName,quantity），其候选码为（userID,bookID），该关系模式上主要的函数依赖包括：userID→userName,bookID→title,bookID->categoryID, categoryID→categoryName, (userID,bookID)$\xrightarrow{F}$quantity, (userID,bookID)$\xrightarrow{P}$categoryID。显然，userBookInfo 满足第一范式。

但 userBookInfo 关系还存在以下问题：

1）插入异常

假若要插入一个新用户，该用户还未购书。根据实体完整性规则，主属性 bookID 也不能为空，因而无法插入。

2）删除异常

假定某个用户只购买过 1 本书，但由于该书不再销售，需要将该图书的所有销售记录全部删除，则在删除销售记录的同时，该用户的全部信息也删除了。

3）数据冗余严重

数据冗余很大。如某用户购买了 10 本书，则该用户的信息需要重复存储 10 次。当数据更新时，必须无遗漏地更新全部元组，否则会破坏数据的一致性。

2. 第二范式（2NF）

【定义 7-15】若 $R \in$ 1NF，且每一个非主属性都完全函数依赖于码，则 $R \in$ 2NF。R 满足第二范式（Second Normal Form），记作 $R \in$ 2NF。

若 $R \in$ 2NF，则 R 中不允许有非主属性对码的部分函数依赖。

在关系模式 userBookInfo 中，函数依赖集 F={(userID, bookID)→quantity,userID→userName,bookID→categoryID,categoryID→categoryName}，其候选码为(userID,bookID)。由于 userID→userName，所以有(userID,bookID)$\xrightarrow{P}$userName，即非主属性 userName 部分函数依赖于(userID,bookID)，所以 userBookInfo 不属于 2NF。

正因为 userBookInfo 不属于 2NF，产生了插入异常、删除异常和数据冗余严重等问题。造成以上问题的原因是因为 userName、title、categoryID、categoryName 部分函数依赖于码（userID,bookID）。解决的办法是用投影分解把关系模式分解为如下 3 个关系模式：

```
userInfo(userID,userName)
bookInfo(bookID,title,categoryID,categoryName)
userBook(userID,bookID,quantity)
```

经过模式分解，3 个关系模式中的非主属性对码都是完全函数依赖于码，所以它们都满足 2NF。

3. 第三范式（3NF）

【定义 7-16】关系模式 $R（U，F）$ 中若不存在这样的码 X，属性组 Y 及非主属性 $Z（Z \nsubseteq Y）$

使得 $X \rightarrow Y, Y \rightarrow Z$ 成立，$Y \nrightarrow X$，则称 $R(U, F) \in 3NF$。则 R 满足第三范式（Third Normal Form），记作 $R \in 3NF$。

3NF 就是在满足 2NF 的基础上，不允许有非主属性对码的传递函数依赖。

例如，关系模式 bookInfo(bookID,title,categoryID,categoryName)，显然 bookInfo 属于第 2 范式，但还是存在一些问题，如无法插入暂时没有图书的图书类别，图书类别信息还是存在冗余存储等。出现上述问题的原因是 categoryName 传递函数依赖于 bookID。为了消除该传递函数依赖，可以采用投影分解法，把 book 分解为两个关系模式：

```
book(bookID,title,categoryID, quantity)
category(categoryID,categoryName)
```

其中 book 的码为 bookID，category 的码为 categoryID。

显然分解后的 book 关系和 category 关系都属于 3NF。可见，采用投影分解法将一个 2NF 的关系分解为多个 3NF 的关系，可以在一定程度上解决原 2NF 关系中存在的插入异常、删除异常、数据冗余度大、修改复杂等问题。

可以证明，如果 $R \in 3NF$，则必定有 $R \in 2NF$。

4. Boyce-Codd 范式（BCNF）

BCNF（Boyce-Codd Normal Form）是由 Boyce 和 Codd 提出的，比上述的 3NF 又进了一步，通常认为 BCNF 是修正的第三范式，有时也称为扩充的第三范式。

【定义 7-17】关系模式 $R \in 1NF$，对任何的函数依赖 $X \rightarrow Y（Y \nsubseteq X）$，$X$ 均包含码，则 $R \in BCNF$。

由 BCNF 的定义可以看到，每个 BCNF 的关系模式都具有如下 3 个性质：

（1）所有非主属性都完全函数依赖于每个候选码。

（2）所有主属性都完全函数依赖于每个不包含它的候选码。

（3）没有任何属性完全函数依赖于非码的任何一组属性。

如果关系模式 $R \in BCNF$，由定义可知，R 中不存在任何属性传递函数依赖于或部分依赖于任何候选码，所以必定有 $R \in 3NF$。但是，如果 $R \in 3NF$，R 未必属于 BCNF。

如果一个关系数据库中的所有关系模式都属于 BCNF，那么在函数依赖范畴内，它已实现了模式的彻底分解，达到了最高的规范化程度，消除了插入异常和删除异常。

【例 7-7】关系模式 book(bookID,title,categoryID)，假定 title 也具有唯一性，那么 book 就有两个码：bookID 和 title。其他属性不存在对码的传递依赖与部分函数依赖，所以 book $\in 3NF$。同时 book 中除 bookID、title 外没有其他决定因素，所以 book 也属于 BCNF。

【例 7-8】关系模式 STJ(S, T, J) 中，S 表示学生，T 表示教师，J 表示课程。每一教师只教一门课，每一门课有若干个教师，某一学生选定某门课，就对应一个固定的教师。由语义可得到如下的函数依赖：

$(S, J) \rightarrow T$；$(S, T) \rightarrow J$；$T \rightarrow J$。

这里 (S, J) 和 (S, T) 都可以作为候选码。

STJ 是 3NF，因为没有任何非主属性对码传递依赖或部分依赖。但 STJ 不是 BCNF 关系，

因为 T 是决定因素，而 T 不包含码。

对于不是 BCNF 的关系模式，仍然存在不合适的地方。非 BCNF 的关系模式也可以通过分解成为 BCNF。例如 STJ 可分解为 ST（S，T）与 TJ（T，J），它们都是 BCNF。

7.4　多值依赖及第四范式

前面讨论的是函数依赖范畴内的关系规范化的问题。根据函数依赖集 F，一个关系模式可以分解成若干个满足 BCNF 的关系模式，满足 BCNF 的关系模式是否就不存在弊端呢？下面先看一个具体实例。

学校中某一门课程由多名教师讲授，他们使用一套相同的参考书。可以用一个非规范化的关系来表示课程 course、教师 teacher 和参考书 book 之间的关系，如表 7-7 所示。

表 7-7　教师开课一览表

课程（course）	教师（teacher）	参考书（book）
计算机数学	刘刚 张军	数学分析 高等代数 常微分方程
大学物理	李强 张平 王鹏	普通物理学 光学原理

将表 7-7 的数据进行规范化后，得到表 7-8 中的关系。

表 7-8　教师开课表（CTB）

课程（course）	教师（teacher）	参考书（book）
计算机数学	刘刚	数学分析
计算机数学	刘刚	高等代数
计算机数学	刘刚	常微分方程
计算机数学	张军	数学分析
计算机数学	张军	高等代数
计算机数学	张军	常微分方程
大学物理	李强	普通物理学
大学物理	李强	光学原理
大学物理	张平	普通物理学
大学物理	张平	光学原理
大学物理	王鹏	光学原理
大学物理	王鹏	普通物理学

可以看出，关系模式 CTB 的码是（course,teacher,book），即 All-key，所以 CTB∈BCNF。但是进一步分析可以看出，该关系模式还存在如下弊端：

（1）数据冗余十分明显。每门课程的参考书是一定的，但在 CTB 关系中，有多少名任课教师，参考书就存储多少次，造成大量冗余。

（2）插入操作复杂。若某门课程增加一名教师，该课程有多少本参考书，就必须插入多少个元组。例如，物理课程增加一名教师，需要插入两个元组。

（3）删除操作复杂。若要删除某一本参考书，则与该参考书有关的元组将全部被删除。

（4）修改操作复杂。某一门课程要修改一本参考书，该课程有多少名教师，就需要修改多少个元组。

关系模式 CTB 之所以会产生以上问题，是因为 teacher 和 book 存在某种数据依赖，但不是函数依赖所描述的范畴。

7.4.1 多值依赖

1. 多值依赖的定义

【定义 7-18】 设有关系模式 $R(U)$，U 是属性集，X、Y、Z 是 U 的子集，且 $Z=U–X–Y$。如果对 $R(U)$ 的任一关系 r，给定一对 (X,Z) 值，都有一组 Y 值与之对应，这组 Y 值仅仅决定于 X 值而与 Z 值无关，则称 Y 多值依赖于 X，记作 $X \rightarrow \rightarrow Y$。

在 ctb 关系中，每个（coures, book）上的值对应一组 teacher 值，而且这种对应与 book 无关。例如，（coures, book）上的一个值（大学物理，光学原理）对应一组 teacher 值{李勇，王军}，这组值仅仅决定于课程 coures 上的值，也就是说对于（coures, book）上的另一个值（大学物理，普通物理学），它对应的一组 teacher 值仍是{李勇，王军}，尽管这时参考书 book 的值已经改变了。因此 teacher 多值依赖于 coures，即 coures $\rightarrow \rightarrow$ teacher。

多值依赖的另一种等价的形式化定义是：在 R(U) 的任意关系 r 中，X、Y 是 U 的子集，Z=U-X-Y。如果存在元组 t、s，使得 t[X]=s[X]，那么必然存在元组 w、v∈r（w、v 可以与 s、t 相同），使得 w[X]=v[X]=t[X]，而 w[Y]=t[Y]，w[Z]=s[Z]，v[Y]=s[Y]，v[Z]=t[Z]（即交换 t、s 元组的 Y 值所得的两个新元组必在 r 中），则 Y 多值依赖于 X，记作 X $\rightarrow \rightarrow$ Y。

2. 平凡的多值依赖与非平凡的多值依赖

【定义 7-19】 对于属性集 U 上的多值依赖 $X \rightarrow \rightarrow Y$，如果 $X \cup Y = U$（即 $Z = \Phi$），则称 $X \rightarrow \rightarrow Y$ 为平凡的多值依赖，否则称 $X \rightarrow \rightarrow Y$ 为非平凡的多值依赖。

3. 多值依赖的性质

（1）对称性。$X \rightarrow \rightarrow Y$，则 $X \rightarrow \rightarrow Z$，其中，$Z=U–X–Y$。

（2）传递性。若 $X \rightarrow \rightarrow Y$，$Y \rightarrow \rightarrow Z$，则 $X \rightarrow \rightarrow Z–Y$。

（3）合并性。若 $X \rightarrow \rightarrow Y$，$X \rightarrow \rightarrow Z$，则 $X \rightarrow \rightarrow YZ$。

（4）分解性。若 $X \rightarrow \rightarrow Y$，$X \rightarrow \rightarrow Z$，则 $X \rightarrow \rightarrow Y \cap Z$，$X \rightarrow \rightarrow Y–Z$，$X \rightarrow \rightarrow Z–Y$ 均成立。

当关系中至少有 3 个属性时，其中的两个是多值，且当它们的值只依赖于第 3 个属性时，才会有多值依赖。

函数依赖可以看成是多值依赖的特例，即函数依赖的关系一定是多值依赖；多值依赖是函数依赖的概括，即存在多值依赖的关系，不一定存在函数依赖。

7.4.2　第四范式

【定义 7-20】如果关系模式 $R \in$ 1NF，对于 R 的每个非平凡的多值依赖 $X \to\to Y$ ($Y \not\subseteq X$)，X 含有码，则 R 满足第四范式（Forth Normal Form），记作 $R \in$ 4NF。

4NF 就是限制关系模式的属性之间不允许有非平凡且非函数依赖的多值依赖。因为根据定义，要求每一个非平凡的多值依赖 $X \to\to Y$，都有 X 包含码，于是 $X \to Y$，所以所允许的非平凡多值依赖实际上是函数依赖。

显然，如果 $R \in$ 4NF，则必有 $R \in$ BCNF。反之则不然，因为所有非平凡的多值依赖实际上就是函数依赖。

【例 7-9】在 CTB（course, teacher, book）中，该关系的码为全码，course $\to\to$ teacher，course $\to\to$ book，而 course 只是码的一部分，所以该关系模式不满足 4NF。可以利用投影分解法，将 CTB 分解为如下两个 4NF 的关系模式：CT(course,teacher) 和 CB(course,book)。

CT 中虽然有 course $\to\to$ teacher，但这是平凡多值依赖，即 CT 中已不存在既非平凡也非函数依赖的多值依赖，所以 CT 属于 4NF。同理，CB 也属于 4NF。分解后，CTB 关系中的几个问题可以得到解决。

① 参考书只需要在 CB 关系中存储一次。

② 当某一课程增加一名任课教师时，只需要在 CT 关系中增加一个元组。

③ 某一门课要去掉一本参考书，只需要在 CT 关系中删除一个相应的元组。

函数依赖和多值依赖是两种最重要的数据依赖，如果只考虑函数依赖，则属于 BCNF 的关系模式已经很完美了。如果考虑多值依赖，则属于 4NF 的关系模式也已经很完美了。事实上，数据依赖中除函数依赖和多值依赖之外，还有一种连接依赖。函数依赖是多值依赖的一种特殊情况，而多值依赖实际上又是连接依赖的一种特殊情况。但连接依赖不像函数依赖和多值依赖可由语义直接导出，而是在关系的连接运算时才反映出来。存在连接依赖的关系模式仍可能遇到数据冗余及插入、修改、删除异常等问题。如果消除了属于 4NF 的关系模式中存在的连接依赖，则可以进一步投影分解为 5NF 的关系模式。

7.5　关系模式的分解

在前几节中，为提高规范化程度，我们都是通过把低一级的关系模式分解为若干个高一级的关系模式来实现的。这样的分解使各关系模式达到某种程度的分离，让一个关系模式描述一类实体或实体间的一种联系，即采用所谓"一事一地"的设计原则。

【定义 7-21】关系模式 R（U）的一个分解是指

$\rho = \{R_1 <U_1>, R_2 <U_2>, \dots, R_n <U_n>\}$

其中 $U = U_1 \cup U_2 \dots \cup U_n$，并且没有 $U_i \subseteq U_j$，$1 \le i, j \le n$。

然而，如何对关系模式进行分解？对于同一个关系模式可能有多种分解方案。例如，bookInfo(bookID,title,categoryID,categoryName)，其中 bookID $\to$ title，bookID $\to$ categoryID，categoryID $\to$ categoryName。由于 categoryName $\overset{t}{\longrightarrow}$ bookID，所以 bookInfo 不属于 3NF。对关系模式 bookInfo 至少有 3 种分解方案：

分解 1：book$_1$ (bookID,title)，category$_1$(categoryID,categoryName)。

分解 2：book$_2$ (bookID, title, categoryID), category$_2$(bookID, categoryName)

分解 3：book$_3$ (bookID, title, categoryID), category$_3$(categoryID, categoryName)

每种分解方案得到的两个关系模式都属于 3NF。如何比较这 3 种分解方案的优劣？通常，为了使关系模式的分解具有意义，即必须保证在分解前后的模式等价。

规范化过程中将一个关系模式分解为若干个关系模式，应保证分解后产生的模式与原来的模式等价。"等价"的概念有如下三种定义：

（1）分解具有无损连接性。

（2）分解要保持函数依赖。

（3）分解既要保持函数依赖，又要具有无损连接性。

【定义 7-22】 设关系模式 $R(U, F)$分解为若干个关系模式 $R_1(U_1, F_1)$，$R_2(U_2, F_2)$，…，$R_n(U_n, F_n)$（其中 $U=U_1 \cup U_2 \cdots U_n$，且不存在 U_iU_j，F_i 为 F 在 U_i 上的投影），若 R 与 R_1，R_2，…，R_n 的自然连接结果相等，则称关系模式 R 的这个分解具有无损连接性（Lossless Jion）。

【定义 7-23】 设关系模式 $R(U, F)$分解为若干个关系模式 $R_1(U_1, F_1)$，$R_2(U_2, F_2)$，…，$R_n(U_n, F_n)$（其中 $U=U_1 \cup U_2 \cdots U_n$，且不存在 U_iU_j，F_i 为 F 在 U_i 上的投影），若 F 所逻辑蕴含的函数依赖一定也由分解得到的某个关系模式中的函数依赖 F_i 所逻辑蕴含，则称关系模式 R 的这个分解是保持函数依赖的（Preserve Dependency）。

例如，设关系模式 bookInfo(bookID, title, categoryID, categoryName)在某一时刻的关系 r 如表 7-9 所示。

表 7-9　关系模式 bookInfo 在某一时刻的关系 r

bookID	title	categoryID	categoryName
1001	数据库系统原理	1	理工类
1002	数据结构 C 语言版	1	理工类
1003	计算机网络	1	理工类
1004	经济学原理	2	人文社科类
1005	中国哲学简史	2	人文社科类
1006	教育心理学	2	人文社科类

（1）若按分解 1，将关系模式 bookInfo 分解为 book$_1$(bookID, title)和 category$_1$(categoryID, categoryName)，将 r 投影到 book$_1$ 和 category$_1$ 的属性上，得到关系 r_{11} 和 r_{12}，如表 7-10、表 7-11 所示。

表 7-10　关系 r_{11}

bookID	title
1001	数据库系统原理
1002	数据结构 C 语言版
1003	计算机网络
1004	经济学原理
1005	中国哲学简史
1006	教育心理学

表 7-11　关系 r_{12}

categoryID	categoryName
1	理工类
1	理工类
1	理工类
2	人文社科类
2	人文社科类
2	人文社科类

由于 r_{11} 和 r_{12} 无公共属性，无法做自然连接，且分解后丢失了 bookID→categoryID，因此，该分解既不具有无损连接性，也不保持函数依赖。

（2）若按分解 2，将关系模式 bookInfo 分解为 book2(bookID,title,categoryID) 和 category1(bookID,categoryName)，将 r 投影到 book2 和 category2 的属性上，得到关系 r_{21} 和 r_{22}，如表 7–12、表 7–13 所示。

<table>
<tr><td colspan="3">表 7-12 关系 r_{21}</td></tr>
<tr><th>bookID</th><th>title</th><th>categoryID</th></tr>
<tr><td>1001</td><td>数据库系统原理</td><td>1</td></tr>
<tr><td>1002</td><td>数据结构 C 语言版</td><td>1</td></tr>
<tr><td>1003</td><td>计算机网络</td><td>1</td></tr>
<tr><td>1004</td><td>经济学原理</td><td>2</td></tr>
<tr><td>1005</td><td>中国哲学简史</td><td>2</td></tr>
<tr><td>1006</td><td>教育心理学</td><td>2</td></tr>
</table>

表 7-13 关系 r_{22}

bookID	categoryName
1001	理工类
1002	理工类
1003	理工类
1004	人文社科类
1005	人文社科类
1006	人文社科类

对关系 r_{21} 和 r_{22} 做自然连接运算得到关系 r'，r'中的元组与 r 中的元组完全一致，因此该该分解具有无损连接性，但由于丢失了 categoryID→categoryName，因此没有保持函数依赖。

很明显，按照这种分解得到的两个关系还存在一些问题，如无法插入新的书目类别，书目类别名称冗余等。

（3）若按分解 3，将关系模式 bookInfo 分解为 book3(bookID,title, categoryID) 和 category3(categoryID,categoryName)，将 r 投影到 book3 和 category3 的属性上，得到关系 r_{31} 和 r_{32}，如表 7–14、表 7–15 所示。

<table>
<tr><td colspan="3">表 7-14 关系 r_{31}</td></tr>
<tr><th>bookID</th><th>title</th><th>categoryID</th></tr>
<tr><td>1001</td><td>数据库系统原理</td><td>1</td></tr>
<tr><td>1002</td><td>数据结构 C 语言版</td><td>1</td></tr>
<tr><td>1003</td><td>计算机网络</td><td>1</td></tr>
<tr><td>1004</td><td>经济学原理</td><td>2</td></tr>
<tr><td>1005</td><td>中国哲学简史</td><td>2</td></tr>
<tr><td>1006</td><td>教育心理学</td><td>2</td></tr>
</table>

表 7-15 关系 r_{32}

categoryID	categoryName
1003	理工类
1004	人文社科类

对关系 r_{31} 和 r_{32} 做自然连接运算得到关系 r"，r"中的元组与 r 中的元组完全一致，因此该分解具有无损连接性，但同时分解后的关系保存了原关系的全部函数依赖，因此也保持了函数依赖。

规范化理论提供了一套完整的模式分解算法，按照这套算法可以做到：

① 要求分解具有无损连接性，那么模式分解一定能达到 4NF。

② 若要求分解保持函数依赖，那么模式分解一定能达到 3NF，但不一定能达到 BCNF。

③ 若要求分解既具有无损连接性，又保持函数依赖，则模式分解一定能达到 3NF，但不一定能达到 BCNF。

关于模式分解的具体算法不再讨论，有兴趣的读者可参阅相关书籍。

 **本章小结**

好的关系模式设计，必须有相应的理论作为基础，这就是关系规范化理论。

函数依赖和多值依赖是常见的两种数据依赖。规范化的基本思想是逐步消除数据依赖中不合适的部分，使模式中的各关系模式达到某种程度的"分离"。根据关系规范化程度的高低，满足不同级别规范的关系模式的集合称为范式，各范式之间的关系为 $4NF \subseteq BCNF \subseteq 3NF \subseteq 2NF \subseteq 1NF$。关系模式的规范化过程是通过对关系模式的分解来实现的。

最后需要强调的是，规范化理论为数据库设计提供了理论的指南和工具，但并不是规范化程度越高越好，必须结合应用环境和现实世界的具体情况合理地选择数据库模式。

 **练习题**

1. 解释下列名词：

函数依赖、部分函数依赖、完全函数依赖、传递函数依赖、候选码、主码、1NF、2NF、3NF、BCNF、多值依赖、4NF、最小函数依赖集。

2. 已知关系模式 R（U,F），其中 $U=\{A,B,C,D,E\}$，$F=\{AB \rightarrow C, B \rightarrow D, C \rightarrow E, EC \rightarrow B, AC \rightarrow B\}$. 求 $(AB)_F^+$。

3. 关系模式 $R(A, B, C, D)$，函数依赖集 $F=\{A \rightarrow C, C \rightarrow A, B \rightarrow AC, D \rightarrow AC, BD \rightarrow A\}$。

（1）求出 F 的最小函数依赖集；

（2）求出 R 的候选码；

（3）将 R 分解为 3NF，要求分解既具有无损连接性又具有函数依赖保持性。

4. 指出下列关系模式是第几范式，并说明理由。

（1）$R(X, Y, Z)$，$F=\{XY \rightarrow Z\}$。

（2）$R(X, Y, Z)$，$F=\{Y \rightarrow Z, XZ \rightarrow Y\}$。

（3）$R(X, Y, Z)$，$F=\{Y \rightarrow Z, Y \rightarrow X, X \rightarrow YZ\}$。

（4）$R(X, Y, Z)$，$F=\{X \rightarrow Y, Y \rightarrow Z\}$。

5. 现要建立一个学生管理数据库。语义为：一个系有若干专业，每个专业每年只招一个班，每个班有若干学生，一个系的学生住在同一个宿舍区，每个学生可参加若干学会，每个学会有若干学生。

描述学生的属性有：学号、姓名、出生日期、系名、班号、宿舍区；

描述班级的属性有：班号、专业名、系名、人数、入校年份；

描述系的属性有：系名、系号、系办公室地点、人数；

描述学会的属性有：学会名、成立年份、地点、人数、学生参加某会有一个入会年份。

（1）请写出组成该数据库的所有关系模式。

（2）写出每个关系模式的最小函数依赖集。

（3）指出各个关系模式的候选码。

（4）判断各关系模式分别最高属于第几范式？

实验 9　关系规范化

【实验目的】

1. 函数依赖的基本概念。
2. 关系的规范化的求法。

【实验内容】

假设某一数据库（test），有如一单一关系模式。按要求依次完成如下操作：

userOrderInfo

| orderID | userID | userName | items | | | payment | orderTime | orderState |
			bookID	price	quantity			
2016001	101	张三	1001	39	1	109	2016-08-01 07:56:32	已完成
			1002	35	2			

1. 将 userOrderInfo 规范为第 1NF。
2. 找出主要的函数依赖及关系模式的码。
3. 创建上述数据库 test。
4. 尝试用 SQL 实现在 test 数据库中完成如下操作，如果不能完成，思考为什么。
（1）往数据库中插入一本新书，新书的信息如下：（bookID:1003,price:39）。
（2）往数据库中插入新用户，新用户的信息如下：（userID:102,userName:王丽）。
（3）将 1001 号书目的价格修改为 49 元，并修改相应订单的总金额。
5. 将该关系模式规范到 2NF，判断是无损分解还是保持函数依赖的分解？
6. 在新数据库 test1 中创建分解后的关系模式。
7. 尝试用 SQL 实现在 test1 数据库中完成如下操作，如果不能完成，思考为什么。
（1）往数据库中插入一本新书，新书的信息如下：（bookID:1003,price:39）。
（2）往数据库中插入新用户，新用户的信息如下：（userID:102,userName:王丽）。
（3）将 1001 号书目的价格修改为 49 元，并修改相应订单的总金额。

第 8 章
数据库设计

数据库设计是指根据特定的应用，构造正确的数据库模式，并在该模式的基础上，构建数据库及其应用系统，实现对数据的有效存储和管理，满足各种用户的应用需求。本章讨论数据库设计的技术和方法，主要讨论基于关系数据库管理系统的关系数据库设计问题。

8.1　数据库设计概述

数据库设计，广义上讲，是数据库及其应用系统的设计，即设计整个应用系统；狭义上讲，是设计数据库的各级模式并建立数据库，这是数据库应用系统设计的一部分。本章重点介绍狭义的数据库设计。但是，数据库设计与数据库应用系统的设计是密不可分的，一个好的数据库结构是一个好的应用系统的基础。

8.1.1　数据库设计的任务与特点

按照狭义的数据库设计的定义，其结果不是唯一的，针对同一应用环境，不同的设计人员可能设计出不同的数据库。评判数据库设计结果好坏的主要准则有以下 4 点：

（1）完备性：数据库应该能表示该应用领域所需的全部信息，满足数据存储需求，满足信息需求和处理需求，同时数据是可用的、准确的、安全的。

（2）一致性：数据库中的信息是一致的，没有语义冲突和值冲突。尽量减小数据冗余，如果可能，同一数据只存储一次，以保证数据的一致性。

（3）高效性：数据库应该规范化和高效率，易于实现各种操作，满足用户的性能需求。

（4）易维护：好的数据库维护工作比较少。维护时改动较少且方便，使得数据库扩充性好，且不影响数据库的完备性和一致性，以及数据库的性能。

大型数据库的设计与开发是一项庞大的工程，是涉及多学科的综合性技术，其开发的周期长、耗资多、风险大。数据库设计与一般的软件系统设计的设计、开发和运行与维护有许多相同之处，但也有自身的一些特点。

1. "三分技术，七分管理"是数据库设计的特点之一

数据库设计与开发不仅涉及技术，还涉及管理。要建设好一个数据库应用系统，开发技术固然重要，但是相比之下管理更加重要。这里的管理不仅包括数据库建设作为一个大型的工程项目本身的管理，还包括该企业（即应用部门）的业务管理。

企业的业务管理更加复杂，也更重要，对数据库结构的设计有直接影响。这是因为数据库结构（即数据库模式）是对企业中业务部门数据以及各业务部门之间数据联系的描述和抽象。业务部门数据以及各业务部门之间数据的联系是和各部门的职能、整个企业的管理模式密切相关的。

人们在数据库建设的长期实践中深刻认识到，一个企业数据库建设的过程是企业管理模式的改革和提高的过程。只有把企业的管理创新做好，才能实现技术创新并建设好一个数据库应用系统。

2. 数据库设计与应用系统设计相结合是数据库设计的特点之二

数据库设计应与应用系统的设计相结合，也就是说，整个设计过程中要把数据库结构设计和对数据的处理设计密切结合起来。

在早期的数据库设计开发过程中，常常把数据库设计和应用系统的设计分离开来，如图 8-1 所示。由于数据库设计有其专门的技术和理论，因此需要专门讲解数据库设计，但并不等于数据设计和在数据库之上的应用系统开发是相互分离的，相反，必须强调设计过程中数据库设计与应用系统设计的密切结合，数据库设计必须满足应用系统的各项需求，数据库设计人员需要与应用系统设计人员保持良好的沟通和交流。

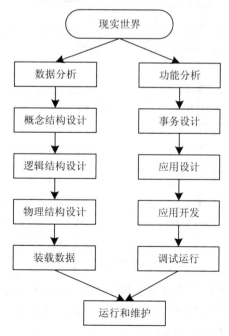

图 8-1　结构与行为分离的设计

8.1.2 数据库设计的方法和步骤

大型数据库设计是涉及多学科的综合性技术，又是一项庞大的工程项目。它要求从事数据库设计的专业人员需要具备多方面的知识和技术，主要包括计算机的基础知识、软件工程的原理与方法、程序设计的方法和技巧、数据库的基本知识、数据库设计技术和应用领域的知识。这样才能设计出符合具体领域需求的数据库及其应用系统。

早期的数据库设计主要采用手工和经验相结合的方法，设计质量往往与设计人员的经验和水平有直接关系。数据库设计是一种技艺，缺乏科学理论和工程方法的支持，设计质量难以保证。常常是数据库运行一段时间后又不同程度地发现各种问题，需要进行修改甚至重新设计，增加了系统的代价。

为此，经过努力探索，人们提出了各种数据库设计方法。例如，新奥尔良（New Orlean）方法、基于 E-R 模型的方法、3NF（第三范式）的设计方法、面向对象的数据库设计方法、同一建模语言（Unified Model Language）方法等。

同时数据库工作者与数据库厂商一直在研究和开发数据库设计工具。经过多年的努力，数据库设计工具已经实用化和产品化。这些工具软件可以辅助设计人员完成数据库设计过程中的很多任务，已普遍用于大型数据库设计之中。

一般来说，按照规范化的设计方法，数据库设计可以划分为 5 个阶段，每个阶段都有相应的成果，如图 8-2 所示。

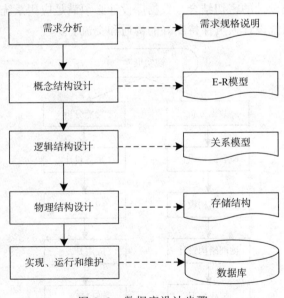

图 8-2　数据库设计步骤

需求分析阶段：准确收集用户信息需求和处理需求，对收集的结果进行整理和分析，形成需求文档。需求分析是整个设计活动的基础，也是最困难和最耗时的一步。如果需求分析不准确或不充分，可能导致整个数据库设计的返工。

概念结构设计阶段：是整个数据库设计的关键，它通过对用户需求进行综合、归纳和抽象，形成一个独立于具体数据库管理系统的概念模型。

逻辑结构设计阶段：将概念结构转换为某个数据库管理系统所支持的数据库模型，并对其进行优化。

物理结构设计阶段：为逻辑数据模型选取一个最适合应用环境的物理结构（包括存储结构和存取方法）。

实施、运行和维护阶段：使用数据库管理系统提供的数据定义语言建立数据模式，并将实际数据载入数据库，建立真正的数据库；在数据库上建立应用系统，并经过测试、试运行后正式投入使用。维护阶段是对运行中的数据进行评价、调整和修改。

8.2　需求分析概述

需求分析是指收集、整理分析用户的需求，是数据库设计的起点，也是后续步骤的基础。只有准确地获取用户需求，才能设计出优秀的数据库。本节主要介绍需求分析的任务、过程、方法和结果。

8.2.1　需求分析的任务与方法

需求分析的任务是通过详细调查，获取原有系统（或手工作业）的工作过程和业务逻辑，明确用户的各种需求，确定新系统的功能。在用户需求分析过程中，除了充分考虑现有系统的需求外，还需要充分考虑系统将来可能的扩充和修改，从而让系统具有可扩充性。

调查的重点是数据和功能，通过调查、收集和分析，获取用户对数据库的如下要求：

（1）信息要求：指用户需要从数据库中获得的内容与性质。由信息可以导出数据要求，即数据库需要存储哪些数据。

（2）处理要求：指用户要完成的数据处理功能，对处理性能的要求。

（3）安全性与完整性要求。

确定用户的最终需求是一件很困难的事情，这是因为一方面用户缺少计算机知识，开始时无法确定计算机能为自己做什么，不能做什么，因此往往不能准确表达自己的需求，所提出的需求往往不断变化。另一方面，设计人员缺少用户的专业知识，不易理解用户的真正需求，甚至误解用户的需求。因此，设计人员必须不断深入地与用户交流，才能逐步确定用户的实际需求。

需求收集的主要途径是用户调查，用户调查就是和用户交流，了解需求，与用户达成共识，然后分析和表达用户需求。用户调查的具体内容有：

（1）调查组织机构情况：了解该组织机构的部门组成情况、各部门职责等，为分析信息流程做准备。

（2）调查各部门的业务活动情况：包括了解各部门输入和使用什么数据，如何加工处理这些数据，输出什么信息，输出到什么部门，输出结果的格式是什么等，这是调查的重点。

（3）明确新系统的要求：在熟悉业务活动的基础上，协助用户明确对新系统的各种要求，包括信息要求、处理要求、安全性和完整性要求，这是调查的又一个重点。

（4）确定系统的边界：对调查结果进行初步分析，确定哪些功能由计算机完成或将来由计算机完成，哪些功能由手工完成。由计算机完成的功能就是新系统应该实现的功能。对计算机不能实现的功能，要耐心地做好解释工作。

为了完成上述调查的内容，可以采取各种有效的调查方法，常用的方法有跟班作业、开调查会、调查问卷和访谈询问等。为了全面、准确地收集用户需求，可能同时采用多种调查方法。同时，用户的积极参与是调查能否达到目的的关键。

8.2.2 需求分析

通过用户调查，收集用户需求后，要对用户需求进行分析，表达用户需求。用户需求分析的方法很多，可以采用结构化的方法、面向对象分析方法等，本章将介绍结构化分析方法。结构化分析方法（Structured Analysis，SA 方法）采用自顶向下、逐层分解的方法进行需求分析，从最上层的组织结构入手，逐层分解。结构化分析方法主要采用数据流图对用户需求进行分析，用数据字典和加工说明对数据流图进行补充和说明。

1. 数据流图

数据流图（Data Flow Diagram，DFD）是数据流描述系统中的数据流动的过程，反映的是加工处理的对象。其主要成分有 4 种：数据流、数据存储、加工、数据的源点和终点。数据流用箭头表示，箭头方向表示数据流向，箭头上标明数据流的名称，数据流由数据项构成。数据存储用来保存数据流，可以是暂时的，也可以是永久的，用双画线表示，并标明数据存储的名称。加工是对数据进行处理的单元，用圆角矩形表示，并在其内标明加工名称。数据的源点和终点表示数据的来源和去处，代表系统外部的数据，用方框表示。数据流可以从数据存储流入或流出，可以不标明数据流名。对于复杂系统，一张数据流图难以描述和理解，往往采用分层数据流图。图 8-3 是网上书城（bookstore）书目管理的分层数据流图。

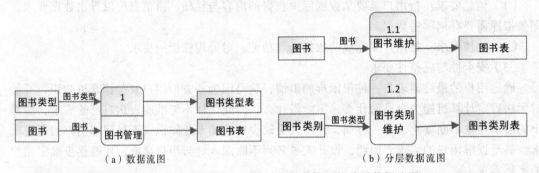

（a）数据流图　　　　　　　　　　　　　　　　（b）分层数据流图

图 8-3　网上书城（bookstore）图书管理的分层数据流图

2. 数据字典

数据字典是进行详细的数据收集和数据分析所获得的主要成果。它是关于数据库中数据的描述，即元数据，而不是数据本身。数据字典是在需求分析阶段建立，在数据库设计阶段不断修改、充实、完善的。它在数据库设计中占有重要地位。

数据字典包括数据项、数据结构、数据流、数据存储和处理过程几部分。其中数据项是数据的最小组成单位，若干数据项可以组成一个数据结构。数据字典通过对数据项和数据结构的定义来描述数据流、数据存储的逻辑内容。

1）数据项

数据项是不可再分的数据单位。对数据项的描述通常包括以下内容：

数据项描述={数据项名，数据项含义说明，别名，数据库类型，长度，取值范围，取值含义，与其他数据项的逻辑关系，数据项之间的联系}

其中，"取值范围""与其他数据项的逻辑关系"（该数据项等于其他几个数据项的和）定义了数据的完整性约束条件，是设计数据检验功能的依据。

可以用规范化理论为指导，用数据依赖的概念分析和表示数据项之间的联系，即按实际语义写出每个数据项之间的数据依赖，它们是数据逻辑结构设计阶段数据模型优化的依据。

2）数据结构

数据结构反应了数据之间的组合关系。一个数据结构可以由若干个数据项组成，也可以由若干个数据结构组成，或由若干个数据项和数据结构混合组成。对数据结构的描述通常包括以下内容：

数据结构描述={数据结构名称，含义说明，组成：{数据项或数据结构}}

3）数据流

数据流是数据结构在系统内传输的路径。对数据流的描述通常包括以下内容：

数据流描述={数据流名，说明，数据流来源，数据流去向，组成：{数据结构}，平均流量，高峰期流量}

其中，"数据源来源"是说明该数据流来自哪个过程；"数据流去向"是说明该数据流将到哪个过程去；"平均流量"是指在单位时间内（如每天、每月等）的传输次数；"高峰期流量"则是指在高峰时期的数据流量。

4）数据存储

数据存储是数据结构停留或保存的地方，也是数据流的来源和去向之一。它可以是手工文档或手工凭单，也可以是计算机文档。对数据存储的描述通常包括以下内容：

数据存储描述={数据存储名，说明，编号，输入的数据流，输出的数据流，组成：{数据结构}，数据量，存取频度，存取方式}

其中，"存取频度"是指单位时间内（如每小时、每天等）的存取次数及每次存取的数据量等信息；"存取方式"指的是批处理还是联机处理、是检索还是更新、是顺序检索还是随机检索等；另外，"输入的数据流"要指出其来源；"输出的数据流"要指出其去向。

5）处理过程

处理过程的具体处理逻辑一般用判定表或判定树来描述。数据字典中只需要描述处理过程中的说明性信息即可，通常包括以下内容：

处理过程描述={处理过程名，说明，输入：{数据流}，输出：{数据流}，处理：{简要说明}}

其中，"简要说明"主要说明该处理过程的功能及处理要求。功能是指该处理过程用来做什么（而不是怎么做），处理要求是指处理频度要求，如单位时间里处理多少事务、多少数据量、响应时间要求等。这些处理要求是后面物理设计的输入及性能评价的标准。

8.2.3　需求分析的结果

需求分析的主要成果是需求规格说明书（Software Requirement Specification，SRS）。需求规格说明书为用户、分析人员、设计人员及测试人员之间相互理解和交流提供了方便，是系统设计、测试和验收的主要依据，同时需求规格说明书要求起控制系统演化过程的作用，追加需求应结合需求规格说明书一起考虑。

需求规格说明具有正确性、无歧义性、完整性、一致性、可理解性、可修改性、可追踪性和注释等。需求规格说明的方法一般有两种方法：形式化方法和非形式化方法。形式化方法采用完全精确的语义和语法，无歧义；非形式化方法，一般采用自然语言来描述，可以使用图标和其他符号辅助说明。形式化说明比非形式化说明不易产生错误理解，而且容易验证，但非形式化说明容易编写，在实际项目中更多地采用非形式化的说明。

需求规格说明书要得到用户的验证和确认。一旦确认，需求规格说明就变成了开发合同，也成为系统验收的主要依据。

8.3 概念结构设计

将需求分析得到的用户需求抽象为信息结构（概念模型）的过程就是概念结构设计。它是整个数据库设计的关键。本节讲解概念模型的特点以及用 E-R 模型来表示概念模型的方法。

8.3.1 概念模型

在需求分析阶段所得到的应用需求应该首先抽象为信息世界的结构，然后才能更好、更准确地用某一数据库管理系统实现这些需求。

概念模型的主要特点是：

（1）能真实、充分反映现实世界、包括事务和事务之间的联系，能满足用户对数据库的处理要求，是现实世界的一个真实模型。

（2）易于理解，可以用它和不熟悉计算机的用户交换意见。用户的积极参与是数据库设计的关键。

（3）易于更改，当应用环境和应用要求改变时容易对概念模型修改和扩充。

（4）易于向关系模型、层次模型、网状模型等转换。

概念模型是各种数据模型的共同工具，它比数据模型更独立于机器、更抽象，从而更加稳定。描述概念模型最有力的工具是实体联系模型（Entity Relationship Diagram，E-R 模型）。

8.3.2 概念模型设计

概念结构设计的第一步就是对需求分析阶段收到的数据进行分类、组织，确定实体、实体的属性、实体之间的联系类型，形成 E-R 图。首先，如何确定实体和属性这个看似简单的问题常常会困扰设计人员，因为实体和属性之间没有形式上可以截然划分的界限。

1. 实体与属性的划分原则

事实上，在现实世界中具体的应用环境常常对实体和属性已经做了自然的大体划分。在数据字典中，数据结构、数据流、数字存储都是若干属性有意义的聚合，这就已经体现了这种划分。可以先从这些内容出发定义 E-R 图，然后再进行必要的调整。在调整中遵循的一条原则是：为了简化 E-R 图，现实世界中的事务能作为属性对待的尽量作为属性对待。

那么，符合什么样的事务才可以作为属性对待呢？可以给出两条准则：

（1）作为属性，不能再具有需要描述的性质，即属性必须是不可再分的数据项，不能包含其他属性。

（2）属性不能与其他实体具有联系，即 E-R 图中所表示的联系是实体之间的联系。

凡满足上述两条准则的事务，一般均可作为属性对待。

例如，图书是一个实体，图书 ID、书名、作者、出版社、价格和库存量是图书的属性，图书类别由于有类别 ID、名称和说明 3 个属性，因此，图书类别只能作为实体，不能作为图书的属性。

2. E-R 图的集成

在开发大型信息系统时，最经常采用的策略是自顶向下地进行需求分析，然后再自底向上地设计概念结构，即首先进行各子系统的分 E-R 模型图，然后将它们集成起来，得到全局 E-R 图。E-R 的集成一般需要为两步：

（1）合并。解决各分 E-R 图之间的冲突，将分 E-R 图合并起来生成初步 E-R 图。

（2）修改和重构。消除不必要的冗余，生成基本 E-R 图。

1）合并 E-R 图，生成初步 E-R 图

各个局部应用所面临的问题不同，且通常是由不同的设计人员进行局部视图设计，这就导致各子系统的 E-R 图之间必定存在许多不一致的地方，称之为冲突。因此，合并这些 E-R 图时并不能简单的将各个 E-R 图画在一起，而是必须着力消除各个 E-R 图中的不一致，以形成一个能为全系统中所有用户共同理解和接受的统一的概念模型。合理消除各 E-R 图的冲突是合并 E-R 图的主要工作和关键所在。

各子系统的 E-R 图之间的冲突主要有三类：属性冲突、命名冲突和结构冲突。

（1）属性冲突。属性冲突主要包括以下两类冲突：

① 属性域冲突，即属性值得类型、取值范围或取值集合不同。例如，订单号，有的部门把它定位整型，有的部门把它定义为字符型，且不同部门对订单号的编码很可能不同。

② 取值单位冲突。例如，同样表示长度，有的用 m 表示，用的用 cm 表示。

属性冲突理论上很好解决，只需要统一即可，但实际上需要各部门讨论协商，解决起来并非易事。

（2）命名冲突。命名冲突主要包括以下两类冲突：

① 同名异义，即不同意义的对象在不同的局部应用中具有相同的名字。

② 异名同义，即同一意义的对象在不同的局部应用中具有不同的名字。例如，同样是描述书目的名称，有的地方叫标题，有的地方叫书目名称。

命名冲突可能发生在实体、联系一级上，也可能发生在属性一级上。其中属性的命名冲突更为常见。处理命名冲突通常也像属性冲突一样，通过讨论、协商等行政手段加以解决。

（3）结构冲突。结构冲突主要包括以下三类冲突：

① 同一对象在不同应用中具有不同的抽象。例如，图书类别在某一局部应用中被当作实体，在另一局部应用中被当作属性。解决办法通常是把属性变换成实体或把实体变换为属性，使同一对象具有相同的抽象。但变换时要遵循"实体与属性的划分原则"。

② 同一实体在不同局部应用中的 E-R 图所包含的属性个数和属性排列次序不完全相同。这是很常见的一类冲突，原因是不同的局部应用关心的是该实体的不同侧面。解决办法是使该实体的属性取各局部应用中 E-R 图中属性的并集，再适当调整属性的次序。

③ 实体间的联系在不同的 E-R 图中为不同的类型。例如 A 和 B 两个实体在某一局部应用中是 $1:n$ 的联系，但在另一局部应用中是 $m:n$ 的联系。解决办法是根据应用的语义对实体联系的类型进行综合或调整。

2）消除不必要的冗余，生成基本 E-R 图

在初步的 E-R 图中可能存在一些冗余的数据和实体间冗余的联系。所谓冗余的数据，是指可由基本数据导出的数据，冗余的联系是指可由其他联系导出的联系。冗余数据和冗余联系容易破坏数据库的完整性，给数据库维护增加困难，应当予以消除。消除冗余后的初步 E-R 图称为基本 E-R 图。

需要注意的是，并不是所有的冗余数据和冗余联系都必须加以消除，有时为了提高效率，不得不以冗余信息作为代价。因此，在设计数据库概念结构时，哪些冗余信息必须消除，哪些冗余信息允许存在，需要根据用户的整体需求来确定。如果人为保留了一些冗余数据，则应该以数据字典中数据关联的说明作为完整性约束条件。

消除冗余主要采用分析方法，即以数据字典和数据流图为依据，根据数据字典中关于数据项之间的逻辑关系的说明来消除冗余。

还可以使用规范化理论来消除冗余。在规范化理论中，函数依赖的概念提供了消除冗余联系的形式化工具。具体方法如下：

（1）确定各分 E-R 图实体之间的数据依赖。实体间 $1:1$、$1:n$、$m:n$ 的联系可以用实体之间的函数依赖来表示。

如图 8-4 中，用户与订单之间的 $1:n$ 联系可表示为订单 ID→用户 ID；订单与图书之间的 $m:n$ 联系可表示为(订单 ID,书目 ID)→数量。

按照上述方法，可以求出 E-R 图对应的函数依赖集 F_L。

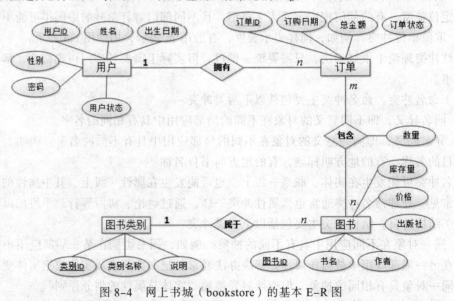

图 8-4　网上书城（bookstore）的基本 E-R 图

（2）求 F_L 的最小覆盖 G_L，差集为 $D=F_L-G_L$。

主要考察 D 中的函数依赖，确定是否是冗余联系，如果是，则把它去掉。由于规范化理论受到关系假设的限制，应注意两个问题：

① 冗余的联系一定在 D 中，但 D 中的联系不一定是冗余的。

② 当实体之间存在多种联系时，要将实体之间的联系在形式上加以区分。

8.4　逻辑结构设计

　　概念结构是独立于任何一种数据模型的信息结构，逻辑结构设计的任务是把概念结构设计阶段设计好的 E-R 模型转换为与选用数据库管理系统所支持的数据模型相符合的逻辑结构。

　　目前，大部分数据库应用系统都采用支持关系模型的关系数据库管理系统，所以这里只介绍 E-R 图向关系模型的转换原则与方法。

8.4.1　E-R 模型向关系模型的转换

　　E-R 图向关系模型的转换要解决的问题是，如何将实体型和实体间的联系转换成关系模式，如何确定这些关系模式的属性和码。

　　关系模型的逻辑结构是一组关系模式的集合。E-R 图则是由实体型、实体的属性和实体型之间的联系 3 个要素组成的，所以将 E-R 图转换成关系模型实际上就是要将实体型、实体的属性和实体型之间的联系转换成关系模式。下面介绍转换的基本原则：

　　（1）对于实体型，一个实体型转换为一个关系模式，关系的属性就是实体的属性，关系的码就是实体的码。

　　（2）对于实体间的联系，可分为以下情况：

　　① 两个实体间一个 1∶1 联系可以转换为一个独立的关系模式，也可以与任意一端对应的关系模式合并。如果转换为一个独立的关系模式，则与该联系相连的各实体的码以及联系本身的属性均转换为关系的属性，每个实体的码均是该关系的候选码；如果与某一端实体对应的关系模式合并，则需要在该关系模式的属性中加入另一个关系模式的码和联系本身的属性。

　　② 两个实体间一个 1∶n 联系可以转换为一个独立的关系模式，也可以与 n 端对应的关系模式合并。如果转换为一个独立的关系模式，则与该联系相连的各实体的码以及联系本身的属性均转换为关系的属性，关系的码为 n 端实体的码。

　　③ 两个实体间一个 m∶n 联系可以转换为一个独立的关系模式，与该联系相连的各实体的码以及联系本身的属性均转换为关系的属性，各实体的码组成关系的码或码的一部分。

　　④ 3 个或 3 个以上实体间的一个多元联系可以转换为一个关系模式。与该多元联系相连的各实体的码以及联系本身的属性均转换为关系的属性，各实体的码组成关系的码或码的一部分。

　　（3）具有相同码的关系模式可以合并。

　　如果把图 8-4 中的 E-R 模型图转换为关系模型，可以得到如下一组关系模式（关系模式的码用下画线标出）：

　　用户(<u>用户 ID</u>,姓名，性别，密码，出生日期，用户状态)

　　订单(<u>订单 ID</u>，用户 ID，订购日期，总金额，订单状态)

　　图书类别(<u>类别 ID</u>，类别名称，说明)

　　图书(<u>图书 ID</u>，类别 ID，书名，作者，出版社，价格，库存量)

　　订单明细(<u>订单 ID</u>，<u>图书 ID</u>，数量)

8.4.2　数据模型的优化

数据库逻辑设计的结果并不是唯一的。为了进一步提高数据库应用系统的性能，还应该根据应用需要适当修改、调整数据模型的结构，这就是模型的优化。关系数据模型的优化通常以规范化理论为指导，方法为：

（1）确定数据依赖。按需求分析阶段所得的语义，分别写出每个关系模式内部各属性之间的数据依赖以及不同关系模式属性之间的数据依赖。

（2）对于各个关系模式之间的数据依赖进行极小化处理，消除冗余的联系。

（3）按照数据依赖的理论对关系模式逐一进行分析，考察是否存在部分函数依赖、传递函数依赖、多值依赖等，确定各关系模式分别属于第几范式。

（4）根据需求分析阶段得到的处理要求，来分析这些关系模式是否能满足应用环境的需要，从而进一步确定是否要对某些模式进行合并或分解。需要注意的是，并不是规范化程度越高的关系就越好。

（5）对关系模型进行必要的分解，提高数据操作效率和存储空间利用率。常用的分解方法是水平分解和垂直分解。

水平分解是把（基本）关系的元组分为若干子集合，定义每个子集合为一个子关系，以提高系统的效率。根据"80/20元组"，一个大关系中，经常被使用的数据只是关系的一部分，约20%，可以把经常使用的数据分解出来，形成一个子关系。如果关系 R 上具有 n 个事务，而且多个事务存取的数据不相交，则 R 可分解为少于或等于 n 个子关系，使每个事物存取的数据对应一个关系。

垂直分解是把关系模式 R 的属性分解成若干个子集合，形成若干个子关系模式。垂直分解的原则是，将经常在一起使用的属性从 R 中分解出来形成一个子关系模式。垂直分解可以提高某些事务的效率，但也可能使另一些事务不得不执行连接操作，从而降低了效率。因此是否进行垂直分解取决于分解后 R 上的所有事务的总效率是否得到了提高。垂直分解需要确保无损连接性和保持函数依赖，即保证分解后的关系具有无损连接性和提高函数依赖保持性。

规范化理论为数据设计人员判断关系模式的优劣提供了理论标准，可用来预测模式可能出现的问题，使数据库设计工作有了严格的理论基础。

8.4.3　设计用户子模式

将概念模型转换成全局模型以后，还应根据局部应用需求，结合具体关系数据库管理系统的特点设计用户的外模式。

目前关系型数据库管理系统一般都提供了视图概念，可以利用这一功能设计更符合局部用户需要的用户外模式。

定义数据库的全局模式主要是从系统的时间效率、空间效率、易维护等角度出发。由于用户外模式和模式是相对独立的，因此定义用户外模式时可以注重考虑用户的习惯与方便。具体包括以下几方面：

（1）使用更符合用户习惯的别名。在合并各 E-R 图时曾做过消除命名冲突的工作，以使数据库系统中同一关系和属性具有唯一的名称。这在设计数据库整体结构时是非常必要的，用视图机制可以在设计用户视图时重新定义某些属性名，使其与用户习惯一致，以方便使用。

（2）可以对不同级别的用户定义不同的视图，以保证系统的安全性。这样可以防止用户非法访问本来不允许其查询的数据，保证系统的安全性。

（3）简化用户对系统的使用。如果某些局部应用中经常要使用某些很复杂的查询，为了方便用户，可以将这些复杂查询定义为视图，用户每次只对定义好的视图进行查询，大大简化了用户的使用。

8.5　物理结构设计

数据库在物理设备上的存储结构与和存储方法称为数据库的物理结构，它依赖于选择的计算机系统。为一个给定的逻辑结构选择一个最适合应用要求的物理结构的过程就是数据库的物理结构设计。

8.5.1　物理结构设计概述

物理结构设计的目的主要有：一是提高数据库的性能，满足用户的性能需求；二是有效利用存储空间。总之，是为了使数据库系统在时间和空间上最优。

数据库的物理结构设计包括两个步骤：

（1）确定数据库的物理结构，在关系数据库中主要是存储结构和存储方法。

（2）对物理结构进行评价，评价的重点是时间和空间效率。

如果评价结构满足应用要求，则可进入物理结构的实施阶段，否则需要重新进行物理结构设计或修改物理结构设计。有的甚至返回逻辑结构设计阶段，重新进行逻辑结构设计或修改逻辑结构设计。

由于物理结构设计与具体的数据库管理系统有关，各种产品提供了不同的物理环境、存取方法和存储结构，供设计人员使用的设计变量、参数范围有很大差别，因此物理结构设计没有通用的方法。在进行物理设计前，主要注意以下几个方面的问题：

（1）DBMS 的特点。物理结构设计只能在特定的 DBMS 下进行，必须了解 DBMS 的特点，充分利用其提供的各种手段，了解其限制条件。

（2）应用环境。特别是计算机系统的性能，数据库系统不仅与数据库设计有关，而且与计算机系统有关，如是单任务系统还是多任务系统，是单磁盘还是磁盘阵列，是数据库专用服务器还是多用途服务器等。还要了解数据的使用频率，对于使用频率高的数据要优先考虑。此外，数据库的物理设计是一个不断完善的过程，开始只能是一个初步的设计，在数据库系统运行过程中要不断检测并进行调整和优化。

对关系数据库的物理结构设计主要内容有：

（1）为关系模式选取存取方法。

（2）设计关系及索引的物理存储结构。

8.5.2　存取方法选择

数据库系统是多用户共享的系统，为了满足用户快速存取的要求，必须选择有效的存取方法。一般数据库系统中，为关系、索引等数据库对象提供了多种存取方法，主要有索引方法、聚簇方法和 HASH 方法。

1. 索引存储方法的选择

索引是数据库表的一个附加表，存储了建立索引列的值和对应的记录地址。查询数据时，先在索引中根据查询条件找到相关记录的地址，然后再在表中存取相应记录，能加快查询速度。但索引本身需占用存储空间，索引由数据库管理系统自动维护。B+树索引和位图索引是常用的两种索引。建立索引的一般原则是：

（1）如果某属性或属性组经常出现在查询条件中，则考虑为该属性或属性组建立索引。

（2）如果某个属性或属性组进行出现在连接操作的连接条件中，则考虑为该属性或属性组建立索引。

（3）如果某个属性或属性组经常作为最大值和最小值等聚集函数中，则考虑为该属性建立索引。

需要注意的是，并不是表上建立的索引越多越好，一是索引本身占用磁盘空间；二是系统为维护索引也需要付出代价。因此，特别是更新频繁的表，索引不能定义太多。

2. 聚簇存取方法的选择

在关系数据库管理系统（RDBMS）中，连接查询是影响系统性能的重要因素之一，为了改善连接查询的性能，很多 RDBMS 提供了聚簇存取方法。

聚簇的主要思想是将经常进行连接的两个或多个数据表，按连接属性（聚簇码）相同的值存放在一起，从而大大提高连接操作的效率。一个数据库中可以建立很多簇，但一个表只能加入一个聚簇中。

3. Hash 存取方法的选择

有些数据库管理系统提供了 Hash 存取方法。Hash 存取方法的主要原理是根据查询条件中的值，按 Hash 函数计算出记录的存放地址，从而减少数据存取的 I/O 次数，加快了数据存取的速度。并不是所有的表都适合 Hash 存取，选择 Hash 方法的原则是：

（1）主要是用于查询的表，而不是经常用于更新的表。

（2）作为查询条件的列的值域，具有比较均匀的数值分布。

（3）查询条件是相等比较，而不是范围（大于或等于）比较。

8.5.3 存储结构确定

确定数据库的存储结构，主要是确定数据库中数据的存放位置，合理设置系统参数。数据库中的数据主要是指表、索引、聚簇、日志和备份等数据。存储结构选择的主要原则是存取时间上的高效性、存储空间的利用率和存储数据的安全性。

1. 存放位置

在确定数据存放位置之前，要将数据中易变部分和稳定部分进行适当的分离，并分开存放；要将数据库管理系统文件和数据库文件分开。如果系统采用多个磁盘和磁盘阵列，将表和索引存放在不同的磁盘上，查询时，由于多个磁盘驱动器并行工作，可以提高 I/O 读写速度。为了系统的安全性，一般将日志文件和重要的系统文件存放在多个磁盘上，互为备份。另外，数据库文件和日志文件的备份，由于数据量大，并且只在数据库恢复时使用，所以一般存储在磁带上。

2. 系统配置

DBMS 产品一般都提供了大量的系统配置参数，供数据库设计人员和 DBA 进行数据库的物理结构设计和优化。如用户数、缓冲区、内存分配和物理块的大小等。一般在建立数据库时，系统都提供了默认参数，但是默认参数不一定适合每一个应用环境，需要做适当的调整。此外，在物理结构设计阶段设计的参数只是初步的，要在系统运行阶段根据实际情况进一步调整和优化。

8.6 实施、运行与维护

数据库的物理设计完成后，设计人员可以使用 DBMS 提供的数据定义语言和其他应用程序，将数据库逻辑设计和物理设计结果严格描述出来，成为关系型数据库管理系统可以接受的源代码，再经过调试产生目标模式。数据库模式生成后，再组织数据入库、调试应用程序，这就是数据库实施阶段。在数据库实施后，对数据库进行测试，测试合格后，数据库进行运行阶段，在运行过程中，要对数据库进行维护。

8.6.1 数据库的实施

数据库实施阶段包括两项重要工作，一项是数据装载，一项是测试。

1. 建立数据库

建立数据库是指在指定的计算机平台上和特定的 DBMS 下，建立数据库和组成数据库的各种对象。数据库的建立包括数据库模式建立和数据的装载。

（1）建立数据库模式。主要是数据库对象的建立，数据库对象可以使用 DBMS 提供的根据交互进行，也可以使用脚本成批建立。如在 SQL Server 环境下，可以编写和执行 Transact SQL 脚本程序。

（2）数据的装载。建立数据库模式后，只有装入实际的数据后，才算是真正建立了数据库。数据的来源有两种形式："数字化"数据和非"数字化"数据。

① "数字化"数据是指存储在某些计算机文件和某种形式的数据库中的数据。装载这种数据的主要工作是转换，将数据重新组织和组合，转换成新数据库要求的格式。这种转换工作，可以借助于 DBMS 提供的工具，如 SQL Server 的 DTS 工具。

② 非"数字化"数据是指没有计算机化的原始数据，一般以纸质的表格、单据的形式存在，这种形式的数据处理工作量大，一般需要设计专门的数据录入子系统完成数据的载入工作。数据录入子系统一般要有数据校验功能，以保证数据的正确性。

2. 测试

数据库系统在正式运行前，要经过严格的测试。数据库测试一般与应用系统测试结合起来，通过试运行，参照用户需求说明，测试应用系统是否满足用户需求，查找应用程序的错误和不足之处，核对数据的正确性。如果功能不满足或数据不准确，对应用程序部分要进行修改、调整，直到满足设计要求为止。

对数据库的测试，重点在两个方面：一是通过应用系统的各种操作，数据库中的数据能否保持一致，完整性约束是否有效实施；二是数据库的性能指标能否满足用户的性能要求，分析是否达到了设计目标。在对数据库进行物理结构设计时，已经对系统的物理参数进行初步设计。但一般情况下，设计时的考虑在许多方面还只是对实际情况的近似估计，和实际系统的运行总有一定差距，因此必须在试运行阶段实际测量和评价系统的性能指标。事实上，有的参数的最佳值往往是经过运行调试后得到的。如果测试的物理结构参数与设计目标不符，则要返回物理结构设计阶段，重新调整物理结构，修改系统物理参数。有些情况下，要返回逻辑结构设计，修改逻辑结构。

在试运行的过程中，应注意：在数据库试运行阶段，由于系统还不稳定，硬件、软件故障随时都可能发生。而系统的操作人员对新系统还不熟悉，误操作在所难免，因此应首先调试 DBMS 的恢复功能，做好数据库的转储和恢复工作。一旦发生故障，能使数据库尽快恢复，从而减少对数据库的破坏。

8.6.2　数据库的维护

数据库测试合格和试运行后，数据库开发工作基本完成，即可投入正式运行。但是，由于应用环境的不断变化，数据库运行过程中物理存储也会不断变化。对数据库设计的评价、调整、修改等维护工作是一项长期的任务，也是设计工作的继续和提高。

在数据库运行阶段，对数据库经常性的维护工作由 DBA 完成。主要有以下几方面：

1．数据库的转储和恢复

数据库的转储和恢复工作是系统正式运行后最重要的维护工作之一。DBA 要针对不同的应用要求制订不同的转储计划，以保证一旦发生故障尽快将数据库恢复到某种一致的状态，并尽可能地减少对数据库的损失和破坏。

2．数据库的安全性和完整性

在数据库的运行过程中，由于应用环境的变化，对数据库安全性的要求也会发生变化。如有的数据原来是机密的，现在可以公开查询了，而新增的数据又可能是机密的。系统中用户的级别也会发生变化。这些都需要 DBA 根据实际情况修改原来的安全性控制。同样，数据库的完整性约束条件也会变化，也需要 DBA 不断修正，以满足用户需要。

3．数据库性能的监控、分析和改造

在数据库运行过程中，监控系统信息，对检测数据进行分析，找出改进系统性能的方法，是 DBA 的又一重要任务。目前，有些 DBMS 产品提供了检测系统性能的工具，DBA 可以利用这些工具方便地得到系统运行过程中一系列参数的值。DBA 应仔细分析这些数据，判断当前系统运行状况是否最优，应当做哪些改进，找出改进的方法，如调整系统物理参数，或对数据库进行重组织或重构造等。

4．数据库的重组和重构

数据库运行一段时间后，由于记录不断增加、删除和修改，会使数据库的物理存储结构变坏，降低了数据的存取效率，数据性能下降，这时 DBA 就要对数据库进行重组或部分重组（只对频繁增加、删除的表进行重组）。DBMS 系统一般都提供了对数据库重组的实用程序。在重组的过程中，按原设计要求重新安排存储位置、回收垃圾、减少指针等，提高系统性能。

数据库的重组，并不修改原来的逻辑结构和物理结构，而数据库的重构则不同，它是指部分修改数据库模式和内模式。

由于数据库应用环境发生了变化，增加了新的应用或新的实体，取消了某些应用，有的实体和实体间的联系也发生了变化，使原有的数据库模式不能满足新的需求，需要调整数据库的模式和内模式。如表中增加或删除了某些数据项，改变了数据项的类型，增加和删除了某个表，改变了数据库的容量，增加或删除了某些索引等。当然数据库的重构是有限的，只能做部分修改。如果应用变化太大，重构也无济于事，说明此数据库应用系统的生命周期已经结束，应该设计新的数据库。

本 章 小 结

　　本章主要讨论数据库设计的方法和步骤，详细介绍了数据库设计各阶段的目标、方法以及注意事项，其中重点是概念结构设计和逻辑结构设计，这也是数据库设计过程中最重要的两个环节。

　　数据库设计属于方法学的范畴，主要掌握基本方法和一般原则，并能在数据库设计过程中加以灵活运行，设计出能满足应用需求的数据库。

练 习 题

　　1. 简述数据库设计过程。

　　2. 需求分析阶段的设计目标是什么？调查的内容是什么？

　　3. 数据字典的内容和作用是什么？

　　4. 什么是数据库的概念结构？简述其特点及设计步骤。

　　5. 什么是数据库的逻辑结构设计？简述其设计步骤。

　　6. 简述数据库物理设计的内容和步骤。

实验 10　数据库设计

【实验目的】

　　掌握数据库设计的方法和基本步骤。

【实验内容】

　　1. 根据周围的实际情况，选择一个小型的数据库应用项目。

　　2. 针对该项目，开展系统需求分析，撰写需求规格说明书，包括采用的需求分析方法、数据流图和数据字典等。

　　3. 开展数据库的概念结构设计，使用 E-R 图表示对数据库中要存储的信息及语义进行详细描述。

　　4. 进行数据库的逻辑结构设计。详细描述该数据库的基本表及属性、视图，对基本表的主、外键等进行说明，对基本表中数据的约束条件进行说明。

　　5. 进行该数据库的物理结构设计。详细描述该应用场景下数据库应采用的存取方式和存取策略。

　　6. 利用 SQL 语句等，在 SQL Server 中实现上述数据库。

第 9 章
Transact-SQL 编程

结构化查询语言（Structured Query Language，SQL）自出现以来，因其功能丰富，面向集合的操作、使用方式灵活、语言简洁易学等特点，受到广大用户和数据库厂商的青睐，已成为关系数据库管理系统（Relational Database Management System，RDBMS）的主流查询语言。尽管 ANSI（America National Standards Institute，美国国家标准委员会）制定了 SQL 标准，但是各数据库厂商为了更好地完善其 RDBMS 产品，都对 SQL 标准做出了不同的解释、实现和扩展，所以用户在使用不同的 DBMS 时会面对不同的 SQL，但是 ANSI 标准是它们共同的特性。

Transact-SQL（简称 T-SQL）是微软（Microsoft）公司实现的 SQL，并被广泛应用于 Microsoft SQL Server 中。本章主要介绍 Transact-SQL 的基本语法。

9.1 批处理

为了提高程序的执行效率，在 T-SQL 编写的程序中，可以使用 GO 语句将多条 SQL 语句进行分割，两个 GO 语句之间的 SQL 语句作为一个批处理。

在一个批处理中可以包含一条或者多条 SQL 语句，成为一个语句组。所有的批处理命令都使用 GO 语句作为结束的标志。当编译器读到 GO 时，它会把前面所有的语句当作一个批处理来处理。SQL Server 服务器将批处理编译成一个可执行单元（称为执行计划），从应用程序一次性发送到 SQL Server 服务器执行。

9.1.1 批处理使用规则

关于批处理，必须遵从以下规则：

（1）CREATE DEFAULT、CREATE FUNCTION、CREATE PROCEDURE、CREATE RULE、CREATE SCHEMA、CREATE TRIGGER 和 CREATE VIEW 语句不能在批处理中与其他语句组合使用。批处理如果以 CREATE 语句开始，所有跟在该批处理后的其他语句被解释为第一

个 CREATE 语句的一部分。

（2）不能在同一个批处理中更改表结构，然后引用该列。

（3）如果 EXECUTE 语句是批处理中的第一条语句，则可省略 EXECUTE 关键字，否则不能省略 EXECUTE 关键字。

9.1.2 批处理错误处理

当批处理出现编译错误（如出现语法错误等）时，执行计划无法编译。因此，不会执行批处理中的任何语句。

当批处理中的所有语句编译通过后，在运行时遇到错误的处理办法如下：

（1）大多数运行时错误将停止批处理中当前语句和它之后的语句。

（2）某些运行时错误（如违反约束条件）仅停止执行当前语句，而继续执行批处理中其他所有语句。

（3）在遇到运行时错误的语句之前执行的语句不会受到影响。唯一例外的情况是批处理位于事务中并且错误导致事务回滚。在这种情况下，所有运行时之前执行的未提交数据修改都将回滚。

9.1.3 批处理示例

【例 9-1】包含 3 个批处理的例子。

```
--第一个批处理，选择bookstore数据库
USE bookstore
GO
--第二个批处理，创建视图VW_BOOK
CREATE VIEW VW_BOOK
    AS
SELECT TITLE,PRESS,PRICE
FROM BOOK
GO
--第三个批处理，查询视图VW_BOOK的所有数据
SELECT * FROM VW_BOOK
GO
```

9.2 注释

注释是程序代码中不执行的文本，用于对代码进行说明或暂时禁用的部分 T-SQL 语句。向代码中添加注释时，需要使用一定的字符进行标识。SQL Server 支持两种类型的注释：

（1）--（双连字符）：可与要执行的代码处于同一行，也可另起一行。从双连字符开始到行末位的内容均为注释。对于多行注释，必须在每个注释行的前面均使用双连字符。

（2）/*...*/（正斜杠星号字符对）：可与要执行的代码处在同一行，也可另起一行，甚至可放在执行代码内部。开始注释对（/*）与结束注释对（*/）之间的所有内容均视为注释。对于多行注释，必须使用开始注释对（/*）来开始注释，并使用结束注释对（*/）来结束注释。

双连字符（--）注释和正斜杠星号字符对（/*...*/）注释都没有注释长度的限制。一般行内注释采用双连字符（--），多行注释采用正斜杠星号字符对（/*...*/）。

【例9-2】在程序中使用不同类型的注释。

具体命令如下：

```
DECLARE @var1 int,@var2 int --定义两个变量
--分别对两个变量赋值
SET @var1=2
SET @var2=3
/*对两个变量进行求和，并输出求和结果*/
DECLARE @sum int
SET @sum=@var1+@var2
PRINT @sum
```

运行上述命令后的结果如图9-1所示。

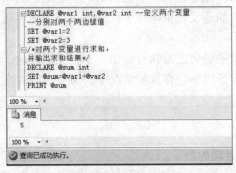

图9-1　在程序中使用不同类型注释

9.3　常量与变量

9.3.1　常量

常量（Constant），又称标量，在程序运行过程中值保持不变，用于表示程序中固定不变的数据。常量的格式取决于它所表示的数据类型，不同的数据类型对应的常量格式不尽相同。T-SQL中，常量分为多种类型。

1. 字符串常量

字符串常量由字母（a~z、A~Z）、数字字符（0~9）以及特殊字符（如!、@和#）组成并包含在单引号中。下面是几个字符串的例子：

```
'This is a string'
'12345'
'#abc123'
```

如果字符串本身包含单引号，那么应该用连续的两个单引号来表示字符串中该单引号本身。如字符串"Tom's book"在T-SQL中应该表示为如下形式：

```
'Tom's book'
```

Unicode字符串常量的格式和普通字符串常量相似，不同的是必须以大写字母N（N代表SQL-92标准中的区域语言）作为常量前缀。如'You'表示的是普通字符串常量，而N'You'表示的Unicode字符串常量。Unicode字符串常量中的每一个字符占2个字节，而普通字符串常量中的每个字符占1个字节。

2. 二进制常量

二进制是以 0x 开头后面紧接十六进制数字表示的值，与字符串常量不同，二进制常量不需要包含在引号中，如 0xCF、0X10A 都是二进制常量。需要注意的是，单独的 0x 标识空二进制常量。

3. bit 常量

bit 常量用 0 或 1 表示，和二进制常量相同，它不需要包含在引号中，如果一个大于 1 的数表示 bit 常量，它会自动转换成 1。

4. 日期时间（datetime）常量

SQL Server 提供了专门的日期时间类型用于表示日期和时间，该类型可以识别多种日期时间格式。日期时间常量需要用成对单引号包含起来，如下面的日期时间常量：

```
'19991016'
'19:50:16 AM'
'2015-09-25 19:50:16'
'19991016 10:20:36'
```

5. 整数（integer）常量

整数常量用一串数字来表示，中间不能出现小数点并且数字串中不需要包含在单引号中，如 256、3、89 都是整数常量。

6. decimal 常量

decimal 常量也是由一串数字来表示，但是与整数常量不同的是可以包含小数点。decimal 常量不需要包含在单引号中，如 3.14159、26.97、.198。

7. float 和 real 常量

这两种常量常用科学计数法表示，如 6.78E2、.183E-4。

8. 货币（money）常量

货币常量以前缀为可选的小数点和可选的货币符号的数字字符串来表示，它不需要包含在单引号中。SQL Server 不强制采用任何种类的分组规则，如在代表货币的字符串中每 3 个数字插入一个逗号"，"。例如$4346.787 为一个货币常量。

9. 全球唯一标识符（GUID）常量

全球唯一标识符常量的格式可以为字符串或二进制字符串。如果为二进制字符串，则常量以 0x 为前缀，后面紧跟十六进制数字。如'8U3469DH-LK34-5720-YLFD-9394DFHW00'、0xafff8839d99ab0039。

9.3.2 变量

变量是可以保存特定数据类型的单个值的对象，T-SQL 中的变量分为两种：用户自定义的局部变量和系统提供的全局变量。

1. 局部变量

局部变量的作用范围仅限制在程序的内部，即在其定义局部变量的批处理、存储过程或语句块。局部变量用来保存临时数据。例如，可以使用局部变量保存表达式的计算结果，作为计数器保存循环执行的次数，或用来保存由存储过程返回的值。

在 T-SQL 中，使用 DECLARE 语句声明变量。在声明变量时需要注意：为变量指定名称，且必须以@开头；指定该变量的数据类型和长度；默认情况下变量定义后的初始值为 NULL；可以在一个 DECLARE 语句中声明多个变量，多个变量之间使用逗号分隔开。

变量声明后，可以对变量进行赋值。有两种为变量赋值的方式：使用 SET 语句为变量赋值和使用 SELECT 语句为变量赋值。

【例 9-3】定义局部变量@myvar，然后使用 SET 语句为其赋值，然后输出@myvar 的值。具体命令如下：

```
DECLARE @myvar CHAR(20)
SET @myvar='This is just a test'
PRINT @myvar
```

运行上述命令后的结果如图 9-2 所示。

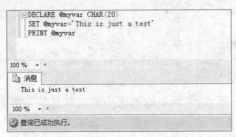

图 9-2　使用 SET 语句为变量赋值

【例 9-4】定义局部变量@book，然后使用 SELECT 语句为其赋值，然后输出@myvar 的值。具体命令如下：

```
USE bookstore
GO
DECLARE @book CHAR(20)
SELECT @book=title FROM book WHERE bookID=1001
PRINT @book
```

运行上述命令后的结果如图 9-3 所示。

图 9-3　使用 SELECT 语句为变量赋值

2. 全局变量

全局变量是 SQL Server 系统内部使用的变量，其作用范围并不仅仅局限于某一程序。全局变量不是由用户的程序定义的，它们是 SQL Server 系统在服务器级定义的，通常用来存储一些配置设定值和统计数据，用户可以在程序中用全局变量来测试系统的设定值或者 T-SQL 命令执行后的状态值。

全局变量具有以下几个特点：

（1）用户只能使用系统提供的预先定义的全局变量，不能自定义全局变量。

（2）任何程序均可以随时引用全局变量。

（3）全局变量均以标记符 "@@" 开头。

（4）局部变量的名称不能与全部变量的名称相同。

例如，@@VERSION 表示当前 SQL Server 安装的版本信息，如图 9-4 所示；@@CONNECTIONS 表示用户返回自上次启动 SQL Server 以来连接或试图连接的次数。

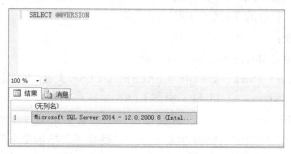

图 9-4　利用@@VERSION 查看 SQL Server 安装版本

9.4　流程控制语句

在 T-SQL 中，用于控制语句流的语句被称为流程控制语句（也称控制流语句）。用户通过使用流程控制语句可以控制程序的流程，允许语句彼此相关及相互依赖。流程控制语句可用于单个 SQL 语句、语句块和存储过程的执行。Transact-SQL 提供了成为流程控制语言的特殊关键词，如表 9-1 所示。

表 9-1　T-SQL 流程控制语言关键字

关键字	描　　述
BEGIN...END	定义语句块，这些语句块作为一组语句执行，允许语句块嵌套
BREAK	跳出 WHILE 语句
CONTINUE	重新开始循环，CONTINUE 关键字之后的任何语句将被忽略
GOTO <label>	跳转到<label>处，并从标签位置继续执行。GOTO 语句和标签可在过程、批处理或语句块中的任何位置使用。GOTO 语句可嵌套使用
IF...ELSE	条件分支语句。当 IF 后面的判断条件为真时，则执行 IF 后面的语句或语句块，否则执行 ELSE 之后的语句或语句块
WHILE	循环语句。当 WHILE 后面的判断条件为真时，重复执行该语句
WAITFOR	在达到指定时间或时间间隔之前，阻止执行批处理、存储过程或事务
RETURN	返回语句。从查询或过程中无条件退出，不执行 RETURN 之后的任何语句

本节将重点介绍流程控制语句中的选择结构和循环结构。

9.4.1 选择结构

T-SQL 中有两种形式的选择结构，一种是 IF…ELSE 选择结构，另一种是 CASE 结构。

1. IF…ELSE 结构

IF…ELSE 条件语句的语法格式为：

```
IF Boolean_expression
    { sql_statement | statement_block }
[ ELSE
    { sql_statement | statement_block } ]
```

其中各参数的含义如下：

- Boolean_expression：返回 TRUE 或 FALSE 的表达式。如果该表达式中含有 SELECT 表达式，则需要用圆括号将其括起来。
- sql_statement：有效的 T-SQL 表达式。
- statement_block：有效的 T-SQL 语句块。

语句执行时，先确定 Boolean_expression 的值，如果值为 TRUE，则执行 IF 关键字后的 sql_statement 或 statement_block；如果值为 FALSE 且 ELSE 关键词存在，则执行 ELSE 关键字后的 sql_statement 或 statement_block，如果 ELSE 关键词不存在，则跳出 IF 语句继续执行后面的语句。IF…ELSE 结构运行嵌套，因此可以利用嵌套结果编写复杂的 T-SQL 语句段。

【例 9-5】如果 1001 号图书的销量在 6 册以上，则输出"畅销图书"，否则输出"一般图书"。

```
IF (SELECT SUM(orderBook.quantity) from orderBook where bookID=1001)>6
    PRINT '畅销图书'
ELSE
    PRINT '一般图书'
```

2. CASE 结构

某些复杂结构可能需要对一个变量进行多次判断，如果使用 IF…ELSE 结构就会使程序显得烦琐，这时可以使用 CASE 结构来简化代码。

CASE 语句按其形式的不同，分为简单 CASE 语句和搜索 CASE 语句。

简单 CASE 语句的语法格式如下：

```
CASE input_expression
WHEN when_expression THEN result_rxpression[,…n]
[ELSE else_result_expression]
END
```

搜索 CASE 语句的语法格式如下：

```
CASE
WHEN Boolean_expression THEN result_expression [,…n]
[ELSE else_result_expression]
END
```

其中，各参数的含义如下：

- input_expression：任何有效的表达式。

- when_expression：用于与 input_expression 进行比较的表达式，可以为任何有效的表达式。需要注意的是，when_expression 和 input_expression 的数据类型必须一致或者可以进行隐式转换。
- Boolean_expression：任何有效的布尔表达式。
- result_expression：input_expression 的计算结果等于 when_expression 或 Boolean_expression 表达式的值为 TRUE 时，所返回的表达式。
- else_result_expression：当比较运算结果都不为 TRUE 时返回的表达式。

对于简单 CASE 函数，程序首先计算 input_expression 的值，然后按照 WHEN 关键字的顺序依次计算 when_expression= input_expression 的值并返回第一个计算结果为 TRUE 所对应的 result_expression。如果所有的 when_expression= input_expression 计算结果都为 FALSE，则返回 else_result_expression；如果 else_result_expression 不存在，则返回 NULL。

【例 9-6】根据用户表（userInfo）中的用户性别，输出相应的称呼（男-先生，女-小姐）。

```
SELECT userName
  CASE sex
    WHEN '男' THEN '先生'
    WHEN '女' THEN '小姐'
  END
FROM userInfo
```

【例 9-7】根据图书的销量确定数据的类别：销量在 6 本及以上，为畅销图书；销量在 2 本及以上且在 6 本以下，为一般图书；否则为"销量不佳"。

```
SELECT title,
    CASE
      WHEN SUM(quantity)>=6 THEN '畅销图书'
      WHEN SUM(quantity)>=2 AND SUM(quantity)<6 THEN '一般图书'
      ELSE '销量不佳'
    END
FROM book,orderBook
WHERE book.bookID=orderBook.bookID
GROUP BY title
```

9.4.2　循环结构

当在程序中需要反复执行一段相同代码时，可以使用 T-SQL 提供的循环结构来实现。WHILE 循环结构的语法格式如下：

```
WHILE Boolean_expression
  {sql_statement|statement_block}
  [BREAK]
  {sql_statement|statement_block}
  [CONTINUE]
```

其中各参数的含义如下：

- Boolean_expression：任何有效的布尔表达式。
- sql_statement：任何有效的 T-SQL 语句。
- statement_block：任何有效的 T-SQL 语句块，需要使用 BEGIN…END 关键字。

- BREAK：T-SQL 关键字，该关键字后直接跳出当前所在的 WHILE 循环。
- CONTINUE：T-SQL 关键字，遇到该关键字后，重新开始执行 WHILE 语句开始下一次循环，已执行的结果保留。

执行 WHILE 语句时，首先判断 Boolean_expression 是否为 TRUE，若是，则进入循环体顺序执行 sql_statement 或 statement_block，否则中断执行 WHILE 结构。当 WHILE 循环体内所有的 sql_statement 或 statement_block 执行完毕后，程序流回到 WHILE 结构开头重新执行。需要说明的是，WHILE 结构允许嵌套。

【例 9-8】计算 1+2+3+…+100 的结果。

```
DECLARE @result INT,@count INT
SET @result=0
SET @count=1
WHILE @count<=100
BEGIN
    SET @result=@result+@count
    SET @count=@count+1
END
SELECT @result AS 'RESULT'
```

9.4.3 其他流程控制语句

1. GOTO 语句

GOTO 语句用于改变程序执行的流程，使程序无条件跳转到用户指定的标签处继续执行。GOTO 语句的语法格式如下：

```
GOTO label
```

其中，label 为用户自定义的跳转至的标签。

【例 9-9】用 GOTO 语句计算 1+2+3+…+100 的结果。

```
DECLARE @result INT,@count INT
SET @result=0
SET @count=0
next:
    SET @count=@count+1
    SET @result=@result+@count
    IF @count<100
        GOTO next
SELECT @result AS 'RESULT'
```

2. RETURN 语句

RETURN 语句用于结束当前程序的执行，返回调用它的程序或其他程序。其语法格式如下：

```
RETURN [integer_expression]
```

其中，integer_expression 为要返回的整数值。存储过程可向执行调用的过程或应用程序返回一个整数值，若没有返回值，SQL Server 系统会自动根据程序的执行结果返回一个系统内定值。

9.5　游标

9.5.1　游标概述

关系型数据库中，SQL 命令操作的结果往往是由很多行构成的结果集，应用程序往往需要对得到的结果集中的数据逐行处理而不是将结果集作为一个整体的单元进行操作。游标（Cursor）提供了一种对结果集进行一次一行或多行、向前或向后处理的机制，满足了应用程序的需求。可以将游标看成一种指针，它可以方便地指向当前结果集中的任何位置并允许应用程序对当前指向的行进行相应的操作。

9.5.2　游标的基本操作

使用游标的基本流程包括以下 5 个步骤：声明游标、打开游标、存取游标、关闭游标和释放游标。

1. 声明游标

同声明变量一样，游标的声明同样使用 DECLARE 关键字，但在声明游标的同时还要为其制定获取数据时所使用的 SELECT 语句。T-SQL 中，声明游标的语法格式如下：

```
DECLARE cursor_name CURSOR [ LOCAL | GLOBAL ]
    [ FORWARD_ONLY | SCROLL ]
    [ STATIC | KEYSET | DYNAMIC | FAST_FORWARD ]
    [ READ_ONLY | SCROLL_LOCKS | OPTIMISTIC ]
    [ TYPE_WARNING ]
    FOR select_statement
    [ FOR UPDATE [ OF column_name [ ,...n ] ] ]
```

各参数的含义如下：

- cursor_name：所定义的游标的名称。
- LOCAL | GLOBAL：说明声明的游标是局部变量还是全局变量。若为局部变量，则只在其声明的批处理、存储过程、触发器中有效；如果为全局变量，则在任何批处理、存储过程、触发器中均可使用。
- FORWARD_ONLY | SCROLL：FORWARD_ONLY 指定游标在提取结果集中数据时只能按照从第一行到最后一行的顺序进行，即只能进行 FETCH NEXT 操作。如果指定为 SCROLL，则游标的提取选项（FIRST、LAST、PRIOR、NEXT、RELATIVE、ABSOLUTE）均可使用。
- STATIC | KEYSET | DYNAMIC | FAST_FORWARD：STATIC 定义一个游标，以创建由该游标使用的数据的临时表，对游标的所有请求都从 tempdb 中的这一临时表中得到应答，对该游标进行提取操作返回的数据中不反应对基本表所做的修改，并且该游标也不允许修改；KEYSET 指定游标打开时，游标中的成员身份和顺序已经固定，对行进行唯一标识的键值内置在系统数据库 tempdb 内一个称为 keyset 的表中；DYNAMIC 定义一个游标，以反映在滚动游标时对结果集内的各行所做的数据更改，行的数据值、顺序和成员身份在每次提取时都会改变，动态不支持 ABSOLUTE 选项；FAST_FORWARD 指定启用了性能优化的 FORWARD_ONLY、READ_ONLY 游标，如

果指定了 SCROLL 或 FOR UPDATE 参数，则不能同时指定 FAST_FORWARD。

- READ_ONLY | SCROLL_LOCKS | OPTIMISTIC：READ_ONLY 禁止通过该游标进行更新；SCROLL_LOCKS 指定通过游标进行的定位更新或删除保证能够执行成功；OPTIMISTIC 指定如果自行从被读入游标以来已得到更新，则通过游标进行的定位更新或删除不能成功。
- TYPE_WARNING：指定如果游标从所请求的类型隐式转换成另一种类型，则向客户端发送警告消息。
- FOR UPDATE [OF column_name [,...n]]：定义游标可更新的列。如果提供了 OF column_name [,...n]，则只许可修改列出的列；如果没有指定了 UPDATE 而没有指定未指定列的列表，除非指定了 READ_ONLY，否则可以更新所有的列。

2. 打开游标

打开游标的语句是 OPEN 语句，其语法格式为：

```
OPEN cursor_name
```

其中：cursor_name 为游标名称。

需要注意的是，只能打开已声明但还没有打开的游标。

使用 OPEN 语句之后，可以使用全局变量@@ERROR 来判断打开游标是否成功，当没有发生错误时返回 0；还可以使用全局变量@@CURSOR_ROWS 返回打开的上一个游标中的当前限定行的数目。

3. 存取游标

存取游标就是从游标中获取数据信息。在游标打开后可以使用 FETCH 语句使游标移动到指定的游标结果集的记录处，从而获得记录中的数据。FETCH 语句的语法格式如下：

```
FETCH [[NEXT|PRIOR|FIRST|LAST|ABSOLUTE{n|@nvar}|RELATIVE{n|@nvar}]
FROM {{[GLOBAL] cursor_name}|{@cursor_variable_name}
[INTO @variable_name [,…n]]
```

各参数的含义如下：

- NEXT：指定紧邻当前行后面的结果行，并且当前行递增为返回行。如果 FETCH NEXT 为对游标的第一次提取操作，则返回结果集中的第一行。NEXT 为默认的游标提取选项。
- PRIOR：指定紧邻当前行前面的结果行，并且当前行递减为返回行。如果 FETCH NEXT 为对游标的第一次提取操作，则不会返回行并且游标置于第一行之前。
- FIRST：指定返回游标中结果集中的第一行并将其作为当前行。
- LAST：指定返回游标中的最后一行并将其作为当前行。
- ABSOLUTE{n|@nvar}：如果 n 或@nvar 为正数，则返回从游标头开始的第 n 或@nvar 行，并将返回行变成新的当前行。如果 n 或@nvar 为负数，则返回从游标末尾开始的第 n 或@nvar 行，并将返回行变成新的当前行。如果 n 或@nvar 为 0，则不返回行。n 必须为整数常量，并且@nvar 的数据类型必须为 smallint、tinyint 或 int。
- RELATIVE{n|@nvar}：如果 n 或@nvar 为正数，则返回从当前行开始的第 n 或@nvar 行，并将返回行变成新的当前行。如果 n 或@nvar 为负数，则返回当前行之前的第 n 或@nvar 行，并将返回行变成新的当前行。如果 n 或@nvar 为 0，则返回当前行。n

必须为整数常量，并且@nvar 的数据类型必须为 smallint、tinyint 或 int。

- GLOBAL：指定 cursor_name 为全局游标。
- cursor_name：要从中进行提取数据的已打开的游标名称。
- @cursor_variable_name：指定游标变量名，引用要从中进行提取操作的已打开游标。
- INTO @variable_name [,...n]：指定将提取操作的列数据存储到的局部变量。列表中的各个变量从左到右与游标结果集中的相应列相关联。各变量的数据类型必须与相应的结果集列的数据类型匹配，或是结果集列数据类型所支持的隐式转换。变量的数目必须与游标选择列表中的列数一致。

每次使用 FETCH 语句之后，可以使用@@FETCH_STATUS 返回当前连接中最后一次对游标进行 FETCH 操作的状态值，0 代表 FETCH 语句成功，−1 代表 FETCH 语句失败或此行不在结果集中，−2 代表被提取的行不存在。

4. 关闭游标

在利用游标读取数据之后，游标会一直处于打开状态直到断开数据库连接。T-SQL 中使用 CLOSE 语句关闭已打开的游标，但是 CLOSE 语句并不释放游标所占用的数据结构空间，可以再次使用 OPEN 语句将其打开。CLOSE 语句的语法格式如下：

```
CLOSE {{[GLOBAL] cursor_name}|{@cursor_variable_name}
```

各参数的含义如下：

- GLOBAL：指定 cursor_name 为全局游标。
- cursor_name：要从中进行提取数据的已打开的游标名称。
- @cursor_variable_name：指定游标变量名，引用要从中进行提取操作的已打开游标。

5. 释放游标

T-SQL 中使用 DEALLOCATE 语句释放游标。释放游标将释放其游标所占用的数据结构空间。DEALLOCATE 语句的语法格式如下：

```
DEALLOCATE {{[GLOBAL] cursor_name}|{@cursor_variable_name}
```

各参数的含义如下：

- GLOBAL：指定 cursor_name 为全局游标。
- cursor_name：要从中进行提取数据的已打开的游标名称。
- @cursor_variable_name：指定游标变量名，引用要从中进行提取操作的已打开游标。

9.5.3 游标使用实例

【例 9-10】统计每本图书的图书 ID、书名、出版社、订购次数及销售册数。

```
--1.声明游标
DECLARE book_cursor CURSOR
FOR
  SELECT bookID,title,press FROM book
--2.打开游标
OPEN book_cursor
IF @@ERROR=0
BEGIN
--3.存取游标
```

```
    DECLARE @bookID INT,@title VARCHAR(50),@press VARCHAR(80),@orderCount
INT,@sales INT
    FETCH NEXT FROM book_cursor
        INTO @bookID,@title,@press
    WHILE @@FETCH_STATUS=0
    BEGIN
        SELECT @orderCount=COUNT(*),@sales=SUM(quantity) FROM orderBook
WHERE bookID=@bookID
        PRINT  CAST(@bookID  AS  VARCHAR(5))+','+@title+','+@press+','+
CAST(@orderCount AS VARCHAR(5))+','+CAST(@sales AS VARCHAR(5))
        FETCH NEXT FROM book_cursor
            INTO @bookID,@title,@press
    END
END
--4.关闭游标
CLOSE book_cursor
--5.释放游标
DEALLOCATE book_cursor
```

9.6 函数

9.6.1 函数概述

函数是由一个或多个 SQL 语句组成的子程序，它可用于封装代码以提供代码共享的功能。在数据库管理系统中，函数一般分为两种类型：一类是系统提供的内置函数；一类是用户自定义的函数。SQL Server 提供的内置函数可以为用户提供方便快捷的操作，这些函数通常用在查询语句中。用户在数据库中自定义的函数类似于普通程序设计语言函数的概念，它可以有输入参数和返回值，函数的返回值可以是一个数据值，也可以是一个表。

9.6.2 系统提供的内置函数

常用的系统内置函数包括日期时间函数、字符串函数和类型转换函数。

1. 日期时间函数

Datetime 数据类型是 SQL Server 中重要的数据类型，包括具体的日期和时间两部分，可以精确到毫秒。常用的日期和时间函数及功能如表 9-2 所示。

表 9-2　常用的日期和时间函数

函　　数	功　　能
dateadd(datepart,n,date)	给指定日期 date 按照日期组成部分 datepart 加上一个时间间隔 n 后的新时间值
datediff(datepart,startdate,enddate)	按照日期组成部分 datepart 返回 enddate 减去 startdate 的值
datename(datepart,date)	返回指定日期 date 的日期组成部分 datepart 的字符串
datepart(datepart,date)	返回指定日期 date 的日期组成部分 datepart 的整数
day(date)	返回一个整数，表示指定日期的 "天" 部分
month(date)	返回一个整数，表示指定日期的 "月" 部分

续表

函 数	功 能
year(date)	返回一个整数，表示指定日期的"年"部分
getdate()	返回当前系统日期和时间
getutcdate()	返回当前系统 UTC 日期和时间

注意：datetime 组成部分 datepart 取值可以有 year、quarter、month、dayofyear、day、week、weekday、hour、minute、second 和 millisencond。

【例 9-11】查询 1993 年出生的用户的基本信息。

```
SELECT *  FROM userInfo
WHERE year(birthdate)=1993
```

【例 9-12】查询年龄在 22 岁以下的用户的基本信息。

```
SELECT *  FROM userInfo
WHERE datediff(yyyy,birthdate,getdate())<22
```

2. 字符串函数

字符串函数主要用于对定义为 char 和 varchar 等的数据类型进行某种转换或某种运算操作。常用的字符串函数及功能如表 9-3 所示。

表 9-3 常用的字符串函数

函 数	功 能
ascii(string)	返回字符串 string 中最左边字符的 ASCII 代码值
left(string,n)	返回字符串 string 中最左边的 n 个字符
right(string,n)	返回字符串 string 中最右边的 n 个字符
len(string)	返回字符串 string 的字符数，不包括尾随空格
ltrim(string)	返回删除了前导空格之后的字符表达式
rtrim(string)	返回删除了尾随空格之后的字符表达式
substring(string,m,n)	返回从字符串 string 的第 m 个字符开设连续取 n 个字符组成的字符串
space(n)	返回由 n 个空格组成的字符串
upper(string)	返回将 string 中的小写字符转换成大写字母
lower(string)	返回将 string 中的大写字符转换成小写字母
replace(string1, string2, string3)	用 string3 替换 string1 中出现的全部 string2

【例 9-13】查询姓李的用户的基本信息。

```
SELECT *  FROM userInfo
WHERE substring(userName,1,1)='李'
```

3. 类型转换函数

CAST 函数是一种典型的类型转换函数，其语法格式如下：

```
CAST(expression AS data_type)
```

该函数的功能是将某种数据类型的 expression 表达式的值显式地转换成另一种数据类型 data_type 的值。

【例 9-14】查询每个用户及每个订单的平均金额，其中订单平均金额显示为"×.×元"的格式。

```
SELECT userName 姓名,CAST(AVG(payment) AS VARCHAR(10))+'元' 订单平均金额
FROM userInfo,orderInfo
WHERE userInfo.userID=orderInfo.userID
GROUP BY userName
```

9.6.3　用户函数的创建

SQL Server 支持 3 种用户自定义函数：标量函数（Scalar）、内联表值函数（inline-table-valued）和多语句表值函数（multi-statement table-valued）。

1. 标量函数

标量函数接受 0 个或多个参数并返回一个值。定义标量函数的简化语法格式如下：

```
CREATE FUNCTION 函数名
([{@参数名 [AS] 参数数据类型 [=默认值]}[,…n]])
RETURNS 返回值数据类型
[AS]
BEGIN
    函数体
    RETURN 标量表达式
END
```

部分参数的含义如下：

- 参数可以有默认值。如果函数的参数存在默认值，则在调用该函数时必须指定 "default" 关键字。
- 参数只能用于常量，不能用于表名、列名或其他数据库对象的名称。
- 标量表达式：指定标量函数返回的标量值（即单个数据值），返回值类型不能是 text、image 等大文本和图像类型。

【例 9-15】创建统计指定用户（用户 ID）的订单数量的函数。

```
CREATE FUNCTION orderCount(@userID INT)
 RETURNS INT
AS
BEGIN
    DECLARE @count INT
    SELECT @count=COUNT(*) FROM orderInfo WHERE orderInfo.userID=@userID
    RETURN @count
END
```

2. 内联表值函数

内联表值函数的返回值是一个表，该表的内容是一个查询语句的结果。定义内联表值函数的简化语法格式如下：

```
CREATE FUNCTION 函数名
([{@参数名 [AS] 参数数据类型 [=默认值]}[,…n]])
RETURNS TABLE
[AS]
    RETURN [ ()SELECT 语句[] ]
```

部分参数的含义如下：

- TABLE：指定内联表值函数的返回值的单个查询语句。
- SELECT 语句：定义内联表值函数返回值的单个查询语句。

【例 9-16】创建查询指定订单（订单 ID）的包含的商品名称、商品数量及价格信息的函数。

```
CREATE FUNCTION orderDetail(@orderID INT)
 RETURNS TABLE
AS
    RETURN
    SELECT title,quantity,price FROM book,orderBook
    WHERE book.bookID=orderBook.bookid and orderID=@orderID
```

3．多语句表值函数

多语句表值函数允许用户返回一个表，表中的内容可由复杂的逻辑和多条 SQL 语句构建。定义多语句表值函数的简化语法格式如下：

```
CREATE FUNCTION 函数名
([{@参数名 [AS] 参数数据类型 [=默认值]}[,...n]])
RETURNS @返回变量名 TABLE<表定义>
[AS]
BEGIN
    函数体
    RETURN 标量表达式
END
```

部分参数的含义如下：

（1）TABLE：指定多语句表值函数的返回值为表。在多语句表值函数中，"@返回变量名" 是 TABLE 类型的变量，用于存放作为函数值返回的表数据。

（2）函数体：在多语句表值函数中，函数体是一系列填充表返回变量的 SQL 语句。

【例 9-17】创建一个函数，实现如下功能：查询指定用户（用户 ID）的全部订单的订单号、订单总金额及订单金额情况（如高于该用户全部订单的平均金额，则显示 "高于平均金额"，否则显示 "低于平均金额"）。

```
CREATE FUNCTION orderPayment(@userID INT)
 RETURNS @orderInfo TABLE(orderID INT,payment NUMERIC(17,2),orderStatus
VARCHAR(12))
    AS
    BEGIN
        DECLARE @avg NUMERIC(17,2)
        SELECT @avg=AVG(payment) FROM orderInfo WHERE orderInfo.userID=@userID
        INSERT INTO @orderInfo
            SELECT orderID,payment,
             (CASE
            WHEN payment>@avg THEN '高于平均金额'
            ELSE '低于平均金额' END)
            FROM orderInfo
            WHERE orderInfo.userID=@userID
        RETURN
    END
```

9.6.4 用户函数的使用与管理

1. 用户函数的使用

可在任何允许出现表达式的 SQL 语句中调用标量函数，只要类型一致。但调用标量函数时，必须提供至少由两部分组成的名称：函数所属的架构和函数名。

【例 9-18】调用例 9-15 创建的函数，统计各用户（用户 ID）的订单数量。

```
SELECT userID,dbo.orderCount(userID)
FROM orderInfo
GROUP BY userID
```

由于内联表值函数和多语句表值函数的返回值是一个表，对它们的调用需要放在 SELECT 语句的 FROM 子句部分。

【例 9-19】调用例 9-17 创建的函数，查询 102 用户订单金额高于平均订单金额的订单信息。

```
SELECT * FROM dbo.orderPayment(102) a
WHERE a.orderStatus='高于平均金额'
```

2. 用户函数的修改和删除

修改函数定义的语句是 ALTER FUCTION 语句，其语法格式为：

```
ALTER FUNCTION 函数名 <新函数定义语句>
```

删除函数使用的语句是 DROP FUCTION 语句，其语法格式为：

```
DROP FUCTION {[拥有者.]函数名}[,…n]
```

9.7 存储过程

9.7.1 存储过程概述

在使用 T-SQL 语言编程中，可以将某些需要多次调用的实现某个特定任务的代码段编写成一个过程，将其保存在数据库中，并由 SQL Server 服务器通过过程名来调用它们，这些过程就称为存储过程。存储过程在创建时就被编译和优化，调用一次以后，相关信息就保存在内存中，下次调用时就可以直接执行。

存储过程具有以下特点：

（1）存储过程可以包含一条或多条 SQL 语句。

（2）存储过程可以接受输入参数并可以返回输出值。

（3）存储过程可以嵌套使用。

（4）存储过程可以返回执行值的状态代码并调用它的程序。

与 SQL 语句相比，使用存储过程有很多优点，具体如下：

（1）实现了模块化编程。一个存储过程可以被多个用户共享和重用，从而减少数据库开发人员的工作量。

（2）存储过程具有对数据库立即访问的功能。

（3）加快程序的运行速度。存储过程只有在创建时进行编译，以后每次执行存储过程都不需要再重新编译。

（4）可以减少网络流量。一个需要数百行的 T-SQL 代码的操作可以通过一条执行存储过程的语句来执行，而不需要在网络中发送数百行代码。

（5）可以提高数据库的安全性。用户可以调用存储过程实现对表中数据的有限操作，但可以不赋予它们直接修改数据表的权限，这提高了表中数据的安全性。

（6）自动完成需要预先执行的任务。存储过程可以在系统启动时自动执行，而不必系统启动后再手动操作。

SQL Server 中的存储过程分为三大类：系统存储过程、用户定义的存储过程和扩展存储过程。

（1）系统存储过程。SQL Server 中，许多管理活动都是通过一种特殊的存储过程执行的，这种存储过程被称为系统存储过程。系统存储过程由系统自动创建，从物理意义上讲，系统存储过程存储在源数据库中，并且都带有 sp_前缀。从逻辑意义上讲，系统存储过程出现在每个系统定义数据库和用户定义数据库的 sys 架构中。

（2）扩展存储过程。扩展存储过程允许在编程语言（如 C）中创建自己的外部例程。扩展存储过程的显示方式和执行方式与常规存储过程一样。可以将参数传递给扩展存储过程，而且扩展存储过程也可以返回结果和状态。扩展存储过程使 SQL Server 实例可以动态加载运行 DLL。扩展存储过程是使用 SQL Server 扩展存储过程的 API 编写的，可直接在 SQL Server 实例的地址空间中运行。

（3）用户定义的存储过程。用户定义的存储过程是指封装了可重用代码的模块或例程。由用户创建，能完成某一特定功能，可以接受输入参数、向客户端返回表或标量结果和消息，调用数据定义语句（DDL）和数据操作语句（DML），然后返回输出参数。在 SQL Server 中，用户自定义的存储过程有两种类型：T-SQL 存储过程和 CLR 存储过程。

① T-SQL 存储过程：是指保存的 T-SQL 语句集合，可以接受和返回用户提供的参数。例如，存储过程中可能包含根据客户端应用程序提供的信息在一个或多个表中插入新行所需的语句，也可以从数据库向客户端应用程序返回数据。例如，电子商务 Web 应用程序可能使用存储过程根据联机用户指定的搜索条件返回有关特定产品的信息。

② CLR 存储过程：是指对 Microsoft .NET Framework 公共语言运行时（CLR）方法的引用，可以接受和返回用户提供的参数。它们在.NET Framework 程序集中是作为类的静态方法实现的。

下面主要介绍用户定义的 T-SQL 存储过程的定义和使用方法。

9.7.2　存储过程的定义

在 SQL Server 中，创建存储过程常用的操作方法有两种：使用 SMSS 和 T-SQL 语句。默认情况下，创建存储过程的许可权归数据库的所有者，数据库的所有者可以创建存储过程的权限授予给其他用户。当创建存储过程时，需要确定存储过程的 3 个组成部分：

（1）所有的输入参数以及传递给调用者的输出参数。

（2）被执行的针对数据库的操作语句，包括调用其他存储过程的语句。

（3）返回给调用者的状态值，以指明调用是否成功。

使用 T-SQL 的 CREATE PROCEDURE 语句创建存储过程，其简化语法格式如下：

```
CREATE { PROC | PROCEDURE } procedure_name
```

```
    [ { @parameter data_type } [=default ] [OUTPUT] ] [ ,...n ]
    [WITH {ENCRYPTION|RECOMPILE}
AS
    sql_statement […n]
```

各参数的含义如下：

- procedure_name：创建的存储过程的名称，存储过程名称最好不要以 sp_开头，以免与系统存储过程发生混淆。
- parameter：存储过程参数，声明参数要指定参数类型，可以为存储过程指定多个参数，参数之间用逗号隔开。
- default：所声明参数的默认值。如果存储过程的某一个参数指定了默认值，则用户在调用存储过程时不必为该参数指定值，默认值必须为常量或 NULL。
- OUTPUT：用户指定参数类型为输出参数，利用该参数将返回值返回给存储过程调用者。
- WITH ENCRYPTION：指示 SQL Server 将 CREATE PROCEDURE 语句的原始文本转换成模糊格式。
- WITH RECOMPILE：指示数据库引擎不缓存该存储过程的执行计划，每次执行前都要重新编译。

【例 9-20】创建存储过程 proc1，列出指定图书 ID 的图书详细信息。

```
CREATE PROCEDURE proc1
    @bookID INT
AS
SELECT * FROM book WHERE bookID=@bookID
```

【例 9-21】创建存储过程 proc2，根据输入的图书 ID，计算该图书的销量，并以参数的形式返回。

```
CREATE PROCEDURE proc2
    @bookID INT,
    @sales INT OUTPUT
AS
   SELECT @sales=SUM(quantity)
    FROM book,orderBook
   where book.bookID=orderBook.bookID
     and book.bookID=@bookID
```

9.7.3 存储过程的执行与管理

1. 执行存储过程

执行已存在的存储过程，应使用 EXECUTE 命令，其语法格式如下：

```
[{EXEC|EXECUTE}]
{   [@return_status=]
   {procedure_name[;number]|@procedure_name_var}
     [[@parameter={value|@variable[OUTPUT]|DEFAULT}][,…n]
     [WITH RECOMPILE]}[;]
```

各参数的含义如下：

- @return_status：可选的整型变量，存储过程的返回状态。这个变量在 EXECUTE 语句之前必须声明。

- procedure_name：要调用的存储过程名称。用户可以执行另一数据库中创建的存储过程，只要该用户拥有此存储过程或具有该数据库中执行该存储过程的适当权限。
- number：可选整数，用于对同名存储过程分组。该参数不能用于扩展存储过程。
- procedure_name_var：局部定义的变量名，代表存储过程的名称。
- @parameter：存储过程的参数名称。参数名称 parameter 前面必须加上@符号。在使用@parameter=value 格式时，参数名称和常量不必按在存储过程定义中的顺序提供；如果只提供 value 值，则必须按照存储过程定义的顺序出现。如果任何参数使用了@parameter=value 格式，则后续的所有参数均需按照该格式。
- @variable：指定存储过程返回该参数，该存储过程的匹配参数必须提前使用关键字 OUTPUT 创建。
- DEFAULT：根据存储过程的定义，提供参数的默认值。当存储过程需要的参数值没有定义默认值且缺少参数时，会出现错误。
- WITH RECOMPILE：强制重新编译。如果所提供的参数为典型参数或者数据有很大的改变，应该使用该选项，在以后的程序执行中使用更改过的计划。该选项不能用于扩展存储过程。建议尽量少使用该选项，因为它消耗较多的系统资源。

【例 9-22】分别执行上述创建的存储过程 proc1 和 proc2。

```
--1.执行存储过程 proc1
EXEC proc1 1001
--2.执行存储过程 proc2
DECLARE @ret INT
EXEC proc2 @bookID=1001,@sales=@ret OUTPUT
PRINT CAST(@ret AS VARCHAR(5))
```

2. 存储过程管理

存储过程被创建之后，它的名字存储在系统表 sysobjects 中。也可以使用系统存储过程 sp_help 查看有关存储过程的信息，其语法格式如下：

```
sp_help proc_name
```

也可以使用系统存储过程 sp_helptext 查看未加密的存储过程的定义脚本，也可以查看用户自定义函数、触发器或视图的定义脚本，其语法格式如下：

```
sp_helptext [@objname=] 'name'
```

可以使用 ALTER PROCEDURE 语句修改已经存在的存储过程。如果在创建存储过程时使用过参数，则在修改语句中也应该使用这些参数。存储过程的修改并不改变该存储过程权限。当存储过程不再使用时，可以使用 DROP PROCEDURE 语句删除存储过程。

本 章 小 结

Transact-SQL 是微软实现的并应用到 Microsoft SQL Server 中的 SQL，在标准 SQL 基础上增加了流程控制、常量、变量等特性，提高了 SQL 的实用性。本章主要介绍 Transact-SQL 语句的基本语法及其在游标、函数、存储过程对象中的应用。

 **练 习 题**

1. 什么是 T-SQL？它与 SQL 是什么关系？
2. T-SQL 中包括哪些流程控制结构？请分别对它们的功能和用法加以说明。
3. 简述游标的概念和使用流程。
4. 简述用户自定义函数的类型及定义语法。
5. 简述存储过程的概念及优点。

实验 11 Transact-SQL 编程

【实验目的】

1. 掌握 Transact-SQL 的基本语法。
2. 掌握游标、存储过程及触发器的使用方法。

【实验内容】

使用相应的 Transact-SQL 语句，完成如下操作：

1. 根据用户的姓名及性别，输出各用户的称呼（如张三，性别为男，则输出张先生）。

2. 查询每位用户的用户姓名、性别、订单总数和订单总金额。

3. 创建一用户自定义函数，统计指定用户（用户 ID）的订单总金额，并使用该函数查询全部用户的用户 ID 及对应的订单总金额。

4. 创建一用户自定义函数，统一指定用户（用户 ID）的各图书的订购次数及订购总册数，并使用该函数查询 userID 为 102 的用户的购买情况。

5. 新建存储过程 proc1，显示指定用户 ID 的订单信息列表（订单号、成交时间、订单总金额、订单状态及所有订单的平均金额），并按照成交时间降序排列。

6. 新建存储过程 proc2，通过输入订单号、图书 ID 及数量，实现给该订单增加商品、更新订单总金额，并返回当前订单包含的商品总数（商品类别数量）。

7. 新建存储过程 proc3，通过修改指定订单、指定商品的价格，并返回该订单的新总金额及优惠金额。

8. 新建存储过程 proc4，统计各订单总金额的分布情况。订单金额划分情况如下：0～50 元、51～100 元、101～150 元、151～200 元和 201 元以上。

9. 新建存储过程 proc5，实现查询购买过指定图书 ID 的用户还同时购买过的购买次数最多的前 3 名图书的书名及购买次数，并按照购买次数排序。

10. 新建存储过程 proc6，实现查询与指定用户 ID 购买过相同商品的用户及购买过相同商品的数量，并按照相同商品数量降序排列。

第 10 章

关系查询处理和查询优化

查询优化一般可分为代数优化（也称逻辑优化）和物理优化（也称非代数优化）。代数优化是关系代数表达式的优化，物理优化是指通过存取路径和底层操作算法的选择进行的优化。通过本章的学习，使读者初步了解关系数据库管理系统查询处理的基本步骤，以及查询优化的概念、基本方法和技术，为数据库应用开发中利用查询优化技术提高查询效率和系统性能打下基础。

10.1 关系数据库系统的查询处理

查询处理是关系数据库管理系统执行查询语句的过程，其任务是把用户提交给关系数据库管理系统的查询语句转化为高效的查询执行计划。

10.1.1 查询处理步骤

关系数据库管理系统查询处理可分为 4 个阶段：查询分析、查询检查、查询优化和查询执行，如图 10-1 所示。

1. 查询分析

首先对查询语句进行扫描、词法分析和语法分析。从查询语句中识别出语言符号，如 SQL 关键字、属性名和关系名等，进行语法检查和词法分析，即判断查询语句是否符合 SQL 语法规则。如果没有语法错误就转入下一步处理，否则便报告语句中出现的语法错误，如图 10-1 所示。

2. 查询检查

对合法的查询语句进行语义检查，即根据数据字典中有关的模式定义检查语句中的数据库对象，如关系名、属性名是否存在和有效。还要根据数据字典中的用户权限和完整性约束定义对用户的存取权限进行检查。如果该用户没有相应的访问权限或违反了完整性约束，就拒绝执行该查询。检查通过后，便把 SQL 查询语句转换成为内部表示，即等价的关系代数表达式。这个过程中要把数据库对象的外部名称转换成内部表示。关系数据库管理系统一般都用查询树（Query Tree），也称语法分析树（Syntax Tree），来表示扩展的关系代数表达式。

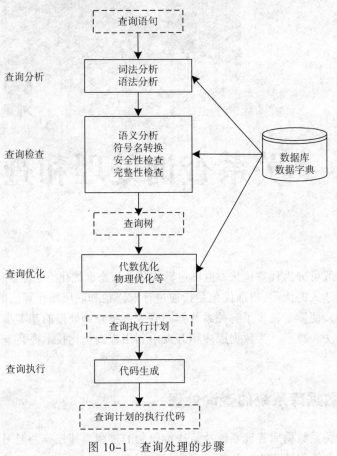

图 10-1　查询处理的步骤

3. 查询优化

每个查询都会有许多可供选择的执行策略和操作算法，查询优化就是选择一个高效执行的查询处理策略。查询优化有多种方法，按照优化的层次一般可将查询优化分为代数优化和物理优化。代数优化是指关系代数表达式的优化，即按照一定的规则，通过对关系代数表达式进行等价变换，改变代数表达式中操作的次序和组合，使查询执行更加高效；物理优化则是指存取路径和底层操作算法的选择。选择的依据可以是基于规则的，也可以是基于代价的，还可以是基于语义的。

实际上，关系数据库管理系统中的查询优化器都综合运用了这些优化技术，以获得最好的查询优化效果。

4. 查询执行

依据优化器得到的查询策略生成查询执行计划，由代码生成器生成执行这个查询计划的代码，然后加以执行，回送查询结果。

10.1.2　实现查询操作的算法示例

每一种操作有多种执行的算法，本节仅简单介绍选择操作和连接操作的实现算法。

1．选择操作的实现

SELECT 语句功能非常强大，SELECT 语句有许多选项，因此实现的算法和优化策略也很复杂。不失一般性，下面以简单的选择操作为例介绍典型的实现方法。

【例 10-1】SELECT * FROM book WHERE <条件表达式>;。

考虑<条件表达式>的几种情况：

C1:无条件。

C2:bookID=1002。

C3:stockAmount>100。

C4:category=2 AND stockAmount>100。

选择操作只涉及一个关系，一般采用全表扫描或索引扫描算法。

1）全表扫描算法

假设可以使用的内存为 M 块，全表扫描的算法思想如下：

（1）按照物理次序读 book 表的 M 块到内存。

（2）检查内存中的每个元组 t，如果 t 满足条件，则输出 t。

（3）如果 book 表中还有其他块未被处理，重复（1）和（2）。

全表扫描算法只需要很少的内存（最少为 1 块）就可以运行，而且控制简单。对于规模小的表，这种算法简单有效。对于规模大的表进行顺序扫描，当选择率（即满足条件的元组数占全表的比例）较低时，这个算法效率很低。

2）索引扫描法

如果选择条件中的属性上有索引（如 B+树索引或 Hash 索引），可以使用索引扫描方法，通过索引先找到满足条件的元组指针，再通过元组指针在查询的基本表中找到元组。

（1）以 C2 为例:bookID=1002,并且在 bookID 上有索引,则可以使用索引得到 bookID=1002 元组的指针，然后再通过元组指针在 book 表中检索到该元组。

（2）以 C3 为例：stockNum>100，并且 stockAmount 上有 B+树索引，则可以使用 B+树索引找到 stockAmount=100 的索引项，以此为入口点在 B+树的顺序集上得到 stockAmount>100 的所有元组指针，然后通过这些元组指针到 book 表中检索到所有库存大于 100 的图书。

（4）以 C4 为例：category=2 AND stockAmount>100，如果 category 和 stockAmount 上都有索引,一种算法是分别用上述两种方法找到 category=2 的一组元组指针和 stockAmount>100 的另一组元组指针，求这两组元组指针的交集，再到 book 表中检索，就可以得到满足条件的元组。

另一种算法是找到 category=2 的一组元组指针，通过这些元组指针到 book 表中检索，并对得到的元组检查其是否满足 stockAmount>100 这个条件，把满足条件的元组作为结果进行输出。

一般情况下，当选择率较低时，索引扫描算法要优于全表扫描算法。但在某些情况下，例如选择率较高，或要查找的元组均匀地分布在要查找的表中，这时索引扫描算法的性能不如全表扫描算法，因为除了对表的扫描操作，还要加上对 B+树索引的扫描操作，对每一个检索码，从 B+树根结点到叶结点路径上的每个结点都要执行一次 I/O 操作。

2. 连接操作的实现

连接操作是查询处理中最常用也是最耗时的操作之一。下面以简单的等值链接（或自然连接）为例介绍最常见的几种实现方法。

【例 10-2】SELECT ＊ FROM orderInfo,orderBook where orderInfo.orderID=orderBook.orderID。

1）嵌套循环算法（nested loop join）

这是最简单可行的算法。对外层循环（orderInfo 表）的每一个元组，检索内层循环（orderBook 表）中的每一个元组，并检查两个元组在连接属性（orderID）上是否相等。如果满足连接条件，则串接后作为结果输出，直到外层循环表中的元组处理完毕为止。这里讲的算法思想，在实际实现中数据存取是按照数据块读入内存，而不是按照元组进行 I/O 操作。嵌套循环算法是最简单最通用的连接算法，可以处理包括非等值连接在内的各种连接操作。

2）排序–合并算法（sort–merge join 或 merge join）

这是等值连接常用的算法，尤其适合参与连接的诸表已经排好序的情况。

使用排序–合并连接算法的步骤是：

（1）如果参与连接的表没有排好序,首先对 orderInfo 表和 orderBook 表按连接属性 orderID 排序。

（2）取 orderInfo 表中第一个 orderID,依次扫描 orderBook 表中具有相同 orderID 的元组,把它们连接起来（见图 10–2）。

（3）当扫描到 orderID 不相同的第一个 orderBook 元组时，返回 orderInfo 表扫描它的下一个元组，再扫描 orderBook 表中具有相同 orderID 的元组，把它们连接起来。

（4）重复上述步骤直到 orderInfo 表扫描完。

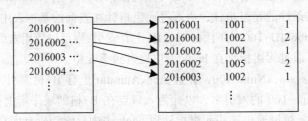

图 10-2　排序—合并连接算法示意图

这样 orderInfo 表和 orderBook 表都只需要扫描一遍即可。当然，如果两个表原来无序，执行时间要加上对这两个表的排序时间。一般来说，对于大表，先排序后使用排序–合并连接算法执行连接，总的时间一般仍会减少。

3）索引连接算法

使用索引连接算法的步骤是：

（1）在 orderBook 表上已经建立了 orderID 的索引。

（2）对 orderInfo 表中的每一个元组，由 orderID 值通过 orderBook 表的索引查找相应的 orderBook 元组。

（3）把这些 orderBook 表的元组和 orderInfo 表的元组连接起来。

（4）循环执行（2）和（3），直到 orderBook 表中的元组处理完为止。

4）哈希连接算法

哈希连接算法也是处理等值连接的算法。它把连接属性作为 Hash 码，用同一个 Hash 函数把 orderInfo 表和 orderBook 表中的元组散列到 Hash 表中。第一步，划分阶段，也称创建阶段，即创建 Hash 表。对包含较少元组的表（orderInfo 表）进行一遍处理，把它的元组按 Hash 函数（Hash 码是连接属性）分散到 Hash 表的桶中；第二步，试探阶段，也称连接阶段，对另一个表（orderBook 表）进行一遍处理，把 orderBook 表的元组也按同一个 Hash 函数（Hash 码是连接属性）进行散列，找到适当的 Hash 桶，并把 orderBook 元组与桶中来自 orderInfo 表并与向匹配的元组连接起来。

上面的哈希连接算法假设两个表中较小的表在第一个阶段后可以完全放入内存的 Hash 桶中。如果不满足这个前提条件，则需要对算法做进一步改进。

10.2　关系数据库系统的查询优化

查询优化在关系数据库系统中有着非常重要的地位。关系数据库系统和非过程化的 SQL 之所以能够取得巨大的成功，关键是得益于查询优化技术的发展。关系查询优化是影响关系数据库管理系统性能的关键因素。

优化对关系系统来说既是机遇又是挑战。所谓挑战，是指关系系统为了达到用户可接受的性能必须进行查询优化。由于关系表达式的语义级别很高，使关系系统可以从关系表达式中分析查询语义，提供了执行查询优化的可能性。这就为关系系统在性能上接近甚至超过非关系系统提供了机遇。

10.2.1　查询优化概述

关系系统的查询优化既是关系数据库管理系统实现的关键技术，又是关系系统的优点所在。它减轻了用户选择存取路径的负担。用户只需要提出"干什么"，而不必指出"怎么干"。对比一下非关系系统中的情况：用户使用过程化的语言表达查询要求，至于执行何种记录级的操作以及操作的序列，是由用户而不是由系统来决定的。因此，用户必须了解存取路径，系统要提供用户选择存取路径的手段，查询效率由用户的存取策略决定。如果用户做了不当的选择，系统是无法对此加以改进的。这就要求用户有较高的数据库技术和程序设计水平。

查询优化的优点不仅在于用户不必考虑如何最好地表达查询以获得较高的效率，而且在于系统可以比用户程序的"优化"做得更好。这是因为：

（1）优化器可以从数据字典中获取许多统计信息。例如每个关系表的元组数、关系中每个属性值的分布情况、哪些属性上已经建立了索引等。优化器可以根据这些信息做出正确的估算，选择高效的执行计划，而用户程序则难以获得这些信息。

（2）如果数据库的物理统计信息改变了，系统可以自动对查询进行重新优化以选择相适应的执行计划。在非关系系统中则必须重写程序，而重写程序在实际应用中往往是不太可能的。

（3）优化器可以考虑数百种不同的执行计划，而程序员一般只能考虑有限的几种可能性。

（4）优化器包括了很多复杂的优化技术，这些优化技术往往只有最好的程序员才能掌握。

系统的自动优化相当于所有人都拥有这些优化技术。

目前，关系数据库管理系统通过某种代价模型计算出各种查询执行策略的执行代价，然后选取代价最小的执行方案。在集中式数据库中，查询执行开销主要包括磁盘存取块数（I/O代价）、处理机时间（CPU 代价）以及查询的内存开销。在分布式数据库中，还要加上通信代价，即

$$总代价=I/O 代价+CPU 代价+内存代价+通讯代价$$

由于磁盘 I/O 操作涉及机械动作，需要的时间与内存操作相比要高几个数量级，因此，在计算查询代价时一般用查询处理读写的块数作为衡量单位。

查询优化的总目标是选择有效的策略，求得给定关系表达式的值，使得查询代价较小。因为查询优化的搜索空间有时非常大，实际上系统选择的策略不一定是最优的，而是较优的。

10.2.2　一个实例

首先通过一个简单的例子来说明为什么要进行查询优化。

【例 10-3】求购买了 1002 号图书的用户 ID。

用 SQL 语句表达如下：

```
SELECT orderInfo.userID
FROM orderInfo,orderBook
WHERE orderInfo.orderID=orderBook.orderID AND orderBook.bookID=1002
```

假定数据库中有 1 000 个订单记录（orderInfo 表的元组数），5 000 个商品销售记录（orderBook 表的元组数），其中 1 002 号图书的销售记录为 50 条。

系统可以用多种等价的关系代数表达式来完成这一查询，例如下面 3 种：

Q_1：$\pi_{userID}(\sigma_{orderInfo.orderID=orderBook.orderID \wedge orderBook.bookID=1002}(orderInfo \times orderBook))$

Q_2：$\pi_{userID}(\sigma_{orderBook.bookID=1002}(orderInfo \bowtie orderBook))$

Q_3：$\pi_{userID}(orderInfo \bowtie \sigma_{orderBook.bookID=1002}(orderBook))$

1．第一种情况

（1）计算广义笛卡儿积。把 orderInfo 和 orderBook 的每个元组连接起来。一般连接的做法是：在内存中尽可能多地装入某个表（如 orderInfo 表）的若干块，留出一块存放另一个表（如 orderBook 表）的元组；然后把 orderBook 表的每个元组与 orderInfo 表的每个元组连接，连接后的元组装满一块后就写到中间文件上，再从 orderBook 表中读入一块和内存中的orderInfo 元组进行连接，直到 orderBook 表处理完毕；这时，再一次读入若干块 orderInfo 元组，读入一块 orderBook 元组，重复上述处理过程，直到把 orderInfo 表处理完。

设一个块能装入 10 个 orderInfo 元组或 100 个 orderBook 表元组，在内存中存放 5 块orderInfo 元组和 1 块 orderBook 表元组，则读取总块数为

$$\frac{1000}{10} + \frac{1000}{10 \times 5} \times \frac{5000}{100} = 100 + 20 \times 50 = 1100 \text{ 块}$$

其中，读 orderInfo 表 100 块，读 orderBook 表 20 遍，每遍 50 块，共计 1 100 块。

连接后的元组数为 $1000 \times 5000 = 5 \times 10^6$。设每块能装下 10 个元组，则需写出 5×10^5 块。

（2）做选择操作。依次读取连接后的元组，按照选择条件选取满足要求的记录。假定内存处理时间忽略。这一步读取中间文件花费的时间（同写中间文件一样）需要读入 5×10^5 块。

若满足条件的元组假设为 50 个，均可放在内存中。

（3）做投影操作。按第（2）步的结果在 userID 上做投影输出，得到最终结果。

因此，第一种情况下执行查询的总读写块数 $=1100+5\times10^5+5\times10^5$。

2．第二种情况

（1）计算自然连接

为了执行自然连接，读取 orderInfo 和 orderBook 表的策略不变，总的读取块数仍为 1 100 块。但自然连接的结果比第一种情况大大减少，连接后的元组数为 5×10^3 个，写出的数据块为 5×10^2 块。

（2）读取中间文件块，执行选择操作，读取的数据库为 5×10^2 块。

（3）把第（2）步的结果投影输出。

因此，第二种情况下执行查询总读写块数 $=1100+5\times10^2+5\times10^2$。其执行代价大约是第一种情况的 1/477。

3．第三种情况

（1）先对 orderBook 表进行选择操作，只需要读一遍 orderBook 表，存取块数为 50 块，因为满足条件的元组仅 50 个，不必使用中间文件。

（2）读取 orderInfo 表，把读取的 orderInfo 元组和内存中 orderBook 元组进行连接。也只需要读一遍 orderInfo 表，共 100 块。

（3）把连接结果进行投影输出。

第三种情况总的读写块数 =50+100。其执行代价大约是第一种情况的 1/6674，是第二种情况的 1/14。

假设 orderBook 表的 bookID 字段上有索引，第一步就不必读取所有的 orderBook 元组，而只需要读取 bookID=1002 的那些元组（50 个）。存取的索引块和 orderBook 表满足条件的数据块大约共 3～4 块。若 orderInfo 表中 orderID 也有索引，则第二步也不必读取所有的 orderInfo 元组，因为满足条件的 orderBook 元组仅 50 个，涉及最多 50 个 orderInfo 元组，因此读取 orderInfo 表的块数也可大大减少。

这个简单的例子充分说明了查询优化的必要性，同时也给出了一些查询优化方法的初步概念。例如，读者可能已经发现，在第一种情况下，连接后的元组可以先不立即写出，而是和下面的第（2）步的选择操作相结合，这样可以省去写出和读入的开销。有选择和连接操作时，应当选择选择操作，如例 10-3 中的关系代数，将 Q_2 变换为 Q_3，这样参加连接的元组就可以大大减少，这就是代数优化。在 Q_3 中，orderBook 表的选择操作算法可以采用全表扫描或索引扫描，经过初步估算，索引扫描方法较优。同样对于 orderInfo 和 orderBook 表的连接，利用 orderInfo 表上的索引，采用索引连接代价也较小，这就是物理优化。

10.3　代数优化

从 10.1 中可知，SQL 语句经过查询分析、查询检查后变换为查询树，它是关系代数表达式的内部表示。本节介绍基于关系代数表达式等价变换规则的优化方法，即代数优化。

10.3.1 关系代数表达式等价变换规则

代数优化策略是通过对关系代数表达式的等价变换来提高查询效率。所谓关系代数表达式的等价，是指用相同的关系代替两个表达式中相应的关系所得到的结果是相同的。两个关系代数表达式 E_1 和 E_2 是等价的，可记为 $E_1 \equiv E_2$。

下面是常用的等价变换规则，证明从略。

1. 连接、笛卡儿积的交换律

设 E_1 和 E_2 是关系代数表达式，F 是连接运算的条件，则有

$$E_1 \times E_2 \equiv E_2 \times E_1$$
$$E_1 \bowtie E_2 \equiv E_2 \bowtie E_1$$
$$E_1 \underset{F}{\bowtie} E_2 \equiv E_2 \underset{F}{\bowtie} E_1$$

2. 连接、笛卡儿积的结合律

设 E_1、E_2 和 E_3 是关系代数表达式，F_1 和 F_2 是连接运算的条件，则有

$$(E_1 \times E_2) \times E_3 \equiv E_1 \times (E_2 \times E_3)$$
$$(E_1 \bowtie E_2) \bowtie E_3 \equiv E_1 \bowtie (E_2 \bowtie E_3)$$
$$(E_1 \underset{F_1}{\bowtie} E_2) \underset{F_2}{\bowtie} E_3 \equiv E_1 \underset{F_1}{\bowtie} (E_2 \underset{F_2}{\bowtie} E_3)$$

3. 投影的串接定律

$$\prod_{A_1, A_2, \ldots, A_n} (\prod_{B_1, B_2, \ldots, B_m} (E)) \equiv \prod_{A_1, A_2, \ldots, A_n} (E)$$

其中，E 是关系代数表达式，$A_i(i=1,2,\ldots,n)$，$B_j(j=1,2,\ldots,m)$ 是属性名，且 $\{A_1, A_2, \ldots, A_n\}$ 是 $\{B_1, B_2, \ldots, B_m\}$ 的子集。

4. 选择的串接定律

$$\sigma_{F_1} (\sigma_{F_2} (E)) \equiv \sigma_{F_1 \wedge F_2} (E)$$

其中，E 是关系代数表达式，F_1 和 F_2 是选择条件。选择的串接定律说明选择条件可以合并，这样一次可检查全部条件。

5. 选择与投影操作的交换律

$$\sigma_F (\prod_{A_1, A_2, \ldots, A_n} (E)) \equiv \prod_{A_1, A_2, \ldots, A_n} (\sigma_F (E))$$

其中，选择条件 F 只涉及属性 $A_1, A_2, \ldots, A_n$。

若 F 中有不属于 $A_1, A_2, \ldots, A_n$ 的属性 $B_1, B_2, \ldots, B_m$，则有更一般的规则：

$$\sigma_F (\prod_{A_1, A_2, \ldots, A_n} (E)) \equiv \prod_{A_1, A_2, \ldots, A_n} (\sigma_F (\prod_{A_1, A_2, \ldots, A_n, B_1, B_2, \ldots, B_m} (E)))$$

6. 选择与笛卡儿积的交换律

如果 F 中涉及的属性都是 E_1 中的属性，则有

$$\sigma_F (E_1 \times E_2) \equiv \sigma_F (E_1) \times E_2$$

如果 $F = F_1 \wedge F_2$，并且 F_1 中只涉及 E_1 中的属性，F_2 中只涉及 E_2 中的属性，则由上面的等式变换规则 1、4、6 可推出

$$\sigma_F (E_1 \times E_2) \equiv \sigma_{F_1} (E_1) \times \sigma_{F_2} (E_2)$$

若 F_1 中只涉及 E_1 中的属性，F_2 涉及 E_1 和 E_2 两者的属性，则仍有

$$\sigma_F(E_1 \times E_2) \equiv \sigma_{F_2}(\sigma_{F_1}(E_1) \times E_2)$$

它使部分选择在笛卡儿积前先做。

7. 选择与并的分配律

设 $E = E_1 \cup E_2$，E_1、E_2 具有相同的属性名，则

$$\sigma_F(E_1 \cup E_2) \equiv \sigma_F(E_1) \cup \sigma_F(E_2)$$

8. 选择与差的分配律

若 E_1 和 E_2 具有相同的属性名，则

$$\sigma_F(E_1 - E_2) \equiv \sigma_F(E_1) - \sigma_F(E_2)$$

9. 选择对自然连接的分配律

$$\sigma_F(E_1 \bowtie E_2) \equiv \sigma_F(E_1) \bowtie \sigma_F(E_2)$$

F 只涉及 E_1 与 E_2 的公共属性。

10. 投影与笛卡儿积的分配律

设 E_1 和 E_2 是两个关系代数表达式，$A_1, A_2, \ldots, A_n$ 是 E_1 的属性，$B_1, B_2, \ldots, B_m$ 是 E_2 的属性，则

$$\prod\nolimits_{A_1,A_2,\ldots,A_n,B_1,B_2,\ldots,B_m}(E_1 \times E_2) \equiv \prod\nolimits_{A_1,A_2,\ldots,A_n}(E_1) \times \prod\nolimits_{B_1,B_2,\ldots,B_m}(E_2)$$

11. 投影与并得分配律

设 E_1 和 E_2 具有相同的属性名，则

$$\prod\nolimits_{A_1,A_2,\ldots,A_n}(E_1 \cup E_2) \equiv \prod\nolimits_{A_1,A_2,\ldots,A_n}(E_1) \cup \prod\nolimits_{A_1,A_2,\ldots,A_n}(E_2)$$

10.3.2　查询树的启发式优化

本节讨论应用启发式规则的代数优化,这是对关系代数表达式的查询树进行优化的方法。典型的启发式规则有：

（1）选择运算尽可能先做。在优化策略中这是最重要、最基本的一条。它常常可以使执行代价节约几个数量级，因为选择运算一般使计算的中间结果变小。

（2）投影运算和选择运算同时进行。若有若干投影和选择运算，并且它们都对同一个关系进行操作，则可以在扫描完此关系的同时完成所有这些运算以避免重复扫描关系。

（3）把投影运算与其前或其后的双目运算结合起来，没有必要为了去掉某些字段而扫描一遍关系。

（4）把某些选择同它前面要执行的笛卡儿积结合起来成为一个连接运算，连接运算（特别是等值连接）要比同样关系上的笛卡儿积省很多时间。

（5）找出公共子表达式。如果这种重复出现的子表达式的结果包含的元组数量不多，并且从外存中读入这个关系比计算该子表达式的时间少得多，则可以先计算一次公共子表达式并把结果写入中间文件是合算的。当查询的是视图时，定义视图的表达式就是公共表达式的情况。

【例 10-4】下面给出例 10-3 中 SQL 语句代数优化的示例。

```
SELECT orderInfo.userID
```

```
FROM orderInfo,orderBook
WHERE orderInfo.orderID=orderBook.orderID AND orderBook.bookID=1002
```

① 把 SQL 语句转换成查询树，如图 10-3 所示。

为了使用关系代数表达式的优化法，不妨假设内部表示是关系代数表达式语法树，则上面的查询树如图 10-4 所示。

② 对查询树进行优化。利用规则 4、6 把选择 $\sigma_{orderBook.bookID=1002}$ 移到叶端，查询树便转换成图 10-5 所示的优化的查询树。这就是 10.2.2 节中 Q_3 的查询树表示。

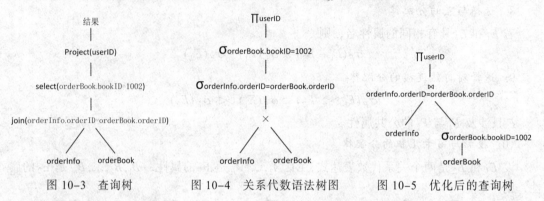

图 10-3 查询树　　　图 10-4 关系代数语法树图　　　图 10-5 优化后的查询树

10.4 物理优化

代数优化改变查询语句中操作的次序和组合，但不涉及底层的存取路径。实际上，对于每一种操作有多种执行这个操作的算法，有多条存取路径，对于一个查询语句有许多存取方案，它们的执行效率不同，其结果会相差很大，因此，仅仅进行代数优化是不够的。物理优化就是要选择高效合理的操作算法或存取路径，求得优化的查询计划，达到查询优化的目标。

选择的方法可以是：

（1）基于规则的启发式优化。启发式规则是指那些大多数情况下都适用，但不是在每种情况下都是最好的规则。

（2）基于代价估算的优化。使用优化器估算不同执行策略的代价，并选出具有最小代价的执行计划。

（3）两者结合的优化方法。查询优化器通常会把这两种技术结合在一起使用。因为可能的执行策略很多，要穷尽所有的策略进行代价估算往往是不可行的，会造成查询优化本身的代价大于获得的收益。为此，常常先使用启发式规则，选取若干较优的候选方案，减少代价估算的工作量；然后分别计算这些候选方案的执行代价，较快地选出最终的优化方案。

10.4.1 基于启发式规则的存取路径选择优化

1. 选择操作的启发式规则

对于小关系，使用全表顺序扫描，即使选择列上有索引。

对于大关系，启发式规则有：

（1）对于选择条件是"主码=值"的查询，查询结果最多只有一个元组，可以选择主码索引。一般的关系数据库管理系统会自动建立主码索引。

（2）对于选择条件是"非主属性=值"的查询，并且选择列上有索引，则要估算查询结果的元组数目，如果比例较小（<10%）可以使用索引扫描方法，否则仍使用全表顺序扫描。

（3）对于选择条件是属性上的非等值查询或范围查询，并且选择列上有索引，同样要估算查询结果的元组数目，如果选择率<10%，可以使用索引扫描方法，否则仍使用全表顺序扫描。

（4）对于用 AND 连接的合取选择条件，如果有涉及这些属性的组合索引，则优先采用组合索引扫描方法；如果某些属性上有一般索引，则可以使用例 10-1 的 C4 中介绍的索引扫描方法，否则使用全表顺序扫描。

（5）对于用 OR 连接的析取选择条件，一般使用全表顺序扫描。

2. 连接操作的启发式规则

（1）如果两个表都已经按照连接属性排好序，则选用排序-合并算法。

（2）如果一个表在连接属性上有索引，则可以选用索引连接算法。

（3）如果上面两个规则都不适用，其中一个表较小，则可以选用哈希连接算法。

（4）最后可以使用嵌套循环算法，并选择其中较小的表，确切地讲是占用的块数较小的表，作为外表（外循环的表）。理由如下：

设连接表 R 与 S 分别占用的块数为 Br 与 Bs，连接操作使用的缓冲区块数为 K，分配 K-1 块给外表。如果 R 为外表，则嵌套循环算法存取的块数为 Br+Br*Bs/(K-1)，显然应该选择块数较小的表作为外表。

上面列出了一些主要的启发式规则，在实际的关系数据库管理系统中启发式规则要多很多。

10.4.2 基于代价估算的优化

启发式规则优化是定性的选择，比较粗糙，但是实现简单而且优化本身的代价较小，适合解释执行的系统。因为解释执行的系统，其优化开销包含在查询总开销之中。在编译执行的系统中，一次编译优化，多次执行，查询优化和查询执行是分开的。因此，可以采用精细复杂一些的基于代价的优化方法。

1. 统计信息

基于代价的优化方法要计算各种操作算法的执行代价，它与数据库的状态密切相关。为此在数据字典中存储了优化器需要的统计信息，主要包括如下几个方面：

（1）对于每个表，该表的元组总数（N）、元组长度（1）、占用的块数（B）、占用的溢出块数（BO）；

（2）基本表的每一列的不同值的个数（m）、该列的最大值、最小值、该列上是否有索引，是哪种索引（B+树索引、Hash 索引、聚簇索引）。根据这些统计信息，可以计算出谓词条件的选择率，如果不同值的分布是均匀的，则 f=1/m；如果不同值的分布不均匀，则要计算每个值的选择率，f=具有该值的元组数/N。

（3）每一个索引（如 B+树索引）的层数（L）、不同索引值的个数、索引的选择基数 S（有 S 个元组具有该索引值）、索引的叶结点数（Y）。

2. 代价估算示例

下面给出若干算法的执行代价估算。

1）全表扫描算法的代价估算公式

如果基本表大小为 B 块，全表扫描算法的代价是 cost=B。

如果选择条件是"码=值",那么平均搜索代价是 cost=B/2。

2)索引扫描算法的代价估算公式

如果选择条件是"码=值",如例 10-1 的 C2,则采用该表的主索引,若为 B+树,层数为 L,需要存取 B+树种从根结点到叶结点 L 块,再加上基本表中该元组所在的那一块,所以 cost=L+1。

如果选择条件涉及非码属性,如例 10-1 的 C3,若为 B+树索引,选择条件是相等比较,S 是索引的选择基数(有 S 个元组满足条件),因为满足条件的元组可能会保存在不同的块上,所以(最坏情况下)cost=L+S。

如果比较条件是>、>=、<和<=等操作,假设有一半的元组满足条件,那么要存取一半的叶结点,并通过索引访问一半的表存储块,所以 cost=L+Y/2+B/2。如果可以获得更准确的选择基数,可以进一步修正 Y/2 与 B/2。

3)嵌套循环连接算法的代价估算公式

10.4.1 中已经讨论过嵌套循环连接算法的代价 cost=Br+Br*Bs/(K-1)。如果需要把连接结果写回磁盘,则 cost= cost=Br+Br*Bs/(K-1)+(Frs*Nr*Ns)/Mrs,其中 Frs 为连接选择率,表示连接结果元组数的比例,Mrs 为存放连接结果的块因子,表示每块中可以存放的结果元组数目。

4)排序-合并连接算法的代价估算公式

如果连接表已经按照连接属性排好序,则 cost=Br+Bs+(Frs*Nr*Ns)/Mrs。

如果必须对文件排序,那么还需要在代价函数上加上排序的代价。对于包含 B 块的文件排序的代价大约为(2*B)+(2*B*log$_2$B)。

上面仅仅列出了少量操作算法的代价估算示例。在实际的关系数据库管理系统中代价估算公式要多得多,也复杂得多。

前面还提到一种优化方法称为语义优化。这种技术根据数据库的语义约束,把原先的查询转换成另一个执行效率更高的查询。本章不对这种方法进行详细讨论,只用一个简单的例子来说明它。考虑例 10-1 的 SQL 查询:

```
SELECT * FROM book WHERE category=2 AND stockAmount>1000;
```

显然,用户在写库存量(stockAmount)时,误把 100 写成了 1000。假设数据库模式上定义了一个约束,要求库存量在 0～999 之间。一旦查询优化器检查到了这条约束条件,它便会知道上面查询的结果为空,所以根本不用执行这个查询。

 本 章 小 结

查询处理是关系数据库管理系统的核心,而查询优化又是查询处理的关键技术,它是关系数据库管理系统语言处理中最重要、最复杂的部分。

查询处理和查询优化是关系数据库管理系统的内部实现技术,本章介绍了启发式代数优化、基于规则的存取路径优化和基于代价估算的优化等方法,实际系统的优化方法是综合,优化器的实现非常复杂。

 **练 习 题**

1．简述查询优化在关系数据库系统中的重要性和可能性。

2．简述关系数据库管理系统查询优化的一般步骤。

3．假设关系 R(A,B) 和 S(B,C,D) 的情况如下：R 有 20 000 个元组，S 有 1 200 个元组，一个能装下 40 个 R 元组，能装下 30 个 S 元组，能装下 20 个 R⋈S 运算后的元组。估算下列操作需要多少次磁盘块读写。

（1）R 上没有索引，SELECT * FROM R。

（2）R 中 A 为主码，A 上有 3 层 A+树索引，SELECT * FROM R WHERE A=10。

（3）嵌套循环 R⋈S。

（4）排序合并连接 R⋈S，区分 R 与 S 在属性 B 上已经有序和无序的两种情况。

4．查询网上商城（bookstore）数据库中已完成订单中包含的理工类图书的名称。

```
SELECT DISTINCT title FROM book,orderInfo,orderBook
    WHERE book.bookID=orderBook.bookID AND orderInfo.orderID=orderBook.
orderID AND orderInfo.orderState='已完成' AND book.categoryID=1
```

试画出用关系代数表示的语法树，并用关系代数表达式优化算法对原始的语法树进行优化处理，画出优化后的语法树。

实验 12　查询处理和查询优化

【实验目的】

1．理解 DMBS 查询处理的基本步骤。

2．理解代数优化和物理优化的方法。

【实验内容】

1．查询有数据库中有购买记录的用户 ID。

（1）写出其对应的 SQL 语句（要求去除重复记录）。

（2）假设在 orderInfo 表中只有主键索引，分析 DBMS 执行（1）中的 SQL 的执行计划，并说明理由。

（3）对 orderInfo 表的 userID 创建非聚簇索引，分析 DBMS 执行（1）中的 SQL 的执行计划，说明理由。

2．查询数据库中有订单记录的用户 ID、用户姓名和用户状态。

（1）写出其对应的查询语句（使用连接查询、不要求去除重复记录）。

（2）假设在 orderInfo、userInfo 表均只有主键索引，分析 DBMS 执行（1）中的 SQL 的执行计划，并说明理由。

（3）对 orderInfo 表的 userID 创建非聚簇索引，分析 DBMS 执行（1）中的 SQL 的执行计划，说明理由。

3．查询 101 号用户购买 1001 号图书的情况，显示图书 ID、图书名称、出版社、价格及购买时间。

（1）写出其对应的 SQL 语句（使用连接查询）。

（2）假设在 book、orderBook 和 orderInfo 表中均只有主键索引，分析 DBMS 执行（1）中的 SQL 的执行计划，并说明理由。

（3）对 orderBook 表的 bookID 创建非聚簇索引，分析 DBMS 执行（1）中的 SQL 的执行计划，并说明理由。

（4）在（3）的基础上，对 orderBook 表的 userID 也创建非聚簇索引，分析 DBMS 执行（1）中的 SQL 的执行计划，并说明理由。

第 11 章

并发控制

数据库是一个共享资源，可以供多个用户使用。当多个用户并发地存取数据库时就会产生多个事务同时存取同一数据的情况。若对并发操作不加控制就可能会存取和存储不正确的数据，破坏事务的一致性和数据库的一致性。所以数据库管理系统必须提供并发控制机制，以保证数据库的一致性。本章主要讨论数据库的并发控制机制。

11.1 事务

11.1.1 事务的概念

事务是用户定义的一个数据库操作序列，这些操作要么全做，要么不做，是一个不可分割的工作单元。例如，在关系数据库中，一个事务可以是一条 SQL 语句、一组 SQL 语句或整个程序。

事务的开始与结束可以由用户显式控制。如果用户没有显式地定义事务，则由数据库管理系统按照默认规定划分事务。在 SQL 中，定义事务的语句有三条：

```
BEGIN TRANSACTION;
COMMIT;
ROLLBACK;
```

事务通常是以 BEGIN TRANSACTION 开始，以 COMMIT 或 ROLLBACK 结束。COMMIT 表示提交，即提交事务的所有操作。具体地说就是将事务中所有对数据库的更新写回到磁盘上的物理数据库中去，事务正常结束。ROLLBACK 表示回滚，即在事务运行的过程中发生了某种故障，事务不能继续进行，系统将事务中对数据库的所有操作全部撤销，回退到事务开始的状态。这里的操作是指对数据库的更新操作。

11.1.2 事务的性质

事务具有 4 个特性：即原子性（Atomic）、一致性（Consistency）、隔离性（Isolation）和持久性（Durability）。这四个特性简称为 ACID 特性。

1. 原子性

事务是数据库的逻辑工作单元，事务中包括的操作要么都做，要么都不做。

2. 一致性

事务执行的结果必须是使数据库从一个一致性状态变到另一个一致性状态。因此，当数据库只包含成功事务提交的结果时，就说数据库处于一致性状态。如果数据库系统运行中发生故障，有些事务尚未完成就被迫中断，这些未完成的事务对数据库所做的修改有一部分已写入数据库，这时数据库就处于一种不正确的状态，或者说不一致的状态。

例如，一次银行转账业务中，需要从 A 账号转账 10 000 元到 B 账号。那么就可以定义一个事务，该事务包含两个操作，第一个操作是从 A 账号中减去 10 000 元，第二个操作是给 B 账号增加 10 000 元，不管转账操作成功与否，A 和 B 账号的存款总额是不变的。如果只完成其中一个操作，这时数据库就处于不一致性状态，可见一致性与原子性是密切相关的。

3. 隔离性

一个事务的执行不应被其他事务所干扰。即一个事务的内部操作及使用的语句对其他并发事务是隔离的，并发执行的各个事务之间不能互相干扰。

4. 持久性

事务一旦提交，它对数据库中数据的改变就应该是永久性的。接下来的其他操作或故障不应该对其执行结果有任何影响。

事务是并发控制和恢复的基本单位。保证事务的 ACID 特性是事务管理的重要任务。事务 ACID 特性可能遭到破坏的因素有：

（1）多个事务并发运行时，不同事务的操作交叉执行。

（2）事务在运行过程中被强行停止。

在第一种情况下，数据库管理系统必须保证多个事务的交叉运行不影响这些事务的原子性；在第二种情况下，数据库管理系统必须保证被强行终止的事务对数据库和其他事务没有任何影响。这些就是数据库管理系统中并发控制机制和恢复机制的责任。

11.2 并发控制概述

事务的 ACID 特性可能遭到破坏的原因之一是多个事务对数据库的并发操作造成的。为了保证事务的隔离性和一致性，数据库管理系统必须对并发操作进行正确的调度。

下面先来看一个例子，说明并发操作带来的数据的不一致性问题。

【例 11-1】考虑网上图书销售系统的一个活动序列：

① 用户 U1（事务 T_1）查询某图书的库存量 A，设 A=50。

② 用户 U2（事务 T_2）查询同一图书的库存量 B，所以 B=50。

③ 用户 U1 购买 1 本，系统自动修改库存量：$A=A-1$；所以 $A=49$，并把 A 写回数据库。

④ 用户 U2 也购买 1 本，系统也自动修改图书库存量：$B=B-1$；所以 $B=49$，并把 B 写回数据库。

结果表明，实际上该图书卖出 2 本，但库存量只减少 1。

这种情况称为数据库的不一致性。这种不一致性是由并发操作引起的。

下面把事务读数据 x 记作 $R(x)$，写数据 x 记作 $W(x)$。

并发操作带来的数据不一致性包括丢失修改、不可重复读和读"脏"数据。

11.2.1　丢失修改

两个事务 T_1 和 T_2 读入同一数据，T_2 提交的结果破坏了 T_1 提交的结果，导致 T_1 的修改被丢失，如图 11-1（a）所示。例 11-1 的图书销售就是属于此类。

11.2.2　不可重复读

不可重复读是指事务 T_1 读取数据后，事务 T_2 执行更新操作，使 T_1 无法再现前一次的读取结果。具体地讲，不可重复读包括 3 种情况：

（1）事务 T_1 读取某一数据后，事务 T_2 对其进行了修改，当事务 T_1 再次读该数据时，得到与前一次不同的值。例如在图 11-1（b）中，T_1 读取 B=100 进行运算，T_2 读取同一数据 B，对其进行修改后将 B=200 写回数据。T_1 为了读取值校对重读 B，B 的值已为 200，与第一次读取值不一致。

（2）事务 T_1 按一定条件从数据库中读取了某些记录后，事务 T_2 删除了其中部分记录，当事务 T_1 再次按相同的条件读取数据时，发现某些记录已消失。

（3）事务 T_1 按一定条件从数据库中读取了某些记录后，事务 T_2 插入了一些记录，当事务 T_1 再次按相同条件读取数据时，发现多了一些记录。

后两种不可重复读也称为幻读。

11.2.3　读"脏"数据

读"脏"数据是指事务 T_1 修改某一数据并将其写回磁盘，事务 T_2 读取同一数据后，T_1 由于某种原因被撤销，这时被 T_1 修改过的值恢复原值，T_2 事务读到的数据就与数据库中的数据不一致，则 T_2 读到的数据就为"脏"数据库，即不正确的数据。例如在图 11-1（c）中，T_1 将 C 的值修改为 100，T_2 读到 C 为 100，而 T_1 由于某种原因撤销，C 恢复原值 50，这时 T_2 读到的 C 为 100，与数据库内容不一致，就是"脏"数据。

	T_1	T_2
①	R(A)=50	
②		R(A)=50
③	A=A-1 W(A)=49	
④		A=A-1 W(A)=49

（a）丢失修改

	T_1	T_2
①	R(A)=50 R(B)=100 求和 150	
②		R(B)=100 B=2*B W(B)=200
③	R(A)=50 R(B)=200 求和 250 （验算不对）	

（b）不可重复读

	T_1	T_2
①	R(C)=50 C=2*C W(C)=100	
②		R(C)=100
③	ROLLBACK C 的值恢复 50	

（c）读"脏"数据

图 11-1　三种数据不一致性示例

产生上述问题的主要原因是并发操作破坏了事务的隔离性。并发控制机制就是要用正确的方式调度并发操作，使一个用户事务的执行不受其他事务的干扰，从而避免造成数据的不一致性。

并发控制的主要技术有封锁、时间戳、乐观控制法和多版本并发控制等。

11.3　封锁及封锁协议

封锁是实现并发控制的常用技术。所谓的封锁，就是事务 *T* 在对某个数据对象（如表、记录等）操作之前，先向系统发出请求，对其进行加锁。加锁后事务 *T* 就对该数据对象有了一定的控制，在事务 *T* 释放封锁之间，其他事务不能更新此数据对象。

11.3.1　基本锁类型

基本的封锁类型有两种：排它锁（Exclusive Locks，X 锁）和共享锁（Share Locks，S 锁）。

排它锁又称写锁。若事务 *T* 对数据对象 *A* 加上 X 锁，则只允许 *T* 读取和修改 *A*，其他任何事务都不能再对 *A* 加任何类型的锁，直到 *T* 释放 *A* 上的锁。这就保证了其他事务在 *T* 释放 *A* 上的锁之前不能再读取和修改 *A*。

共享锁又称读锁。若事务 *T* 对数据对象 *A* 加上 S 锁，则事务 *T* 可以读 *A* 但不能修改 *A*，其他事务只能再对 *A* 加 S 锁，而不能加 X 锁，直到 *T* 释放 *A* 上的 S 锁。这就保证了其他事务可以读 *A*，但在 *T* 释放 *A* 上的 S 锁之前不能对 *A* 做任何修改。

排它锁和共享锁的控制方式可以用图 11–2 所示的封锁类型的相容矩阵来表示。

T2 \ T1	X	S	-
X	N	N	Y
S	N	Y	Y
-	Y	Y	Y

（Y=Yes，相容的请求；N=No，不相容的请求）

图 11–2　封锁类型的相容性矩阵

11.3.2　封锁协议

在运用 X 锁和 S 锁这两种基本封锁对数据对象加锁时，还需要约定一些规则，例如何时申请 X 锁或 S 锁、持锁时间、何时释放等。这些规则称为封锁协议。对封锁方式制定不同的规则，就形成了各种不同的封锁协议。

三级封锁协议分别在不同程度上解决了丢失修改、不可重复读和读"脏"数据等不一致性的问题，为并发操作的正确调度提供了一定保证。

1. 一级封锁协议

一级封锁协议是指，事务 T 在修改数据 R 之前必须先对其加 X 锁，直到事务结束才释放。事务结束包括正常结束（COMMIT）和非正常结束（ROLLBACK）。

一级封锁协议可以防止丢失修改，并保证事务 T 是可恢复的。如图 11–3 所示，使用一级封锁协议解决了图 11–1（a）中的丢失修改问题。

在一级封锁协议中，如果仅仅是读数据不对其进行修改，是不需要加锁的，它不能保证可重复读和不读"脏"数据。

事务	T_1	T_2
1	Xlock A 获得 X 锁	
2	读取 $A=50$	Xlock A 等待
3	$A \leftarrow A-1$ 写回 $A=49$ Commit Unlock A	等待 等待 等待
4		获得 Xlock A 读 $A=49$ $A \leftarrow A-1$ 写回 $A=48$ Commit Unlock A （A 数据正确）

图 11-3　使用封锁机制解决丢失修改的问题

2. 二级封锁协议

二级封锁协议是指，在一级封锁协议的基础上增加事务 T 在读取数据 R 之前必须先对其加 S 锁，读完后即可释放 S 锁。

二级封锁协议除了防止丢失修改，还可进一步防止读"脏"数据。如图 11-4 所示，使用二级封锁协议解决了图 11-1（c）中的读"脏"数据问题。

事务	T_1	T_2
1	Xlock C 读 $C=100$ $C \leftarrow C*2$ 写回 $C=200$	
2		Slock C 等待 等待
3	ROLLBACK C 恢复为 100 Commit Unlock C	等待 …
4		获得 Slock C 读 $C=100$ Commit Unlock C

图 11-4　使用封锁机制解决了读"脏"数据的问题

但在二级封锁协议中，由于读完数据后即可释放 S 锁，所以它不能保证可重复读。

3．三级封锁协议

三级封锁协议是指，在一级封锁协议的基础上增加事务 T 在读取数据 R 之前必须先对其加 S 锁，直到事务结束才释放。

三级封锁协议除了防止丢失修改和读"脏"数据外，还可进一步防止了不可重复读。如图 11-5 所示，使用二级封锁协议解决了图 11-1（b）中的不可重复读问题。

事务	T_1	T_2
1	Slock A Slock B 读 A=50 读 B=100 求和=150	
2		Xlock B 等待 等待
3	读 A=50 读 B=100 求和=150 Commit Unlock A Unlock B （验算正确）	等待 … … 等待 …
4		获得 Xlock B 读 B=100 $B \leftarrow B*2$ 写回 B=200 Commit Unlock B

图 11-5　使用封锁机制解决了不可重复读的问题

11.4　活锁和死锁

封锁可能会带来新的问题，如活锁和死锁等问题。

11.4.1　活锁

如果事务 T_1 封锁了数据 R，事务 T_2 又请求封锁 R，于是 T_2 等待。T_3 也请求封锁 R，当 T_1 释放了 R 上的封锁之后系统首先批准了 T_3 的请求，T_2 仍然等待。然后 T_4 又请求封锁 R，当 T_3 释放了 R 上的封锁之后系统又批准了 T_4 的请求，……，T_2 有可能永远等待，这就是活锁的情形，如图 11-6 所示。

避免活锁的简单方法是采用先来先服务的策略。当多个事务请求封锁同一数据对象时，封锁子系统按请求的先后次序对事务排队，数据对象上的锁一旦释放就批准申请队列中的第一个事务获得封锁。

事务 T_1	事务 T_2	事务 T_3	事务 T_4
Xlock R			
	Xlock R		
	等待	Xlock R	
Ulock R	等待	等待	Xlock R
	等待	Xlock R	等待
	等待		等待
	等待		等待
	等待	Ulock R	等待
	等待		Xlock R
	等待		
	等待		
	等待		

图 11-6　活锁问题

11.4.2　死锁

如果事务 T_1 封锁了数据 R_1，T_2 封锁了数据 R_2，然后 T_1 又请求封锁 R_2，因 T_2 已封锁了 R_2，于是 T_1 等待 T_2 释放 R_2 上的锁。接着 T_2 又申请封锁 R_1，因 T_1 已封锁了 R_1，T_2 也只能等待 T_1 释放 R_1 上的锁。这样就出现了 T_1 在等待 T_2，而 T_2 又在等待 T_1 的局面，T_1 和 T_2 两个事务永远不能结束，形成死锁，如图 11-7 所示。

事务 T_1	事务 T_2
Xlock A	
	Xlock B
Xlock B	
等待	Xlock A
等待	等待
等待	等待

图 11-7　死锁

目前，在数据库中解决死锁问题主要有两类方法，一类方法是采取一定措施预防死锁的发生，另一类方法是允许死锁发生，采取一定手段定期诊断系统中有无死锁，如有则解除之。

1. 死锁的预防

在数据库中，产生死锁的原因是两个或多个事务都已封锁了一些数据对象，然后又都请求对已为其他事务封锁的数据对象加锁，从而出现死等待。防止死锁的发生其实就是要破坏产生死锁的条件。预防死锁通常有两种方法：

1）一次封锁法

一次封锁法要求每个事务必须一次将所有要使用的数据全部加锁，否则就不能继续执行。如图 11-8 所示，事务 T_1、T_2 一次性申请事务运行所需要的锁，申请两个锁之间的时间间隔很短，减少了与其他事务发生死锁的可能。

事务 T_1	事务 T_2
Xlock A	
Xlock B	
	Xlock B
	等待
Ulock A	等待
Ulock B	Xlock B
	Xlock A

图 11-8　一次封锁法

一次封锁法虽然可以有效地防止死锁的发生，但也存在问题。第一，一次就将以后要用到的全部数据加锁，势必扩大了封锁的范围，从而降低了系统的并发度；第二，数据库中数据是不断变化的，原来不要求封锁的数据在执行过程中可能变成封锁对象，所以很难事先精确地确定每个事物所要封锁的数据对象，为此只能扩大封锁范围，将事务在执行过程中可能要封锁的数据对象全部加锁，这就进一步降低了并发度。

2）顺序封锁法

顺序封锁法是预先对数据对象规定一个封锁顺序，所有事务都按这个顺序实行封锁，如图 11-9 所示。

顺序封锁法可以有效地防止死锁，但也同样存在问题。第一，数据库中封锁的对象极多，并且随着数据的插入、删除等操作不断变化，要维护这样的资源的封锁顺序非常困难，成本很高；第二，事务的封锁请求可以随着事务的执行而动态地决定，很难事先确定每一个事务要封锁哪些对象，因此也就很难按规定的顺序去施加封锁。

可见，在操作系统中广为采用的预防死锁的策略并不很适合数据库的特点，因此 DBMS 在解决死锁的问题上普遍采用的是诊断并解除死锁的方法。

事务 T_1	事务 T_2
Xlock A	
	Xlock A
Xlock B	等待
	等待
	等待
Ulock A	等待
Ulock B	Xlock A
	Xlock B

图 11-9　顺序封锁法

2. 死锁的诊断与解除

1）超时法

如果一个事务的等待时间超过了规定的时限，就认为发生了死锁。超时法实现简单，但其不足也很明显，一是有可能误判死锁，事务因为其他原因使等待时间超过时限，系统会误认为发生了死锁；二是时限若设置得太长，死锁发生后不能及时发现。

2）等待图法

事务等待图是一个有向图 $G=(T,U)$。T 为结点的集合，每个结点表示正运行的事务；U 为边的集合，每条边表示事务等待的情况。若 T_1 等待 T_2，则 T_1、T_2 之间画一条有向边，从 T_1 指向 T_2，如图 11-10 所示。

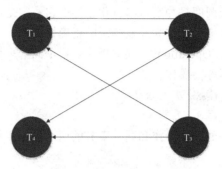

图 11-10 事务等待图

事务等待图动态地反映了所有事务的等待情况。并发控制子系统周期性地（如每隔 10 秒）生成事务等待图，并进行检测。如果发现图中存在回路，则表示系统中出现了死锁。

图 11-11（a）所示，事务 T_1 等待 T_2，T_2 等待 T_1，存在回路，产生了死锁。图 11-11(b) 中，事务 T_1 等待 T_2，T_2 等待 T_3，T_3 等待 T_4，T_4 又等待 T_1，存在回路，产生了死锁；事务 T_3 可能还等待 T_2，T_2 等待 T_3，在大回路中又有小的回路。

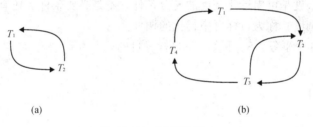

(a)   (b)

图 11-11 死锁检测

DBMS 的并发控制子系统一旦检测到系统中存在死锁，就要设法解除。通常采用的方法是选择一个处理死锁代价最小的事务，将其撤销，释放此事务持有的所有的锁，使其他事务得以继续运行下去。当然，对撤销的事务所执行的数据修改操作必须加以恢复。

11.5 并发调度的可串行性

DBMS 对并发事务不同的调度可能会产生不同的结果，什么样的调度是正确的？如果一个事务运行过程中没有其他事务同时运行，也就是说它没有受到其他事务的干扰，那么就可以认为该事务的运行结果是正常的或者预想的。因此将所有事务串行起来的调度策略一定是正确的调度策略。

事务对数据库的作用是将数据库从一个一致的状态转变为另一个一致的状态。多个事务串行执行后，数据库仍旧保持一致的状态。虽然以不同的顺序串行执行事务可能会产生不同的结果，但由于不会将数据库置于不一致状态，所以都是正确的。多个事务的并发执行是正确的，当且仅当其结果与按某一次序串行地执行它们时的结果相同，我们称这种调度策略为可串行化的调度。可串行性是并发事务正确性的准则。按这个准则规定，一个给定的并发调度，当且仅当它是可串行化的，才认为是正确调度。

（1）可串行化调度的充分条件。一个调度 Sc 在保证冲突操作的次序不变的情况下，通过交换两个事务不冲突操作的次序得到另一个调度 Sc'，如果 Sc'是串行的，称调度 Sc 为冲突可串行化的调度。如果一个调度是冲突可串行化，那么它一定是可串行化的调度，一般关系数据库管理系统都将冲突可串行化作为并发控制的正确性准则。

（2）冲突操作（Conflict Operation）。冲突操作是指不同的事务对同一个数据的读写操作和写写操作，其他操作是不冲突操作。如：

$R_i(x)$ 与 $W_j(x)$ /*事务 T_i 读 x，T_j 写 x*/

$W_i(x)$ 与 $W_j(x)$ /*事务 T_i 写 x，T_j 写 x*/

在系统调度中不同事务的冲突操作和同一事务的两个操作不能交换（Commute），否则会影响执行的效果。

【例 11-2】调度 Sc1=r1(A)w1(A)r2(A)w2(A)r1(B)w1(B)r2(B)w2(B)。

把 w2(A)与 r1(B)w1(B)交换，得到：

```
r1(A)w1(A) r2(A) r1(B) w1(B) w2(A) r2(B) w2(B)
```

再把 r2(A)与 r1(B)w1(B)交换：

```
Sc2 = r1(A)w1(A)r1(B)w1(B)r2(A)w2(A)r2(B)w2(B)
```

Sc2 等价于一个串行调度 T1、T2，所以说 Sc1 冲突可串行化的调度

冲突可串行化调度是可串行化调度的充分条件，不是必要条件。还有不满足冲突可串行化条件的可串行化调度，称为目标可串行化的调度。

【例 11-3】有 3 个事务，S_{C1} 和 S_{C2} 是目标等价的。

$T_1=W_1(Y)W_1(X)$

$T_2=W_2(Y)W_2(X)$

$T_3=W_3(X)$

调度 $S_{C1}=W_1(Y)W_1(X)W_2(Y)W_2(X)W_3(X)$是一个串行调度。

调度 $S_{C2}=W_1(Y)W_2(Y)W_2(X)W_1(X)W_3(X)$不满足冲突可串行化。但是调度 S_{C2} 是可串行化的，因为 S_{C2} 执行的结果与调度 S_{C1} 相同。

11.6　两段锁协议

两段封锁协议（Two-Phase Locking，2PL）是最常用的一种，理论上证明使用两段封锁协议产生的是可串行化调度。

两段锁协议，指所有事务必须分两个阶段对数据项加锁和解锁。在对任何数据进行读、写操作之前，事务首先要获得对该数据的封锁；在释放一个封锁之后，事务不再申请和获得任何其他封锁。两段锁协议将事务分为两个阶段，第一阶段是获得封锁阶段（扩展阶段），在这个阶段，事务可以申请获得任何数据项上的任何类型的锁，但是不能释放任何锁；第二阶段是释放封锁阶段（收缩阶段），在这个阶段，事务可以释放任何数据项上的任何类型的锁，但是不能再申请任何锁。

在以下两个事务中，$T1$ 遵守两段锁协议，而 $T2$ 释放锁后又获取锁，没有遵守两段锁协议。

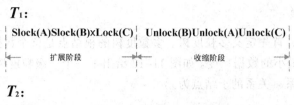

T_1:

Slock(A)Slock(B)xLock(C)　Unlock(B)Unlock(A)Unlock(C)

扩展阶段　　　　　　　　　收缩阶段

T_2:

Slock(A)Unlock(A)SLock(B)xLock(C)Ulock(C)Ulock(B)

定理：若所有事务均遵守两段锁协议，则这些事务的所有交叉调度都是可串行化的。对于遵守两段协议的事务，其交叉并发操作的执行结果一定是正确的。值得注意的是，事务遵守两段锁协议是可串行化调度的充分条件，而不是必要条件。一个可串行化的并发调度的所有事务并不一定都符合两段锁协议，存在不全是 2PL 的事务的可串行化的并发调度。

1. 两段锁协议与防止死锁的一次封锁法

一次封锁法要求每个事务必须一次将所有要使用的数据全部加锁，否则就不能继续执行，因此一次封锁法遵守两段锁协议，但是两段锁协议并不要求事务必须一次将所有要使用的数据全部加锁，因此遵守两段锁协议的事务可能发生死锁。如果事务 T_1、T_2 同时处于扩展阶段，两个事务都坚持请求加锁对方已经占有的数据，导致死锁。

2. 两段锁协议与三级封锁协议

两段锁协议与三级封锁协议是两类不同目的的协议，两段锁协议保证并发调度的正确性。三级封锁协议在不同程度上保证数据一致性，遵守第三级封锁协议必然遵守两段锁协议。

11.7　封锁的粒度

封锁对象的大小称为封锁粒度，封锁的对象可以是逻辑单元，也可以是物理单元。以关系数据库为例，封锁对象可以是这样一些逻辑单元：属性值、属性值的集合、元组、关系、索引项、整个索引项直至整个数据库；也可以是这样的一些物理单元：页（数据页或索引页）、物理记录等。

封锁粒度与系统的并发度和并发控制的开销密切相关。直观地看，封锁粒度越大，一次封锁的数据单元就越多，并发度就越低，而所需要的锁就越少，系统开销也越小；反之，封锁粒度越小，一次封锁的数据单元就越少，并发度就越高，而所需要的锁就越多，系统开销也越大。

假设元组 T_1、T_2 位于同一数据页 A。若封锁粒度是数据页，事务 T_1 需要修改元组 L1，则 $T1$ 必须对包含 L1 的整个数据页 A 加锁。如果这时 T_2 也要修改 A 中的元组 L2，则 T_2 只好等待 T_1 完成修改释放 A 上的锁。如果封锁粒度是元组，则 T_1 和 T_2 可以同时对 L1 和 L2 加锁，不需要互相等待，从而提高了系统的并行度。封锁不是粒度越小越好，比如事物 T 需要读取整个表，如果封锁粒度只能是元组，T 必须对该表的每个元组加读锁，显然系统开销很大。

因此，如果在一个系统中同时支持多种封锁粒度供不同的事务选择是比较理想的，这种封锁方法称为多粒度封锁（Multiple Granularity Locking）。选择封锁粒度时应该同时考虑封锁开销和并发度两个因素，适当选择封锁粒度以求得最优的效果。一般来说，需要处理某个关系的大量元组的事务可以以关系为封锁粒度；需要处理多个关系的大量元组的事务可以以数据库为封锁粒度；而对于一个处理少量元组的用户事务，以元组为封锁粒度就比较合适。

11.7.1　多粒度封锁

讨论多粒度封锁，首先定义多粒度树。多粒度树的根结点是整个数据库，表示最大的数据粒度，叶结点表示最小的数据粒度。如图 11-12 给出了一个三级粒度树。根结点为数据库，数据库的子结点为关系，关系的子结点为元组。

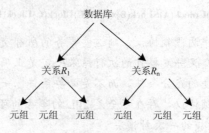

图 11-12　三级粒度树

多粒度封锁协议允许多粒度树中的每个结点被独立地加锁。对一个结点加锁意味着这个结点的所有后裔结点也被加以同样类型的锁。因此，在多粒度封锁中一个数据对象可能以两种方式封锁：显式封锁和隐式封锁。

显式封锁是应事务的要求直接加到数据对象上的封锁；隐式封锁是该数据对象没有独立加锁，是由于其上级结点加锁而使该数据对象加上了锁。

多粒度封锁中，显示封锁和隐式封锁的效果是一样的。因此系统检查封锁冲突时不仅要检查显式封锁，还需要检查隐式封锁。

一般地，对某个数据对象加锁，系统要检查该数据对象上有无显式封锁与之冲突；还要检查其所有上级结点，看本事务的显式封锁是否与该数据对象上的隐式封锁（即由于上级结点已加的封锁造成的）冲突；还要检查其所有下级结点，看上面的显式封锁是否与本事务的隐式封锁（将加到下级结点的封锁）冲突。显然，这样的检查方法效率很低。为此人们引进了一种新型锁，称为意向锁。有了意向锁，数据库管理系统就无需逐个检查下一级结点的显式封锁。

11.7.2　意向锁

意向锁的含义是如果对一个结点加意向锁，则说明该结点的下层结点正在被加锁；对任一结点加锁时，必须先对它的上层结点加意向锁。例如，对任一元组加锁时，必须先对它所在的关系加意向锁。

下面介绍 3 种常用的意向锁：意向共享锁（Intent Share Lock，IS 锁）；意向排它锁（Intent Exclusive Lock，IX 锁）；共享意向排它锁（Share Intent Exclusive Lock，SIX 锁）

1. IS 锁

如果对一个数据对象加 IS 锁，表示它的后裔结点拟（意向）加 S 锁。例如，要对某个元组加 S 锁，则要首先对关系和数据库加 IS 锁。

2. IX 锁

如果对一个数据对象加 IX 锁，表示它的后裔结点拟（意向）加 X 锁。例如，要对某个元组加 X 锁，则要首先对关系和数据库加 IX 锁。

3. SIX 锁

如果对一个数据对象加 SIX 锁，表示对它加 S 锁，再加 IX 锁，即 SIX=S+IX。例如，对某个表加 SIX 锁，则表示该事务要读整个表（所以要对该表加 S 锁），同时会更新个别元组（所以要对该表加 IX 锁）。

表 11-1 给出了这些锁的相容矩阵，从中可以发现这 5 种锁的强度有图 11-13 所示的偏序关系。所谓锁的强度，是指它对其他锁的排斥程度。一个事务在申请封锁时以强锁代替弱锁是安全的，反之则不然。

表 11-1　意向锁相容性矩阵

T2 \ T1	IS	IX	S	SIX	X	−
IS	Y	Y	Y	Y	N	Y
IX	Y	Y	N	N	N	Y
S	Y	N	Y	N	N	Y
SIX	Y	N	N	N	N	Y
X	N	N	N	N	N	Y
−	Y	Y	Y	Y	Y	Y

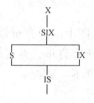

图 11-13　锁的强度的偏序关系

具有意向锁的多粒度封锁方法中，任意事务 T 要对一个数据对象加锁，必须先对它的上层结点加意向锁。申请封锁时应该按自上而下的次序进行；释放封锁时则应该按自下而上的次序进行。具有意向锁的多粒度封锁方法提高了系统的并发度，减少了加锁和解锁的开销，已经在实际的数据库管理系统产品中得到广泛应用。

 **本 章 小 结**

本章介绍了事务的概念和特性。当数据库系统中多个事务同时运行，会产生数据的不一致性的问题。数据库的并发控制机制就是用来解决由于事务并发导致的数据不一致性的问题。

封锁是实现并发控制的常用技术，常用的封锁类型是排它锁和共享锁。三级封锁协议分别在不同程度上解决了丢失修改、不可重复读和读"脏"数据等不一致性的问题，为并发操作的正确调度提供了一定保证。

判断一个调度是否正确的标准是该调度是否为可串行调度。两段锁协议为并发事务的可串行性提供了充分条件，保证了并发事务调度的正确性。

封锁粒度与系统的并发度和并发控制的开销密切相关，具有意向锁的多粒度封锁方法提高了系统的并发度。

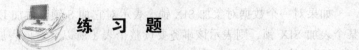 练 习 题

1. 什么是事务？事务具有哪些性质？

2. 并发操作可能产生哪几类数据不一致？用什么方法能避免各种不一致的情况？

3. 数据库的基本锁类型有哪几种？试述它们的含义。

4. 什么是三级封锁协议？

5. 什么是两段锁协议？

6. 为什么要引入意向锁？意向锁的含义是什么？

实验 13　数据库并发控制

【实验目的】

1. 验证并发操作带来的数据不一致性。

2. 理解锁机制，学会采用锁与事务隔离级别解决数据不一致的问题。

【实验内容】

1. 定义事务，将图书表中 1003 号图书的库存量修改为 100，并提交该事务。

2. 定义事务，删除 105 号用户的所有订单，并提交该事务。

3. 设计事务验证并发操作带的数据不一致性。

1）丢失修改

分别定义 2 个事务：事务 T_1 将 1003 号图书库存量减少 1，在 T_1 提交之前，T_2 也将 1003 号图书的库存量减少 1。提交 T_1 和 T_2，哪个事务会出现丢失修改？为什么？

（注：在 T_1 中，使用 "WAITFOR DELAY" 等待 T_2 的执行以模拟并发操作。）

2）不可重复读

分别定义 2 个事务：事务 T_1 读取 1003 号图书的库存量，T_2 将 1003 号图书的库存量减少 1，然后事务 T_1 再次读取 1003 号图书的库存量。提交 T_1 和 T_2，T_1 两次读取 1003 号图书的库存量是否一致？为什么？

（注：在 T_1 中，使用 "WAITFOR DELAY" 等待 T_2 的执行以模拟并发操作。）

3）读脏数据

分别定义 2 个事务：事务 T_1 将 1003 号图书的库存量减少 1，T_2 读取 1003 号图书的库存量，然后事务 T_1 回滚事务。提交 T_1 和 T_2，请问 T_2 读取的 1003 图书的库存量是否与数据库中的真实值一致？为什么？

（注：在 T_1 中，使用 "WAITFOR DELAY" 等待 T_2 的执行以模拟并发操作。在定义事务之前，使用 "SET TRANSACTION ISOLATION LEVEL READ UNCOMMITTED" 重新设置事务的隔离级别。）

4. 利用封锁机制解决上述例子出现的数据不一致问题。

第 12 章

数据库恢复技术

数据库恢复机制是数据库管理系统的重要组成部分，该机制保证数据库在发生故障时，能够将数据的错误状态恢复到某个已知的正确状态，以保持数据在某一时刻的正确性，将各类故障给数据库带来的损失降到最低。本章主要介绍数据库恢复的概念和常用技术。

12.1 故障种类

数据库系统可能会发生的各种故障，大致可以分为以下几类：

1. 事务内部故障

事务内部故障有的是可以通过事务程序本身发现的，有的是非预期的，不能由事务程序处理。如例 12-1 是可以通过事务程序本身发现的事务内部的故障情况。

【例 12-1】银行转账事务：该事务把一笔金额从一个账户甲转给另一个账户乙。

```
BEGIN TRANSACTION
读账户甲的余额 BALANCE；
BALANCE=BALANCE-AMOUNT； --AMOUNT 为转账金额
IF(BALANCE<0) THEN {
    打印'金额不足，不能转账'；
    ROLLBACK； --撤销该事务 }
ELSE {
    读账户乙的余额 BALANCE1；
    BALANCE1=BALANCE1+AMOUNT； --写回 BALANCE1；
    COMMIT； --提交该事务 }
```

这个例子所包括的两个更新操作要么全部完成要么全部不做。否则就会使数据库处于不一致状态，例如只把账户甲的余额减少了而没有把账户乙的余额增加。

在这段程序中若产生账户甲余额不足的情况，应用程序可以发现并让事务回滚，撤销已做的修改，恢复数据库到正确状态。

但是更多的事务故障则是非预期的，它们不能由事务处理程序处理。例如，运算溢出，并发事务发生死锁而被选中撤销该事务、违反了完整性约束限制而终止等。本章后面提到事务故障，仅指这类非预期的故障。

事务故障意味着事务没有达到预期的终点（COMMIT 或显式的 ROLLBACK），因此数据库可能处于不正确状态。恢复子系统要在不影响其他事务运行的情况下，强行撤销该事务已经做出的任何对数据库的修改，使得该事务好像根本没有启动一样。这类恢复操作称为事务撤销（UNDO）。

2. 系统故障

系统故障又称软故障，是指造成系统停止运行的任何事件，使得系统要重新启动。例如，突然停电、CPU 故障、操作系统故障、操作系统故障等。这类故障影响到正在运行的所有事务，但不破坏数据库。此时，数据库缓冲区（在内存中）的内容都被丢失，所有事务都非正常终止。发生故障时，一些尚未完成的事务的结果可能已经写入物理数据库，从而造成数据库可能处于不正确的状态。为保证数据一致性，需要清除这些事务对数据库的所有修改。恢复子系统在系统重新启动时必须让所有非正常终止的事务回滚，强行撤销所有未完成事务。

另一方面，系统发生故障时，有些已经完成的事务可能有一部分甚至全部的结果留在缓冲区，尚未写回到磁盘上的物理数据库，从而使得这些事务对数据库的修改部分或全部丢失，这也会使得数据库处于不一致状态，因此应将这些事务已提交的结果重新写入数据库。所以系统重新启动后，恢复子系统除需要撤销所有未完成的事务外，还需重做（REDO）所有已提交的事务，以将数据库真正恢复到一致状态。

3. 介质故障

介质故障又称硬故障，是指外存储介质故障，如磁盘损坏、磁头碰撞、瞬时强磁场干扰等。这类故障使数据库受到破坏，并影响正在存取这部分数据的事务。介质故障发生的可能性较小，但破坏性最大。

4. 计算机病毒

计算机病毒是一种人为的故障或破坏。计算机病毒是一种计算机程序，可以像病毒一样自我复制和传播，并对计算机系统（包括数据库）造成危害。今天，计算机病毒已成为计算机系统的主要威胁，自然也是数据库系统的主要危险。数据库一旦被计算机病毒破坏，也需要用恢复技术加以恢复。

总结起来，各类故障对数据库的影响有两种：一是数据库本身被破坏，二是数据库没有被破坏，但数据可能不正确，这是由于事务的运行被非正常终止造成的。

12.2　恢复的实现技术

数据库恢复的基本原理十分简单，也就是数据冗余。这就是说，数据库中任何一部分被破坏或不正确的数据库可以根据存储在系统别处的冗余数据重建。

尽管恢复的原理很简单，但实现技术却相当复杂。恢复机制涉及两个关键问题：第一，如何建立冗余数据；第二，如何根据冗余数据实施数据库恢复。

建立冗余数据最常用的技术是数据转储和登记日志文件。通常在一个数据库系统中，这两种方法是一起使用的。

12.2.1 数据转储

数据转储是数据库恢复中采用的基本技术。所谓的数据转储，是指定期地将整个数据库复制到多个磁带、磁盘或其他存储介质上保存起来的过程。这些转储的数据称为后备副本或后援副本。

当数据库遭到破坏后可以将后援副本重新装入，但重装后援副本只能将数据库恢复到转储时的状态。要想恢复到故障发生时的状态，必须重新运行自转储以后的所有更新事务。例如，在图 12-1 中，系统在 T_a 时刻停止运行事务进行数据库转储，在 T_b 时刻转储完毕，得到 T_b 时刻的数据库一致性副本。系统运行到 T_f 时刻发生故障。为恢复数据库，首先由数据库管理员重装数据库后备副本，将数据库恢复至 T_b 时刻的状态，然后重新运行自 T_b 时刻至 T_f 时刻的所有更新事务，这样就把数据库恢复到故障发生前的一致状态。

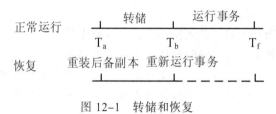

图 12-1 转储和恢复

转储是十分耗费时间和资源的，不能频繁地进行，应该根据数据库使用情况确定一个适当的转储周期。按照转储状态划分，转储可分为静态转储和动态转储两类。

1. 静态转储

在系统中没有事务运行的情况下进行转储称为静态转储，这可保证得到一个一致性的数据库副本，但在转储期间不允许有任何数据存取、修改活动。因此，转储需在当前所有用户事务结束之后进行，新用户事务又需在转储结束之后才能进行，这就降低了数据库的可用性。

2. 动态转储

允许事务并发执行的转储称为动态转储。动态转储克服了静态转储时会降低数据库可用性的缺点，但产生的副本并不能保证与当前状态一致。解决的办法是把转储期间各事务对数据库的修改活动登记下来，建立日志文件后备副本加上日志文件就可把数据库恢复到前面动态转储结束时的数据库状态。

另外，按照转储方式划分，转储可以分为海量转储和增量转储。海量转储是指每次转储全部数据库；增量转储是指每次只转储上次转储后被更新过的数据。从恢复角度看，使用海量转储得到的后备副本进行恢复一般来说会更方便，但是，如果数据库的数据量非常大，由于数据库中的数据一般只是部分更新，因此，采用增量转储可明显减少转储的开销。

数据转储有两种方式，分别可以在两种状态下进行，因此数据转储方法可分为 4 类：动态海量转储、动态增量转储、静态海量转储和静态增量转储。

12.2.2 登记日志文件

1. 日志文件的格式和内容

日志文件是用来记录事务对数据库的更新操作的文件。不同数据库系统采用的日志文件格式并不完全一样。概括起来日志文件主要有两种格式：以记录为单位的日志文件和以数据块为单位的日志文件。

对以记录为单位的日志文件，日志文件需要登记的内容包括：

（1）各个事务的开始（BEGIN TRANSACTION）标记。

（2）各个事务的结束（COMMIT 或 ROLLBACK）标记。

（3）各个事务的所有更新操作。

每个事物的开始标记、每个事物的结束标记和每个更新操作均作为日志文件中的一个日志记录（log record）。

每个日志记录的内容主要包括：

（1）事务标识（标明是哪个事务）。

（2）操作的类型（插入、删除或修改）。

（3）操作对象（记录内部标识）

（4）更新前数据的旧值（对于插入操作而言，没有旧值）。

（5）更新后数据的新值（对于删除操作而言，没有新值）。

对以数据块为单位的日志文件，日志文件的内容包括事务标识和被更新的数据块。由于将更新前的整个块和更新后的整个块都放入日志文件中，操作类型和操作对象等信息就不便放入日志记录中。

2. 日志文件的作用

日志文件在数据库恢复中起着非常重要的作用，可以用来进行事务故障恢复和系统故障恢复，并协助后备副本进行介质故障恢复。具体作用是：

（1）事务故障恢复和系统故障恢复必须用日志文件。

（2）在动态转储方式中必须建立日志文件，后备副本和日志文件结合起来才能有效地恢复数据库。

（3）在静态转储方式中也可以建立日志文件，当数据库毁坏后可重新装入后备副本把数据恢复到转储结束时刻的正确状态，然后利用日志文件把已完成的事务进行重做，对故障发生时尚未完成的事务进行撤销处理。这样不必重新运行那些已完成的事务程序即可把数据库恢复到故障前某一时刻的正确状态，如图 12-2 所示。

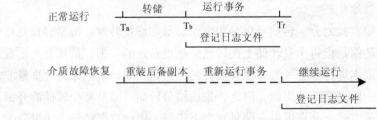

图 12-2　利用日志文件恢复

3. 登记日志文件

为保证数据库是可恢复的，登记日志文件必须遵循两条原则：

（1）登记的次序严格按照并发事务执行的时间次序。

（2）必须先写日志文件，后写数据库。

把对数据的修改写到数据库中和把表示这个修改的日志记录写到日志文件中是两个不同的操作。有可能在这两个操作之间发生故障，即这两个操作只完成了一个。如果先写了数据库修改，而运行记录中没有登记这个修改，则以后就无法恢复这个修改。如果先写日志，但没有修改数据库，按日志文件恢复是指不过多执行一次不必要的 UNDO 操作，并不会影响数据库的正确性。所以，一定要先写日志文件，后写数据库。这就是"先写日志文件"的原则。

12.3　恢复策略

当系统运行过程中发生故障，利用数据库后备副本和日志文件就可以将数据库恢复到故障前的某个一致性状态。不同故障其恢复策略和方法也不一样。

12.3.1　事务故障的恢复

事务故障是指事务在运行至正常终点前终止，这时恢复子系统应利用日志文件撤销（UNDO）此事务对数据库进行的修改。事务故障的恢复通常是由系统自动完成的，对用户是透明的。系统的恢复步骤如下：

（1）反向扫描日志文件（即从最后向前扫描日志文件），查找该事务的更新操作。

（2）对该事务的更新操作执行逆操作，即将日志记录中"更新前的值"写入数据库。如果记录中是插入操作，则相当于做删除操作（因此时"更新前的值"为空）；若记录中是删除操作，则做插入操作；若是修改操作，则相当于用修改前的值代替修改后的值。

（3）重复执行（1）和（2），恢复该事务的其他更新操作。

（4）直至读到该事务的开始标记，事务故障恢复即完成。

12.3.2　系统故障的恢复

前面已讲过，系统故障造成数据不一致的原因有两个：一是未完成事务对数据库的更新可能已写入数据库；二是已提交事务对数据库的更新可能还留在缓冲区没来得及写入数据库。因此恢复操作就是要撤销故障发生时未完成的事务，重做已完成的事务。

系统故障的恢复是由系统在重新启动时自动完成的，不需要用户干预。系统的恢复步骤如下：

（1）正向扫描日志文件（即从头扫描日志文件），找出在故障发生前已经提交的事务（这些事务既有 BEGIN TRANSACTION 记录，又有 COMMIT 记录），将其事务标识记入重做队列（REDO-LIST），同时找出故障发生时尚未完成的事务（这些事务既有 BEGIN TRANSACTION 记录，但无相应的 COMMIT 记录），将其事务标识记入撤销队列（UNDO-LIST）。

（2）对撤销队列中的各个事务进行撤销（UNDO）处理。

进行撤销处理的方法是：反向扫描日志文件，对每个事务的更新操作执行逆操作，即将日志记录中"更新前的值"写入数据库。

（3）对重做队列中的各个事务进行重做（REDO）处理。

进行重做处理的方法是：正向扫描日志文件，对每个重做事务重新执行日志文件登记的操作，即将日志记录中"更新后的值"写入数据库。

12.3.3 介质故障的恢复

发生介质故障后，磁盘上的物理数据和日志文件被破坏，这是最严重的一种故障。恢复方法是重装数据库后备副本，然后重做已完成的事务。

（1）装入最新的数据库后备副本（离故障发生时刻最近的转储副本），使数据库恢复到最近一次转储时的一致性状态。对于动态转储的数据库副本，还需要同时装入转储开始时刻的日志文件副本，利用恢复系统故障的方法（即 REDO+UNDO 的方法）才能将数据库恢复到一致性状态。

（2）装入相应的日志文件副本（转储结束时刻的日志文件副本），重做已完成的事务，即首先扫描日志文件，找出故障发生时已提交的事务的标识，将其记入重做队列，然后正向扫描日志文件，对重做队列中的所有事务进行重做处理（将日志记录中"更新后的值"写入数据库）。

这样就可以将数据库恢复至故障前某一时刻的一致状态。

介质故障的恢复需要数据库管理员介入，但数据库管理员只需要重装最近转储的数据库副本和有关的各日志文件副本，然后执行系统提供的恢复命令即可，具有的恢复操作仍由数据库管理系统完成。

12.4 具有检查点的恢复技术

利用日志技术进行数据恢复时，恢复子系统必须搜索所有的日志，确定哪些事务需要重做。一般来说，需要检查所有的日志记录，但这样做会产生两个问题：一是搜索整个日志将耗费大量的时间；二是很多需要重做处理的事务实际上已经将它们的更新操作结果写到数据库中，然而恢复子系统又重新执行这些操作，浪费大量时间。为了解决这些问题，又发展了具有检查点的恢复技术。

具有检查点的恢复技术在日志文件中增加检查点记录，增加重新开始文件，并让恢复子系统在登录日志文件期间动态地维护日志。

检查点记录的内容有两点：

（1）建立检查点时刻所有正在执行的事务清单。

（2）这些事务最近一个日志记录的地址。

重新开始文件的内容记录各个检查点记录在日志文件中的地址。

动态维护日志文件的方法是在运行时周期性地执行如下操作：建立检查点，保存数据库状态。

具体步骤如下：

（1）将当前日志缓冲区中的所有日志记录写入磁盘的日志文件中。

（2）在日志文件中写入一个检查点记录。

（3）将当前数据缓冲区的所有数据记录写入磁盘的数据库中。

（4）把检查点记录在日志文件中的地址写入一个重新开始文件。

恢复子系统可以定期或不定期地建立检查点，保存数据库状态。在定期情况下按照预定的一个时间间隔，如每隔一小时建立一个检查点。不定期则按照某种规则，如日志文件已写满一半建立一个检查点。

系统出现故障时，恢复子系统将根据事务的不同状态采取不同的恢复策略，如图 12-3 所示：

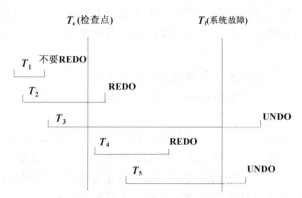

图 12-3 恢复子系统采取不同的恢复策略

T_1：在检查点之前提交。

T_2：在检查点之前开始执行，在检查点之后故障点之前提交。

T_3：在检查点之前开始执行，在故障点时还未完成。

T_4：在检查点之后开始执行，在故障点之前提交。

T_5：在检查点之后开始执行，在故障点时还未完成。

恢复策略：

T_3 和 T_5 在故障发生时还未完成，所以予以撤销。

T_2 和 T_4 在检查点之后才提交，它们对数据库所做的修改在故障发生时可能还在缓冲区中，尚未写入数据库，所以要 REDO。

T_1 在检查点之前已提交，所以不必执行 REDO 操作。

12.5 SQL Server 备份与恢复

12.5.1 备份的基本概念

1. 备份内容

数据库中数据的重要程度决定了数据恢复的必要与重要性，也就决定了数据是否及如何备份。数据库需备份的内容可分为数据文件（又分为主要数据文件和次要数据文件）、日志文件两部分。其中，数据文件中所存储的系统数据库是确保 SQL Server 系统正常运行的重要依据，系统数据库必须被完全备份。

2. 由谁做备份

在 SQL Server 中，具有下列角色的成员可以做备份操作：

（1）固定的服务器角色 sysadmin（系统管理员）。

（2）固定的数据库角色 db_owner（数据库所有者）。

（3）固定的数据库角色 db_backupoperator（允许进行数据库备份的用户）。

3. 备份介质

备份介质是指将数据库备份到的目标载体，即备份到何处。SQL Server 中，允许使用两种类型的备份介质：

（1）硬盘：是最常用的备份介质。硬盘可用于备份本地文件，也可用于备份网络文件。

（2）磁带：是大容量的备份介质，磁带仅可用于备份本地文件。

4. 何时备份

对于系统数据库和用户数据库，其备份时机是不同的。

（1）系统数据库。当系统数据库 master、msdb 和 model 中的任何一个被修改以后，都要将其备份。

master 数据库包含了 SQL Server 系统有关数据库的全部信息，即它是"数据库的数据库"，如果 master 数据库损坏，那么 SQL Server 可能无法启动，并且用户数据库可能无效。当 master 数据库被破坏而没有 master 数据库的备份时，就只能重建全部的系统数据库。在 SQL Server 中要重新生成 master 数据库，只能使用 SQL Server 的安装程序来恢复。

当修改了系统数据库 msdb 或 model 时，也必须对它们进行备份，以便在系统出现故障时恢复作业以及用户创建的数据库信息。

（2）用户数据库。创建数据库或加载数据库时，应备份数据库；为数据库创建索引时，应备份数据库，以便恢复时节省时间。

当清理了日志或执行了不记录日志的 T-SQL 命令时，应备份数据库，这是因为若日志记录被清除或命令未记录在事务日志中，日志中将不包含数据库的活动记录，因此不能通过日志恢复数据。不记录日志的命令有 BACKUP LOG WITH NO_LOG、WRITETEXT、UPDATETEXT、SELECT INTO、命令行实用程序和 BCP 命令。

5. 限制的操作

SQL Server 在执行数据库备份的过程中，允许用户对数据库继续操作，但不允许用户在备份时执行下列操作：

（1）创建或删除数据库文件。

（2）创建索引。

（3）不记录日志的命令。

6. 备份类型

SQL Server 中提供了 3 种备份类型：完整备份、差异备份和事务日志备份。

（1）完整备份：完整备份就是对整个数据库进行备份，包括对部分事务日志进行备份，以便在还原完整数据库备份之后，能够恢复完整数据库备份。随着数据库不断增大，完整备份需花费更多时间才能完成，并且需要更多的存储空间。

（2）差异备份：差异备份所基于的是最近一次的完整数据备份。差异备份仅捕获自该次完整备份后发生更改的数据。差异备份所基于的完整备份称为差异的"基准"。完整备份（仅复制备份除外）可以用作一系列差异备份的基准，包括数据库备份、部分备份和文件备份。文件差异备份的基准备份可以包含在完整备份、文件备份或部分备份中。

（3）事务日志备份：在创建任何日志备份之前，必须至少创建一个完整备份。然后，可以随时备份事务日志。建议经常执行日志备份，这样既可尽量减少丢失工作的风险，也可以截断事务日志。

12.5.2 备份操作和备份命令

1. 创建备份设备

1）创建永久备份设备

如果要使用备份设备的逻辑名来引用备份设备，就必须在使用它之前创建命名备份设备。当希望所创建的备份设备能够重新使用或设置系统自动备份数据库时，就要使用永久备份设备。

若使用磁盘设备备份，那么备份设备实际上就是磁盘文件；若使用磁带设备备份，那么备份设备实际上就是一个或多个磁带。

创建该备份设备有两种方法：使用图形向导方式或使用系统存储过程 sp_addumpdevice。

执行系统存储过程 sp_addumpdevice 可以在磁盘或磁带上创建命名备份设备，也可以将数据定向到命名管道。

创建命名备份设备时，要注意以下几点：

① SQL Server 2014 将在系统数据库 master 的系统表 sysdevice 中创建该命名备份设备的物理名和逻辑名。

② 必须指定该命名备份设备的物理名和逻辑名，当在网络磁盘上创建命名备份设备时要说明网络磁盘文件路径名。

语法格式如下：

```
sp_addumpdevice [ @devtype=] 'device_type',
[@logicalname=] 'logical_name',
[@physicalname=] 'physical_name'
```

参数含义如下：

- [@devtype =] 'device—type'：备份设备的类型。device_type 的数据类型为 varchar(20)，无默认值，可以是下列值之一：disk 或 tape。
- [@logicalname=] 'logical_name'：在 BACKUP 和 RESTORE 语句中使用的备份设备 的逻辑名称。logical_name 的数据类型为 sysname，无默认值，且不能为 NULL。
- [@physicalname =] 'physical_name'：备份设备的物理名称，并且必须包含完整路径。physical_name 的数据类型为 nvarchar(260)，无默认值，且不能为 NULL。

【例 12-2】在本地硬盘上创建一个备份设备。

```
EXEC sp_addumpdevice 'disk','mybackupfile',
'E:\mybackupfile.bak'
```

所创建的备份设备的逻辑名是 mybackupfile。

所创建的备份设备的物理名是 E:\mybackupfile.bak。

【例 12-3】在磁带上创建一个备份设备。

```
EXEC sp_addumpdevice 'tape', 'tapebackupfile', ' \\.\tape0'
```

2）创建临时备份设备

临时备份设备，顾名思义，就是只做临时性存储之用，对这种设备只能使用物理名来引用。如果不准备重用备份设备，那么就可以使用临时备份设备。

例如，如果只要进行数据库的一次性备份或测试自动备份操作，那么就用临时备份设备。创建临时备份设备时，要指定介质类型（磁盘、磁带）、完整的路径名及文件名称。可使用

T-SQL 的 BACKUP DATABASE 语句创建临时备份设备。对使用临时备份设备进行的备份，SQL Server 系统将创建临时文件来存储备份的结果。

BACKUP DATABASE 语句的语法格式如下：

```
BACKUP DATABASE { database_name | @database_name_var }
    TO 〈backup-file〉 [,…n ]
```

其中：

```
<backup_file>::=
{ { backup_file_name | @backup_file_name_evar } |
    { DISK | TAPE }={ temp_file_name | @temp_file_name_evar }
```

【例 12-4】在磁盘上创建一个临时备份设备，用来备份数据库 bookstore。

```
BACKUP DATABASE bookstore TO DISK='E:\tmpbookstore.ba'
```

3）使用多个备份设备

SQL Server 可以同时向多个备份设备写入数据，即进行并行的备份。并行备份将需备份的数据分别备份在多个设备上，这多个备份设备构成了备份集。图 12-4 所示显示了在多个备份设备上进行备份以及由备份的各组成部分形成的备份集。

用多个设备进行并行备份时，要注意以下几点：

（1）设备备份操作使用的所有设备必须具有相同的介质类型。

（2）多设备备份操作使用的设备其存储容量和运行速度可以不同。

（3）可以使用命名备份设备和临时备份设备的组合。

（4）从多个设备备份恢复时，不必使用与备份时相同数量的设备。

2．备份命令

T-SQL 提供的命令——BACKUP，用于备份整个数据库、差异备份数据库、备份特定的文件或文件组以及备份事务日志。

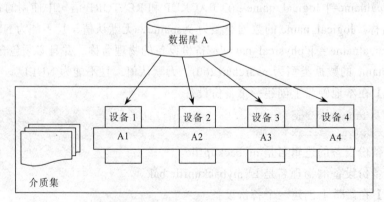

图 12-4　使用多个备份设备及备份集

1）备份整个数据库

以下是使用 BACKUP 语句进行完全数据库备份的例子。

【例 12-5】使用逻辑名 test1 在 E 盘创建一个命名的备份设备，并将数据库 bookstore 完全备份到该设备。

```
EXEC sp_addumpdevice 'disk', 'testl', 'E:\test1.bak' BACKUP DATABASE
bookstore TO testl
```

以下示例将数据库 bookstore 备份到备份设备 test1，并覆盖该设备上原有的内容。

```
BACKUP DATABASE bookstore TO test1 WITH INIT
```

以下示例将数据库 bookstore 备份到备份设备 test1，执行追加的完全数据库备份，该设备上原有的备份内容都被保存。

```
BACKUP DATABASE bookstore TO test1 WITH NOINIT
```

2）差异备份数据库

对于需频繁修改的数据库，进行差异备份可以缩短备份和恢复的时间。只有当已经执行了完全数据库备份后才能执行差异备份。进行差异备份时，SQL Server 将备份从最近的完全数据库备份后数据库发生了变化的部分。

SQL Server 执行差异备份时需注意下列几点：

（1）若在上次完全数据库备份后，数据库的某行被修改了，则执行差异备份只保存最后依次改动的值。

（2）为了使差异备份设备与完全数据库备份设备区分开来，应使用不同的设备名。

【例 12-6】创建临时备份设备并在所创建的临时备份设备上进行差异备份。

```
BACKUP DATABASE bookstore TO
DISK='E:\bookstorebk.bak' WITH DIFFERENTIAL
```

3）备份数据库文件或文件组

当数据库非常大时，可以进行数据库文件或文件组的备份。

使用数据库文件或文件组备份时，要注意以下几点：

（1）必须指定文件或文件组的逻辑名。

（2）必须执行事务日志备份，以确保恢复后的文件与数据库其他部分的一致性。

（3）应轮流备份数据库中的文件或文件组，以使数据库中的所有文件或文件组都定期得到备份。

（4）最多可以指定 16 个文件或文件组。

【例 12-7】设 TT 数据库有 2 个数据文件 t1 和 t2，事务日志存储在文件 tlog 中。将文件 t1 备份到备份设备 t1backup 中，将事务日志文件备份到 tbackuplog 中。

```
EXEC sp_addumpdevice 'disk','t1backup','E:\t1backup.bak'
GO
EXEC sp_addumpdevice 'disk','tbackuplog','E:\tbackuplog.bak'
GO
BACKUP DATABASE TT FILE='t1' TO t1backup
BACKUP LOG TT TO tbackuplog
GO
```

12.5.3　恢复操作和恢复命令

1. SQL Server 的恢复原理

在 SQL Server 运行过程中，数据库的大部分页存储于磁盘的主数据文件和辅数据文件中，而正被使用的数据页则存储在主存储器的缓冲区中，所有对数据库的修改都被记录在事务日志中。日志记录每个事务的开始和结束，并将每个修改与一个事务相关联。

SQL Server 系统在日志中存储有关信息，以便在需要时可以恢复（前滚）或撤销（回滚）构成事务的数据修改。日志中的每条记录都由一个唯一的日志序号（LSN）标识，事务的所有日志记录都链接在一起。

在 SQL Server 数据库的故障发生造成数据库无法正常工作时，SQL Server 管理系统可以通过系统中的日志中保存的信息与先前对数据文件的备份来对数据库的数据进行恢复。

2. 数据库的恢复命令

在 SQL SERVER 中的备份中有完整备份、差异备份和事务日志备份三种方式。以下主要介绍三种不同备份类型的恢复命令。

（1）恢复整个数据库。当存储数据库的物理介质被破坏，或整个数据库被误删除或被破坏时，就要恢复整个数据库。恢复整个数据库时，SQL Server 系统将重新创建数据库及与数据库相关的所有文件，并将文件存放在原来的位置。

【例 12-8】使用 RESTORE 语句从一个已存在的命名备份介质 bookstoreBK1（假设已经创建）中恢复整个数据库 bookstore。

首先使用 BACKUP 命令对 bookstore 数据进行完全备份：

```
BACKUP DATABASE bookstore TO bookstoreBK1
```

恢复数据库的命令如下：

```
RESTORE DATABASE bookstore FROM bookstoreBK1 WITH FILE=1
```

（2）恢复数据库的部分内容。应用程序或用户的误操作如无效更新或误删表格等往往只影响到数据库的某些相对独立的部分。在这些情况下，SQL Server 提供了将数据库的部分内容还原到另一个位置的机制，以使损坏或丢失的数据可复制回原始数据库。

【例 12-9】使用 RESTORE 语句从一个已存在的命名差异备份介质 bookstoreBK2（假设已经创建）中恢复对应的数据库 bookstore。首先使用 BACKUP 命令对 PXSCJ 数据进行差异备份：

```
BACKUP DATABASE Test_Bak TO DISK = 'D:\ bak\ bookstoreBK2.bak' WITH INIT,
DIFFERENTIAL   --加上 DIFFERENTIAL 代表差异备份
```

恢复数据库的命令如下：

```
RESTORE DATABASE bookstore
FROM DISK = N' D:\ bak\ bookstoreBK2.bak '
WITH
STATS = 10,
NORECOVERY
GO
```

执行事务日志恢复必须在进行完全数据库恢复以后。以下语句是先从备份介质 bookstoreBK1 进行完全恢复数据库 bookstore，再进行事务日志事务恢复，假设已经备份了 bookstore 数据库的事务日志到备份设备 bookstoreLOGBK1 中。

```
RESTORE DATABASE bookstore FROM bookstoreBK1 WITH NORECOVERY, REPLACE
GORESTORE LOG bookstore FROM bookstoreLOGBK1
```

本 章 小 结

　　数据库的恢复是指系统发生故障后，将数据从错误状态恢复到某一正确状态的功能。对于事务故障、系统故障和介质故障 3 种不同的故障类型，DBMS 有不同的恢复方法。登记日志文件和数据转储是恢复中常用的技术，恢复的基本原理是利用存储在日志文件和数据库后备副本中的冗余数据来重建数据库。

　　数据库恢复机制是数据库管理系统的重要组成部分。故障恢复的基本原理是数据冗余，建立冗余数据最常用的技术是数据转储和登记日志文件。针对不同的故障类型，需采取不同的恢复策略。SQL Server 对数据库备份与恢复提供了良好的支持。

练 习 题

1. 数据库系统发生的故障主要有哪几种类型？
2. 简述数据库恢复的基本原理。
3. 数据转储有哪几种类型？
4. 登记日志文件时，为什么一定要先写日志文件，后写数据库？

实验 14　数据库备份和恢复

【实验目的】

1. 了解 SQL Server 的数据备份和恢复机制。
2. 掌握 SQL Server 中数据库备份和恢复的方法。

【实验内容】

1. 通过查阅资料，了解 SQL Server 中的数据备份和恢复机制。
2. 使用 SQL 语句创建一个备份设备。
3. 为网上书城（bookstore）数据库生成一个完全备份。
4. 创建新临时备份设备，并在所创建的临时备份设备上进行网上书城（bookstore）数据库差异备份。
5. 创建新临时备份设备，并在所创建的临时备份设备上进行网上书城（bookstore）数据库日志备份。
6. 利用以上三种不用类型的网上书城（bookstore）数据库的备份进行恢复。

第 13 章

数据库编程接口

随着数据库技术的发展，市场上涌现出越来越多的数据库管理系统（DBMS），较为流行的有 Orcale、SQL Server、Sybase 和 DB2 等。由于不同数据库产品之间存在显著差异，同一客户端（Client）如果需要在不同的数据库上运行，应用程序开发商就需要编写不同的版本，大大较低了软件开发效率，使得异构数据库的访问变得困难起来。在这些形势下，用于数据库访问的标准化应用程序编程接口，可以方便地对不同的数据库进行访问和操作，数据库的"互联"问题也得到了较好的解决。本章主要讲述了常见的数据库编程接口。

13.1 ODBC 编程

13.1.1 ODBC 概述

ODBC（Open Database Connectivity）是被人们广泛接受的用于数据库访问的应用程序编程接口。对于数据库 API，它以 X/Open 和 ISO/IEC 的 Call-Level Interface（CLI）规范为基础，并使用 SQL 作为其数据库访问语句。

ODBC 是位于数据库应用程序和数据库之间的中间件（Middleware），文为上层的应用程序提供了一组标准的 API，这些 API 利用 SQL 来完成其大部分任务，ODBC 本身也提供了对 SQL 语言的支持，用户可以直接将 SQL 语句发送给 ODBC；ODBC 通过相应的数据库驱动对下层执行数据库的访问以及各种数据操作。这样，开发人员在编写数据库应用程序时不必再考虑数据库内部的复杂结构以及实现方式，它们所需要面对的只有 ODBC 的各种简单的标准接口，其他复杂的数据库操作完全交给 ODBC 来完成。与此同时，数据库厂商在为自己的数据库管理系统编写驱动程序时也可做到有章可循，根据 ODBC 标准实现数据库的底层驱动程序就可以得到 ODBC 的支持，标准化的问题迎刃而解。

ODBC 诞生以后，数据库应用程序与具体操作的数据库分离，无论底层是何种 DBMS，同一套源代码都可以完成相同的工作，底层数据库的改变不会导致应用程序重新编译连接，避免了应用程序中代码随数据库的改变而改变的问题，为数据库应用程序的开发、维护和升级带来了极大的便利。除此之外，数据库应用程序在异构数据库之间移植的问题也得到了很好的解决。

ODBC 体系结构如图 13-1 所示。ODBC 分为以下几个主要部分：

（1）应用程序：接受用户查询并调用 ODBC 函数，执行该查询，最终获取检索结果。

（2）Driver Manager：根据应用程序加载并卸载驱动程序，处理 ODBC 函数调用或把它们传送到驱动程序。

（3）驱动程序：处理 ODBC 函数调用，提交 SQL 请求到一个指针的数据源，并把结果返回给应用程序。

（4）数据源：包括用户要访问的数据及相关的操作系统、DBM 及用于访问 DBMS 的网络平台。

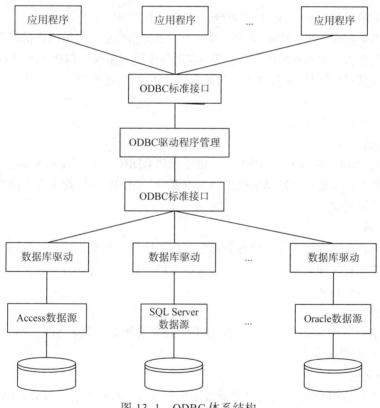

图 13-1　ODBC 体系结构

数据源（Data Source）是 ODBC 体系结构中的重要组成部分，它将数据库驱动与底层的数据库连接起来。数据源是数据的来源，提供获取数据所必须的连接信息（Connection Information）。连接信息包括服务位置、数据库名称、用户登录名、密码等。为了连接数据库，开发人员首先需要创建指向特定数据库的数据源并在程序中引用该数据源。

在 ODBC 体系结构中，每个数据源都拥有唯一的数据源名（Data Source Name，DSN）。数据源名代表了连接到指定数据库的必要信息，因此实际上是一种连接的抽象。

数据源可分为 3 类：用户数据源（又称机器数据源）、系统数据源和文件数据源。用户数据源允许某一特定计算机的某一特定用户访问数据库，系统数据源允许某一特定计算机上的所有用户访问数据库，可见这两种数据源都是针对某一特定计算机的数据库而言的。文件数据源将一切有关信息存放为.dsn 文本文件中，并且可以为装有相同驱动程序的不同计算机上的不同用户所共享。

同一个应用程序可以对应多个驱动程序和数据源，所以一个应用程序可以同时从多个数据源访问数据。

13.1.2　ODBC 编程接口

ODBC 提供了很多简单、实用的编程接口，人们可以方便地利用这些接口进行数据库访问，下面对这些接口函数进行简单介绍。

1. 句柄

通常意义上的句柄是一个 32 位的指针，OBDC 中的句柄也是如此。每一个基于 ODBC 的应用程序中都会存在一组 ODBC 句柄，表现为一组句柄变量，而句柄根据其类型的不同来存储有关应用程序和数据库连接的不同信息。应用程序要利用这些句柄来调用 ODBC 接口来完成相应的动作，但应用程序不需要了解句柄中的具体信息，这些内容只对建立句柄的 ODBC 组件有意义。

ODBC 的句柄可分为 4 类：

1）环境句柄

环境句柄是 ODBC 的一个全局性句柄，用于存储 ODBC 全局环境的所有信息，如环境状态、当前环境状态诊断和每个环境属性的当前设置等。ODBC 应用程序在连接数据源之前必须申请并分配环境句柄。

2）连接句柄

连接句柄用户用于存储应用程序和数据源之间的链接。每个连接句柄标识一个链接，包括了应使用的驱动程序和数据源。由于一个应用程序可能同时连接多个数据源，一个应用程序可能包含多个连接句柄。

3）语句句柄

这里的"语句"并不仅仅指一条 SQL 语句，还包含所有与那个 SQL 语句相关的信息，如 SQL 语句产生的结果集等。

4）描述符句柄

描述符句柄是描述 SQL 语句的参数或者结果集列的元数据集合。可分为以下 4 类：

（1）应用程序参数描述符（APD）：包括绑定到 SQL 语句中的参数的应用程序缓冲区的信息，如它们的地址、长度和数据类型等。

（2）实现参数描述符（IPD）：包含关于 SQL 语句中参数的信息，如它们的 SQL 数据类型、长度和可控性。

（3）应用程序行描述符（ARD）：包含绑定到结果集列的应用程序缓冲区的信息，如它们的地址、长度和数据类型。

（4）实现行描述符（IRD）：包含关于结果集中列的信息，如它们的 SQL 数据类型、长度和可控性。

这 4 类句柄的关系如图 13-2 所示。

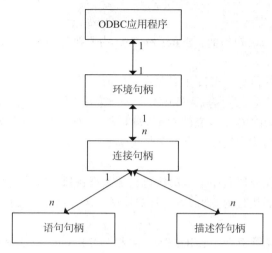

图 13-2　句柄之间的关系

2. 连接函数

应用程序在装载驱动程序、分配环境句柄以及连接句柄之后，即可和数据源连接。ODBC提供了 3 个用户连接数据源的函数：SQLConnect、SQLDriverConnect 和 SQLBrowseConnect，但是最常用的是 SQLConnect。该函数语法格式为：

```
SQLRETURN SQLConnect(SQLHDBC ConnectionHandle,
                     SQLCHAR* ServerName,
                     SQLSMALLINT NameLength1,
                     SQLCHAR* UserName,
                     SQLSMALLINT NameLength2,
                     SQLCHAR* Authentication,
                     SQLSMALLINT NameLength3)
```

其中，ConnectionHandle 为此前获得的连接句柄，ServerName 为要连接的数据源名，NameLength1 为 ServerName 参数的长度，UserName 为用户标识符，NameLength2 为 UserName的长度，Authentication 为鉴定字符串，NameLength3 为 Authentication 参数的长度。函数的返回值可能为 SQL_SUCCESS、SQL_SUCCESS_WITH_INFO、SQL_ERROR 或 SQL_INVALID_HANDLE 中一个。

3. SQL 执行函数

ODBC 中 SQL 语句的执行方式有两种：直接执行和准备执行。下面分别对这两种执行方式进行介绍。

1）直接执行

在应用程序准备好一条 SQL 语句后，可以通过调用此函数来快速执行此语句。对于为一次执行而提交的一条 SQL 语句，SQLExecDirect 是最快捷的办法，实现过程也很直观。首先将要执行的 SQL 语句文本传递给 SQLExecDirect 函数，SQL 语句经驱动程序分析后立即提交给数据源执行。

用户直接执行的函数 SQLExecDirect 的格式如下：

```
SQLRETURN SQLExecDirect(SQLHSTMT StatementHandle,
                        SQLCHAR* StatementText,
                        SQLINTERGER TextLenth)
```

其中，StatementHandle 为语句句柄，StatementText 为要执行的 SQL 语句，TextLenth 为参数 TextLenth 的长度。

若要列出全体图书的信息，可按如下方式调用该函数：

```
result=SQLExecDirect(hstmt,"SELECT * FROM BOOK",SQL_NTS)
```

其中，SQL_NTS 是 ODBC 中定义的常量，如果表示 SQL 语句的字符串是以 StatementText 标准字符串结尾，则可用该常量标识字符串长度。

2）准备执行

如果一条语句需要在应用程序中多次执行，那么准备执行方式则是一个更高的选择，这是因为在准备执行中，要执行的 SQL 语句只被编译一次，而在直接执行中 SQL 语句在每次执行时都需要经过编译。

与准备执行相关的函数有两个：SQLPrepare 和 SQLExeute。SQLPrepare 用于为要执行的 SQL 语句做好一系列的准备，而 SQLExeute 用于执行已经"准备好"的语句。准备执行方式可以准备一次，执行多次。这两个函数的格式分别如下：

```
SQLRETURN SQLPrepare(SQLHSTMT StatementHandle,
                     SQLCHAR* StatementText,
                     SQLINTERGER TextLength)
```

其中，StatementHandle 为语句句柄，StatementText 为要执行的 SQL 语句，TextLength 为 StatementText 的长度。

```
SQLRETURN SQLExecute(SQLHSTMT StatementHandle)
```

其中，StatementHandle 为语句句柄。

4. 结果集访问函数

结果集就是查询结果的集合，是符合特定检索条件的数据源上的行集，是一个概念性的表。如下面 SQL 查询语句执行后所产生的结果集包含了 Book 表的所有行和列。

```
SELECT * FROM BOOK
```

这里需要注意的是结果集可以为空，但是空结果集和没有结果集是完全不同的概念。可以把空结果集理解为没有任何行的结果集。

在执行一条查询的 SQL 语句后，应用程序可以通过调用 SQLNumResultCols()函数来确定结果集中的列数，接下来可以使用 SQLDescribeCol()函数检索每一结果集列的名称、数据类型、精度和范围。如果应用程序已经了解这些内容，则以上两步可以省略。

ODBC 应用程序使用游标来获取数据。在嵌入式 SQL 中，游标需要在使用前明确定义并且打开，而在 ODBC 中，当结果集的语句执行时，游标默认打开。获取结果集后，游标定位到结果集的首行之前。应用程序首先调用 SQLBIndCol()函数将查询获取的结果绑定到应用程序缓冲区中。若要获取每一行数据，则可以利用 SQLFetch()函数。SQLFetch()函数驱动游标移动到下一行，并返回 SQLGetData()绑定的数据。需要注意的是，SQLFetch()函数只能向后移动游标。完成上述工作后，程序就可以缓冲区中获得的数据来读取得到的数据，当游标达到结果集的结尾时，SQLFetch 返回 SQL_NO_DATA。最后，应用程序要利用 SQLClosecursor()来手动关闭游标。

获取数据集有关的函数具体格式为：

```
SQLRETURN SQLFetch(SQLHSTMT statementHandle)
```

其中，statementHandle 为有效的语句句柄。

```
SQLRETURN SQLGetData(SQLHSTMT StatementHandle,
                     SQLSMALLINT ColumnNumber,
                     SQLSMALLINT TargetType,
                     SQLPOINTER TargetVlauePtr,
                     SQLINTERGER BufferLength,
                     SQLINTERGER* StrLen_or_IndPtr);
```

其中，StatementHandle 为有效的语句句柄，ColumnNumber 为要绑定的结果组的列号，TargetType 为 TargetVlauePtr 缓冲区中数据类型的标识符，TargetVlauePtr 为一个数据缓冲区的指针，此缓冲区与列绑定，BufferLength 为 TargetVlauePtr 缓冲区以字节为单位的长度，StrLen_or_IndPtr 为一个长度/指示器缓冲区的指针，此缓冲区与列绑定。

13.1.3　ODBC 开发实例

1. 开发步骤

ODBC 应用程序基本流程如图 13-3 所示。

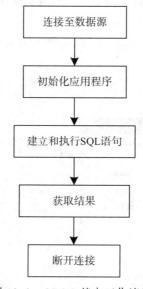

图 13-3　ODBC 基本工作流程

1）连接至数据源

应用程序需要通过 SQLAllocHandle() 函数分配程序的环境句柄，然后通过 SQLSetEnvAttr()接口注册它所使用的 ODBC 版本，随后再次调用 SQLAllocHandle()函数分配连接句柄并使用 SQLConnect()（或 SQLDriverConnect()、SQLBrowserConnect()）函数连接数据源。

2）初始化

应用程序需要对 SQLAllocHandle()函数分配语句句柄并通过 SQLSetStmtAttr()设置语句属性。

3）建立和执行 SQL 语句

如果要执行的 SQL 语句含有参数，则首先应该通过 SQLBindParameter() 函数绑定参数至应用程序的变量，随后，应用程序就可以利用直接执行（SQLExecDIrect）方式或准备执行（SQLPrepare、SQLExecute）方式执行 SQL 语句。

4）获取结果集

应用程序首先调用 SQLNumResultCols() 来确定结果集中的列数，用 SQLDescribeCol() 函数检索每一结果集列的名称、数据类型、精度和范围，如果应用程序了解这些信息，则可以跳过。此后需要通过 SQLBindCol() 函数将结果集绑定到程序缓冲区中，最后，使用 SQLFetch() 函数逐行获得结果，直到该函数返回 SQL_NO_DATA。

5）断开连接

应用程序在正常退出之前需要与连接的数据源断开。首先，应用程序通过 SQLFreeHandle() 函数释放所有分配的语句句柄，然后通过 SQLDisconnect() 函数断开与数据源的连接并用 SQLFreeHandle() 函数释放连接句柄，最后再次通过 SQLFreeHandle() 函数释放应用程序的环境句柄。

2. 建立数据源

在使用 ODBC 访问数据库时，首先需要建立与数据库连接，在与数据库连接时，通常使用已建立的 ODBC 数据源。

（1）双击"控制面板"|"管理工具"|"数据源（ODBC）"图标，弹出"ODBC 数据源管理器"对话框，如图 13-4 所示。

（2）选择"用户 DSN"选项卡，单击"添加"按钮，弹出"创建新数据源"对话框，如图 13-5 所示。

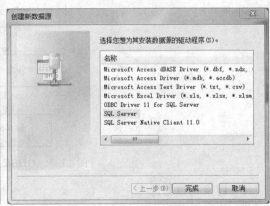

图 13-4 "ODBC 数据源管理器"对话框　　　图 13-5 "创建新数据源"对话框

（3）在驱动程序列表中选择"SQL Server"选项，单击"完成"按钮，弹出创建数据源向导对话框，如图 13-6 所示。

（4）输入数据源名称、描述，选择要连接的 SQL Server 服务器。单击"下一步"按钮，进行身份验证。SQL Server 的身份验证模式有 3 种，系统级身份验证、SQL Server 标准安全性验证和混合身份验证。本例使用系统级验证，如图 13-7 所示。

图 13-6　创建数据源向导对话框 1

图 13-7　创建数据源向导对话框 2

（5）单击"下一步"按钮，更改默认数据库，选择 bookstore 作为默认数据库（见图 13-8）。

（6）单击"下一步"按钮，在弹出的对话框中可以指定 SQL Server 消息语言、数据加密等选项（见图 13-9），单击"完成"按钮。

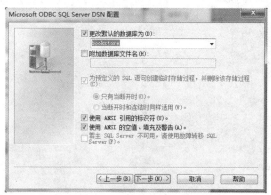

图 13-8　创建数据源向导对话框 3

图 13-9　创建数据源向导对话框 4

3．程序实例

在配置好数据源之后，就可以利用 ODBC 编写应用程序进行数据库操作。

【例 13-1】编写一个简单的测试程序，该程序主要实现数据库的连接，以及简单的查询操作。

```cpp
#include <Windows.h>
#include <sqltypes.h>
#include <sqlext.h>
#include <iostream>
const int MAX_LEN=80;
int main()
{
    SQLHENV henv;          /*环境句柄*/
    SQLHDBC hdbc;          /*连接句柄*/
    SQLHSTMT hstmt;        /*语句句柄*/
    SQLRETURN retcode;     /*返回变量*/
    SQLINTEGER bookID;
    SQLCHAR title[MAX_LEN],author[MAX_LEN],press[MAX_LEN];
```

```
        SQLFLOAT price;
        SQLINTEGER cb_bookID,cb_title,cb_author,cb_press,cb_price;
        /*分配环境句柄*/
        retcode=SQLAllocHandle(SQL_HANDLE_ENV,SQL_NULL_HANDLE,&henv);
        if(retcode==SQL_SUCCESS || retcode == SQL_SUCCESS_WITH_INFO)
            /*注册ODBC版本*/
            retcode=SQLSetEnvAttr(henv,SQL_ATTR_ODBC_VERSION,(void
*)SQL_OV_ODBC3,0);
          if(retcode==SQL_SUCCESS || retcode==SQL_SUCCESS_WITH_INFO)
            /*分配连接句柄*/
            retcode=SQLAllocHandle(SQL_HANDLE_DBC,henv,&hdbc);
        if(retcode==SQL_SUCCESS || retcode==SQL_SUCCESS_WITH_INFO)
            /*连接数据源*/
            retcode=SQLConnect(hdbc,(SQLCHAR*)"bookstore",SQL_NTS,
(SQLCHAR*)"sa",SQL_NTS,(SQLCHAR*)"123",SQL_NTS);
        if(retcode==SQL_SUCCESS || retcode==SQL_SUCCESS_WITH_INFO)
            /*分配语句句柄*/
            retcode=SQLAllocHandle(SQL_HANDLE_STMT,hdbc,&hstmt);
        if(retcode==SQL_SUCCESS || retcode==SQL_SUCCESS_WITH_INFO)
        {
            /*执行查询语句*/
            retcode=SQLExecDirect(hstmt,(SQLCHAR*)"SELECT
bookID,title,author,press,price FROM book",SQL_NTS);
            if(retcode==SQL_SUCCESS || retcode==SQL_SUCCESS_WITH_INFO)
            {
                retcode=SQLFetch(hstmt);
                while(retcode!=SQL_NO_DATA)
                {
                    SQLGetData(hstmt,1,SQL_C_ULONG,&bookID,0,&cb_bookID);
                    SQLGetData(hstmt,2,SQL_C_CHAR,&title,0,&cb_title);
                    SQLGetData(hstmt,1,SQL_C_CHAR,&author,0,&cb_author);
                    SQLGetData(hstmt,1,SQL_C_CHAR,&press,0,&cb_press);
                    SQLGetData(hstmt,5,SQL_C_FLOAT,&price,0,&cb_price);
                    std::cout << bookID << "," << title << "," << author << ","
<< press << "," << price << std::endl;
                    retcode=SQLFetch(hstmt);

                }
            }
        }
        SQLFreeHandle(SQL_HANDLE_STMT,hstmt);      /*释放语句句柄*/
        SQLDisconnect(hdbc);                       /*断开与数据源的连接*/
        SQLFreeHandle(SQL_HANDLE_DBC,hdbc);        /*释放连接句柄*/
        SQLFreeHandle(SQL_HANDLE_ENV,henv);        /*释放环境句柄*/
    }
```

13.2　JDBC 编程

13.2.1　JDBC 概述

JDBC（Java Database Connectivity）是由 Java 语言编写、用于执行 SQL 语句的应用程序编程接口，由一组类和接口组成，为数据库开发人员提供了标准的 Java API 进行数据库应用程序的开发。Java 应用程序有两种形式：应用程序（Application）和小应用程序（Applet）。Java Applet 即基于网络的 Java 应用程序。Java 应用程序接口支持这两种形式的 Java 应用程序。这两种方式分别对应两种框架：两层应用模型和三层应用模型，如图 13-10 所示。

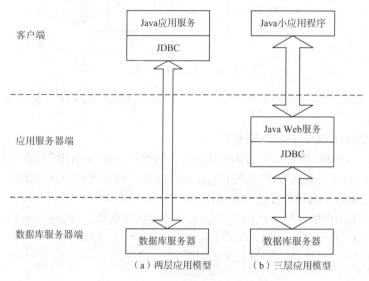

图 13-10　JDBC 的两类框架结构

1. JDBC 两层应用模型

两层应用模型是客服端/服务器模型。客服端运行的 Java 应用程序直接与数据库服务器进行访问。这种模型要求 JDBC 驱动程序能够直接与指定的数据库进行通信，而且 Java 应用程序能够将 SQL 语句传递给指定的数据库，并将执行结果返回客户端。

2. JDBC 三层应用模型

三层应用模型是客户端/应用服务器/数据库服务器模型。处于客户端的小应用程序通过 JDBC 的 API 提出 SQL 请求，该请求首先传递给调用小应用程序的 Web 服务器，在 Web 服务器端将 JDBC 与位于数据库服务器端的数据库进行连接，由数据库服务器处理 SQL 语句并将结果返回给 Web 服务器，最后再由 Web 服务器将执行结果发送给客户端。

简单来说，JDBC 有 3 个主要功能：与指定数据库建立连接、执行 SQL 语句和处理 SQL 的执行结果。为了实现上述功能，JDBC 为数据库应用程序开发提供了一组 Java 类和接口，能够实现连接数据库、执行 SQL 语句、调用存储过程等功能。

JDBC 包含两类接口，如图 13-11 所示，一是面向开发人员的 JDBC 接口；二是底层的 JDBC 驱动程序接口。一般来说，应用程序层是数据库应用程序开发者使用，驱动程序层由数据库厂商提供或驱动厂商实现。可以这样理解，Java 接口负责 Java 与 JDBC 的接口，而 JDBC 驱动接口是 JDBC 驱动程序与数据库的接口。

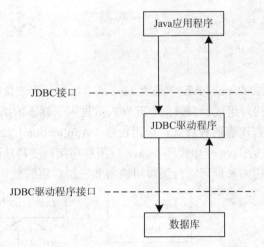

图 13-11   JDBC 两类接口

Java 中的 JDBC 驱动可分为 4 种类型，包括 JDBC-ODBC 桥驱动、本地 API 驱动、网络协议驱动和本地协议驱动。

（1）基于 JDBC-ODBC 桥的驱动程序

所谓的 JDBC-ODBC 桥就是将 JDBC 对数据库的操作转换为 ODBC 操作，从而实现 JDBC 对数据库的访问。由于 ODBC 的广泛使用，JDBC-ODBC 桥使能够访问 ODBC 支持的所有数据库系统，使用 JDBC-ODBC 桥必须将 ODBC 加载到客户端。

通过 JDBC-ODBC 桥连接数据的代码如下（设数据源名称为 mydb_test）：

```
Class.forName("sun.jdbc.odbc.JdbcOdbcDriver");
Connection con=DriverManager.getConnection("jdbc:odbc:
mydb_test","sa", "123");
```

有些数据库，如 Access，没有提供 JDBC 驱动，使用基于 JDBC-ODBC 桥的驱动程序，可以实现 Java 对于该数据库的访问。由于此类驱动程序需要调用 ODBC，然后再去访问数据库，因此执行效率比较低，不适用于海量数据的存取。另外，由于此类驱动程序需要为客户端安装 ODBC 驱动，因此使用范围也有一定的局限性。JDBC-ODBC 桥驱动程序工作原理如图 13-12 所示。

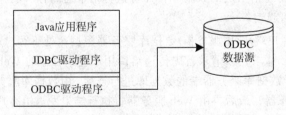

图 13-12   JDBC-ODBC 桥驱动程序工作原理

（2）基于本地 API 的驱动程序

在客户端利用数据库厂商提供的本地应用程序接口（API），将 JDBC 调用转换为标准的数据库调用，如 Oracle、Sybase、Informix、DB2 等，从而实现 Java 对数据库的访问。基于本地 API 的驱动程序同样需要将 API 程序代码加载到客户端。此类 JDBC 驱动程序的工作原理如图 13-13 所示。

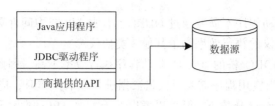

图 13-13　基于本地 API 的 JDBC 驱动程序工作原理

这类驱动程序的执行效率较基于 JDBC-ODBC 桥的驱动程序有一定提高，但需要数据库厂商提高本地 API，因此，使用范围有一定的局限性。下面是使用这种驱动程序连接 SQL Server 数据库的代码（设数据源名称为 mydb_test）：

```
Class.forName("com.microsoft.sqlserver.jdbc.SQLServerDriver");
Connection con=
DriverManager.getConnection("jdbc:sqlserver://127.0.0.1:1433;databaseName=
mydb_test","sa", "123");
```

（3）基于网络协议的驱动程序

这类驱动程序是用纯 Java 实现的，基于网络中间件服务器的 Java 数据库访问驱动程序。JDBC 先将对数据库的访问发送到网络中的中间件服务器，然后由中间件服务器转换为符号规范的数据库调用并传递给数据库服务器，从而实现 Java 对数据库的访问。此类协议的工作原理如图 13-14 所示。

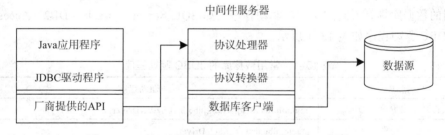

图 13-14　基于网络协议的 JDBC 驱动程序工作原理

基于网络协议的 JDBC 驱动程序，大部分功能在服务器端实现，不需要将相关的代码加载到客户端，因此，较之前两类驱动程序在内存中的加载速度快，而且具有更大的灵活性。但是，此类驱动程序需要一个中间件服务器传递数据，因此执行效率仍然很低。

（4）基于本地协议的驱动程序

这类驱动同样是用纯 Java 实现的，用于将 JDBC 直接转换为符合规范数据库访问请求，即在客户端直接访问数据库服务器。基于本地协议的 JDBC 驱动程序不需要在客户端加载任何程序，可以根据需要对不同数据库的驱动程序进行下载以支持对数据库的访问。此类 JDBC 驱动程序的工作原理如图 13-15 所示。

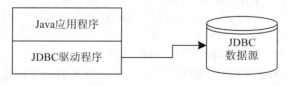

图 13-15　基于本地协议的驱动程序

基于本地协议的驱动程序不需要通过 ODBC、本地 API 或中间件服务器实现数据的访问和传递，因此，此类协议的执行效率高于其他 3 类协议。

由于基于 JDBC-ODBC 桥的 JDBC 驱动程序执行效率不高，因此只适合于访问未提供 JDBC 的数据库系统。当应用程序需要对大量数据进行存取操作时，应该考虑使用其他 3 类 JDBC 驱动程序。在 Intranet 环境下，既可以考虑基于本地 API 的驱动程序，也可以考虑基于网络协议和本地协议的 JDBC 驱动程序，但是后两次驱动程序的效率高于前者；在 Internet 环境下，应用程序只能考虑基于网络协议和本地协议的 JDBC 驱动程序。因为基于网络协议的 JDBC 驱动程序可以把多种数据库驱动都配置在中间层服务器，所以此类驱动程序最适合需要同时连接多种不同种类的数据库，并且对并发连接要求高的应用程序。基于本地协议的 JDBC 驱动则适合那些链接单一数据库的应用程序。

13.2.2 JDBC 主要接口

1. DriverManager 类

JDBC 提供了一个重要的类—DriverManager，实现了 JDBC 驱动程序与数据库的连接。一般来说，建立数据库连接调用 DriverManager 的 getConnection 方法即可实现，此外 getDriver、getDrivers 和 registerDriver 及 Driver 等方法在不同情况下也能实现与数据库的连接。

1）加载驱动程序

不同的数据库具有不同的 JDBC 驱动程序，如 SQL Server、Oracle、DB2、Access 等，常用的 JDBC 驱动程序如表 13-1 所示。

表 13-1 常用数据库的 JDBC 驱动程序

数 据 库	驱动程序
SQL Server	com.microsoft.sqlserver.jdbc.SQLServerDriver
Orcale	oracle.jdbc.driver.OracleDriver
DB2	com.ibm.db2.app.DB2Driver
Access	sun.jdbc.odbc.JdbcOdbcDriver

加载驱动程序有两种方法，一种是调用 Class.ForName()方法，将驱动程序名作为该方法的参数实现加载。如下面的代码，实现了 SQL Server 驱动程序的加载。

```
Class.forName("com.microsoft.sqlserver.jdbc.SQLServerDriver");
```

另一种是设置 Java.lang.System 的属性 jdbc.drivers。该属性是一个由 DrvierManager 类加载的驱动程序列表,由冒号":"分割。初始化 DrvierManager 类时,它搜索系统属性 jdbc.drivers,如果用户已输入了一个或多个驱动程序，则 DrvierManager 类将试图加载它们。下面的代码为 jdbc.drivers 属性设置了 SQL Server 和 Oracle 两个驱动程序：

```
jdbc.drivers=com.microsoft.jdbc.sqlserver.SQLServerDriver:
oracle.jdbc.driver.OracleDriver;
```

驱动程序加载后，DrvierManager 类对象将自动调用 registerDriver 方法对驱动程序进行注册。需要注意的是，加载驱动程序的第二种方法需要持久的预设环境。如果对这一点不能保证，则调用方法 Class.forName 显式地加载每个驱动程序就显得更加安全。这也是引入特定驱动程序的方法，因为一旦 DrvierManager 类被初始化，它将不再检查 jdbc.drivers 属性列表。

2）建立数据库连接

加载驱动程序并在 DriverManager 类中注册后，即可与数据库建立连接。建立连接通过调用 DriverManager 类的 getConnection 方法实现。DriverManager 对象发出连接请求时，DriverManager 类将检查每个驱动程序，查看它是否可以建立连接。

与数据库建立连接时，可能会有多个 JDBC 驱动程序可以与给定的 URL 连接。在这种情况下，注册驱动程序的顺序至关重要，因为 DriverManager 将使用它所找到的第一个可以成功连接到给定 URL 的驱动程序。DriverManager 按照注册顺序，通过传递给 getConnection 方法的 URL 对驱动程序进行测试，然后连接第一个 URL 的驱动程序。下面的代码是通常情况下用驱动程序与数据库建立连接需要的步骤。

```
Class.forName("com.microsoft.sqlserver.jdbc.SQLServerDriver");
String URL="jdbc:sqlserver://127.0.0.1:1433;databaseName=bookstore";
Connection con=DriverManager.getConnection(URL,"sa","123");
```

上述代码调用了方法 Class.forName 注册 SQL Server 的驱动程序，与名称为 bookstore 的数据库建立连接，登录用户名为"sa"，登录密码为"123"。

2．Connection 接口

Connection 接口的功能是与特定数据库建立连接。一个 Java 应用程序，可以与一个或多个数据库建立连接，也可以与某一个数据库建立多个连接。

建立数据库连接的方法是调用 DriverManager 类中的 getConnection 方法。下面的代码是连接到地址为 192.168.1.1 的 SQL Server 数据库 testdb,登录用户名为"sa"，登录密码为"123"。

```
String URL="jdbc:sqlserver://192.168.1.1:1433;databaseName=testdb";
Connection con=DriverManager.getConnection(URL,"sa","123");
```

字符串 URL 是用来描述所连接数据库的 JDBC 统一资源定位符（Uniform/Universal Resource Locator，URL），通过 Java URL，可以识别数据库并与之建立连接。JDBC URL 可以是主机名或数据库名称，标准的 JDBC URL 由 3 部分组成：

```
jdbc:<子协议>:<子名称>
```

子协议是驱动程序名称或数据库的某种连接机制的名称。如名为 odbc 的子协议用于指定 ODBC 数据资源，通过 JDBC-ODBC 桥连接方式连接本地数据库 testdb，JDBC URL 可以设置为：

```
jdbc:odbc:testdb
```

子名称是数据库的标识方法。使用子名称的目的是为定位数据库提供足够的信息。上面的例子中，因为 ODBC 将使用其余部分的信息，因此可以直接使用数据库名称 testdb。然而，位于远程服务器上的数据库需要更多的信息。例如，如果数据库是通过 Internet 来访问的，则在 JDBC 中应将网络地址作为子名称的一部分包括进去，且必须遵循标准 URL 命名约定：//主机名:端口号/数据源。假如 dbnet 是用于将某个主机连接到 Internet 的协议，则 JDBC URL 类似：

```
Jdbc:dbnet//DBServer:port//dbname
```

3．Statement 接口

Statement 接口的作用是向已建立连接的数据库中发送 SQL 语句。有 3 种 Statement 对象可以用来向给定的数据库连接上执行 SQL 语句的包容器：Statement、PreparedStatement（从 Statement 继承而来）和 CallableStatement（从 PreparedStatement 继承而来）。它们专用于发送特定类型的 SQL 语句：Statement 对象用于执行不带参数的简单 SQL 语句；PreparedStatement 对象用于执行带或不带 IN 参数的预编译 SQL 语句；CallableStatement 用于执行数据库的存储过程。

1）创建 Statement 对象

与数据库建立连接之后，可以利用 Statement 对象向数据库发送 SQL 语句。Statement 对象用 Connection 接口的方法 createStatement 创建，如下列代码所示：

```
String URL="jdbc:sqlserver://127.0.0.1:1433;database=bookstore";
Connection con=DriverManager.getConnection(URL,"sa","123");
Statement stmt=con.createStatement();
```

2）Statement 对象执行 SQL 语句

Statement 接口提供了种执行 SQL 语句的方法：executeQuery、executeUpdate 和 execute。使用哪一个方法由 SQL 语句所产生的内容决定。

（1）方法 executeQuery 用于执行能够产生一个结果集的语句，如 SELECT 语句。

（2）方法 executeUpdate 用于执行 INSERT、UPDATE 或 DELETE 语句及 SQL DDL（数据定义语句），如 CREATE TABLE 语句。它的返回值是一个整数，表示执行语句影响到关系表中的行数（更新行计数），对于 CREATE TABLE 等不针对行操作的语句，其返回值总是 0。

（3）方法 execute 用于执行产生多个结果集、多个更新行计数或两者组合的语句。

如果要对数据库进行查询，可以使用如下操作语句完成操作：

```
Statement stmt=con.createStatement();
ResultSet rs=stmt.executeQuery("SELECT bookID,title,author,press,price
FROM BOOK");
```

结果集 ResultSet 是执行查询得到的查询结果集合，包含符合条件的所有行，因此，结果集能够描述关系表或视图，结果集可以通过一系列的 get 方法（实现访问当前行中的不同列）实现对这些行中数据的访问。

下面的代码是执行 SQL 语句并输出查询结果集的示例：

```
Statement stmt=con.createStatement();
ResultSet rs=stmt.executeQuery("SELECT bookID,title,author,press,price
FROM BOOK");
    while(rs.next())
    {
    int bid=rs.getInt("bookID");
    String title=rs.getString("title");
    String author=rs.getString("author");
    String press=rs.getString("press");
    float price=rs.getFloat("price");
    System.out.println(bid+" "+title+" "+author+" "+press+" "+price);
    }
```

执行 Statement 接口的所有方法都将关闭所调用的 Statement 对象在当前打开的结果集（如果存在）。这意味着在重新执行 Statement 对象之前，需要完成对当前 ResultSet 的处理，这是由于执行 Statement 对象要生成新的结果集对象。

如果要对数据库进行修改操作，可以使用如下语句来完成操作：

```
Statement stmt=con.createStatement();
int rowCount=stmt.executeUpdate("UPDATE book SET stockNum=2*stockNum
WHERE stockNum<50");
```

4．PreparedStatement 接口

PreparedStatement 接口继承了 Statement 接口的所有功能，与 Statement 不同的是，PreparedStatement 执行的是已经编译好的、可以具有一个或多个 IN 参数的 SQL 语句。IN 参数的值在 SQL 语句创建时未被指定。包含 IN 参数的 SQL 语句为每个 IN 参数保留一个 "?" 作为占位符，每个 IN 参数的值必须在该语句执行之前通过适当的 set 方法来设置。PreparedStatement 接口提供了一系列 set 方法，用于设置发送给数据库以取代 IN 参数占位符的值。另外，3 种方法 executeQuery、executeUpdate 和 execute 已被更改为不再需要的参数。

由于 PreparedStatement 对象已经预编译过，所以其执行速度要大于 Statement 对象。因此，多次执行的语句经常创建为 PreparedStatement 对象，以提高执行效率。

1）创建 PreparedStatement 对象

通过调用 Connection 接口的 preparedStatement 方法可以创建 PreparedStatement 对象。如下代码所示，该 PreparedStatement 对象包含带两个 IN 参数占位符的 SQL 语句，它已发送给 DBMS，并为执行做好了准备。

```
PreparedStatement pstmt=con.prepareStatement("Update book SET price=?
WHERE bookID=?");
```

2）传递 IN 参数

在使用 PreparedStatement 对象之前，必须设置每个 IN 参数的值。设置 IN 参数可以通过调用 set 方法来完成，set 方法以 "set+数据类型" 的形式命名。如以下代码将第一个参数设置为 29.0，第二个参数设置为 1001，然后执行该 SQL 语句：

```
Connection con=DriverManager.getConnection(URL,"sa","123");
PreparedStatement pstmt=con.prepareStatement("Update book SET price=?
WHERE bookID=?");
pstmt.setDouble(1,39.0);
pstmt.setInt(2,1001);
int rowCCount=pstmt.executeUpdate();
```

5．CallableStatement 接口

CallableStatement 接口提供了一类以标准形式调用存储过程的方法。CallableStatement 对象调用存储过程有两种形式。一种是带输出（OUT）参数的调用；另一种是不带输出（OUT）参数的调用。调用存储过程也可以带有输入（IN）参数，IN 参数和 OUT 参数都使用问号 "?" 作为参数的占位符。

1）创建 CallableStatement 对象

CallableStatement 对象是用 Connection 接口提供的方法 prepareCall 创建。下面的代码创建了 CallableStatement 对象的实例 cstmt，该实例调用了存储过程 PROC1：

```
CallableStatement cstmt=con.prepareCall("{call PROC1(?,?)}");
```

该存储过程包含两个变量，定义如下：

```
CREATE PROCEDURE [dbo].[PROC1]
    @bookID INT,
```

```
      @sales INT OUTPUT
   AS
      SELECT @sales=SUM(quantity)
       FROM book,orderBook
       where book.bookID=orderBook.bookID
           and book.bookID=@bookID
```

2）IN 参数和 OUT 参数

将 IN 参数传递给 CallableStatement 对象是通过 set 方法来完成，该方法继承自 PreparedStatement。如果存储过程有返回值（即 OUT 参数），则在执行 CallableStatement 之前必须为每个 OUT 参数调用 CallableStatement 的 registerOutParameter 注册 JDBC 类型。注册完毕后，调用 CallableStatement 接口的 get 方法将取回返回值，该参数值是注册的 JDBC 类型对应的 Java 数据类型。

```
CallableStatement cstmt=con.prepareCall("{call PROC1(?,?)}");
cstmt.setInt(1,1001);
cstmt.registerOutParameter(2,java.sql.Types.INTEGER);
cstmt.executeQuery();
int rt=cstmt.getInt(2);
```

13.2.3　JDBC 开发实例

【例 13-2】编写一个简单的测试程序，该程序主要实现数据库的连接，并修改图书的价格。

```
import java.sql.*;
public class JDBCClass
{
    public static void main(String args[]) throws ClassNotFoundException,
SQLException
    {
        //1.连接数据库
        Class.forName("com.microsoft.sqlserver.jdbc.SQLServerDriver");
        String URL="jdbc:sqlserver://127.0.0.1:1433;database=bookstore";
        Connection con=DriverManager.getConnection(URL,"sa","123");

        //2.查询图书
        Statement stmt=con.createStatement();
        ResultSet rs=stmt.executeQuery("SELECT
bookID,title,author,press,price FROM BOOK");
        while(rs.next())
        {
            int bid=rs.getInt("bookID");
            String title=rs.getString("title");
            String author=rs.getString("author");
            String press=rs.getString("press");
            float price=rs.getFloat("price");
            System.out.println(bid+"  "+title+"  "+author+"  "+press+"
"+price);
        }

        //3.更新图书价格
```

```
         PreparedStatement pstmt=con.prepareStatement("Update book SET
price=0.9*price WHERE bookID=?");
         pstmt.setInt(1, 1001);
         int rowCCount=pstmt.executeUpdate();

         //4.输出更新后的信息
         System.out.println();
         rs=stmt.executeQuery("SELECT bookID,title,author,press,price
FROM BOOK where bookID=1001");
         while(rs.next())
         {
            int bid=rs.getInt("bookID");
            String title=rs.getString("title");
            String author=rs.getString("author");
            String press=rs.getString("press");
            float price=rs.getFloat("price");
            System.out.println(bid+"  "+title+"  "+author+"  "+press+"
"+price);
         }

      }
   }
```

13.3 ADO.NET 编程

13.3.1 ADO.NET 概述

ADO.NET 是一组面向.NET 程序员公开数据访问服务的类，是.NET Framework 中不可缺少的一部分。ADO.NET 包含用于连接到数据库、执行命令和检索结果的.NET Framework 数据提供程序。它可以直接处理对数据库进行查询的结果，或将其放入 ADO.NET 的 Dataset 对象，以便于来自不同数据源的数据或在层之间进行远程处理的数据组合在一起，以特殊的方式向用户公开。

ADO.NET 具有以下主要特点：

（1）能够简单地访问关系数据。ADO.NET 提供了用来描述关系表、行、列的对象模型，如 DataSet、DataRow、DataColumn 等。利用这些对象模型，可以实现对关联表中数据的封装，在内存中实现数据的访问并将对数据的更新结果反映到实际的数据库中。

（2）具有可扩展性。ADO.NET 为.NET 应用程序程序提供了统一的数据访问接口，方便应用程序可用于从任何数据源中读写数据。ADO.NET 提供了几种内置的.NET 数据访问接口，包括用于 Microsft SQL Server 数据库和 Oracle 数据库的数据访问接口，用于通用数据库接口的 ODBC 以及用于 OLE DB 的数据访问接口。通过内置的数据访问接口，ADO.NET 可以用于几乎所有的数据库或数据格式。许多数据库厂商如 MySQL 还在其产品中提供了内置的.NET 数据访问接口。

（3）支持多层应用程序。在多层体系结构中，应用逻辑的不同部分运行在不同层上，每层只与其上或下的层进行通信。常见的一个模型是三层模型，包括数据层、业务层和显示层。ADO.NET 使用开放的 Internet 标准 XML 格式在层之间进行通信，允许数据通过 Internet 防火墙来传递，并允许以非 Microsoft 技术实现一层或多层。

（4）统一 XML 和关系数据访问。XML 是互联网中数据表示和交换的格式，ADO.NET 提供了关系数据与 XML 格式的数据进行相互转换的机制。

图 13-16 所示是 ADO.NET 的架构模型。从该模型可以看出，ADO.NET 包括两部分：.NET Framework 数据提供程序和数据集（DataSet）。每个组成部分都提供了若干类，并通过类的对象模型实现数据库访问的各类工作。

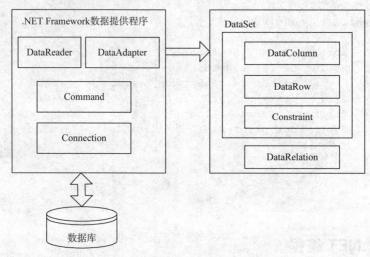

图 13-16　ADO.NET 架构图

13.3.2　ADO.NET 对象模型

ADO.NET 的对象模型是用来实现高效多层次的数据库应用程序的重要工具。ADO.NET 提供了大量的包含对象的类，如图 13-17 所示。对象模型主要包括两大类：连接对象和非连接对象，连接对象可以直接与数据库进行通信，用来管理连接和事务，从数据库查询数据并向数据库提交所做的更改；非连接对象允许用户脱机处理数据，即在内存中建立数据库的映像，针对数据库映像进行增加、删除、修改和查询等操作，最后再将操作结果提交给实际的数据库。

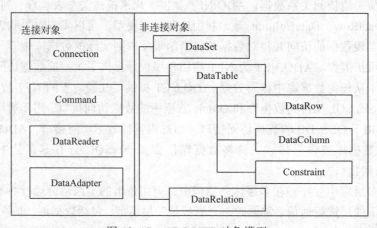

图 13-17　ADO.NET 对象模型

1. Connection 对象

Connection 对象提供了到数据源的连接，在任何其他 ADO.NET 对象之前使用。Connection 对象能够提供用户名、密码、数据库名称等登录数据库的信息。根据数据源 Provider 的不同，有 SqlConnection、OledbConnection、OdbcConnection 和 OracleConnection 等对象，它们之间的区别在于它们所连接的数据源类型不同。Connection 对象的常用属性如表 13-2 所示。

表 13-2　Connection 对象的常用属性

属　　性	说　　明
ConnectionString	获取或设置用来打开该连接的字符串
ConnectionTimeout	获取在尝试建立连接时终止尝试并生成错误之前所等待的时间
DataBase	获取当前数据库或连接打开后要使用的数据库的名称
DataSource	设置要连接的数据源实例名称，如 SQL Server 的 Local 服务实例
State	是一个枚举类型的值，用来表示与当前数据库的连接状态

2. Command 对象

Command 对象用来执行 SQL 语句或调用存储过程，如执行 "SELECT bookID,title,author, press,price FROM book" 语句查询 book 表中的数据。对于不同的数据提供程序，Command 对象的名称也不同，如用于 SQL Server 的是 SqlCommand，用于 ODBC 的是 OdbcCommand，用于 Oracle 的是 OracleCommand。Command 对象可以使用数据库命令直接与数据源进行通信，Command 对象的主要属性如表 13-3 所示。

表 13-3　Command 对象的常用属性

属　　性	说　　明
Name	Command 对象的程序化名称。在代码中使用此名称来引用 Command 对象
Connection	对 Connection 对象的引用，Command 对象将使用该对象与数据库通信
CommandType	该属性有 3 个取值：TEXT、StoreProcedure 和 TableDirect
CommandText	要对数据源执行的 T-SQL 语句或存储过程
Parameters	命令对象包含的参数

3. DataReader 对象

执行 SQL 语句并且得到结果集时，可以调用 Command 对象的 ExecuteReader 对象，调用该方法将产生一个 DataReader 对象的实例。DataReader 对象只能向前读取数据源中的数据。一旦 DataReader 对象实例化后，就可以调用 DataReader 对象的 Read() 逐行读取数据。数据读取完毕后，调用 Close() 方法可以关系 DataReader 对象与数据源之间的连接。同 Connection、Command 对象一样，不同的数据提供程序对应的 DataReader 对象的名称也有不同。

4. DataAdapter 对象

DataAdapter 对象可以对数据源执行插入、删除、修改等各种操作，通常与 DataSet 对象协同工作，负责将数据源中的数据填充到 DataSet 对象中。DataAdapter 对象填充 DataSet 是将数据源中的数据建立副本，从而实现将对数据源的操作可以转换为对副本的操作，然后再将对副本的操作结果反映到数据源中，实现对数据源的操作。与 Connection、Command 对象一样，不同的数据提供程序对应的 DataAdapter 对象的名称也有不同。

DataAdapter 对象有 4 个重要的属性，分别对应数据库的操作：

（1）SelectCommand：用来获取数据源的记录。

（2）InsertCommand：用来向数据源插入一条新记录。

（3）UpdateCommand：用来更新数据源中的数据。

（4）DeleteCommand：用来删除数据源中的记录。

Command 对象的主要属性如表 13-4 所示。

表 13-4 DataAdapter 对象的主要方法

属 性	说 明
Fill	执行存储于 SelectCommand 中的查询，并将结果存储在 DataTable 中
FillSchema	为存储在 SelectCommand 中的查询获取各列的名称和数据类型
GetFillParameters	为 SelectCommand 获取一个包含着参数的数组
Update	向数据库提交存在 DataSet(或 DataTable、DataRows)中的更改。该方法返回一个整数值，其中包含在数据存储中成功更新的行数。

13.3.3 ADO.NET 开发实例

【例 13-3】查询图书表（book）中图书的图书 ID、书名、作者、出版社和价格等信息，并在屏幕上输出。

```
using System;
using System.Collections.Generic;
using System.Linq;
using System.Data;
using System.Data.SqlClient;
using System.Text;

namespace ConsoleApplication1
{
    class Program
    {
        static void Main(string[] args)
        {
            //构造连接字符串
            string conStr=@"uid=sa;pwd=123;server=(local);database=bookstore";
            //实例化 Connection 对象
            SqlConnection conn=new SqlConnection(conStr);
            //打开连接
            conn.Open();

            //构造 SQL 语句
            string sqlStr=@"SELECT bookID,title,author,press,price FROM
book";
            //构造 Command 对象
            SqlCommand cmd=new SqlCommand(sqlStr, conn);

            //构造 DataReader 对象
            SqlDataReader dr=cmd.ExecuteReader();
            //逐行读取数据
```

```
            while (dr.Read())
            {
                Console.WriteLine(dr[0].ToString() + "," + dr[1].ToString()
+ "," + dr[2].ToString() + "," + dr[3].ToString() + "," + dr[4].ToString());
            }

            //关闭 DataReader
            dr.Close();
            //关闭连接
            conn.Close();
        }
    }
}
```

【例 13-4】查询图书表（book）中图书的时图书 ID、书名、作者、出版社和价格等信息
并保存到 DataSet 中，在屏幕上输出。

```
using System;
using System.Collections.Generic;
using System.Linq;
using System.Data;
using System.Data.SqlClient;
using System.Text;

namespace ConsoleApplication1
{
    class Program
    {
        static void Main(string[] args)
        {
            //构造连接字符串
            string conStr= @"uid=sa;pwd=123;server=(local);database=bookstore";
            //实例化 Connection 对象
            SqlConnection conn = new SqlConnection(conStr);
            //打开连接
            conn.Open();

            //构造 SQL 语句
            string sqlStr = @"SELECT bookID,title,author,press,price FROM
book";
            //构造 Command 对象
            SqlCommand cmd=new SqlCommand(sqlStr,conn);
            //构造 DataAdapter 对象
            SqlDataAdapter da=new SqlDataAdapter(cmd);
            //构造 DataSet 对象
            DataSet ds=new DataSet();
            //填充 DataSet
            da.Fill(ds,"book");
            //循环处理各行
            for(int i=0;i<ds.Tables["book"].Rows.Count;i++)
            {
                Console.WriteLine(ds.Tables["book"].Rows[i][0].ToString()
+","+ds.Tables["book"].Rows[i][1].ToString()+","+ds.Tables["book"].Rows[i]
```

```
[2].ToString()+","+ds.Tables["book"].Rows[i][3].ToString()+","+ds.Tables["
book"].Rows[i][4].ToString());
            }

            //关闭连接
            conn.Close();
        }
    }
}
```

 本 章 小 结

本章主要介绍了常见的 3 种数据库编程接口：ODBC、JDBC 和 ADO.NET，主要介绍它们的工作原理和编程接口，并给出了相应的示例。这些编程接口为我们提供了一组对数据库进行访问的统一接口，应用程序可以利用这些接口方便地对不同的数据库进行访问和操作，数据库的"互联"问题也得到了较好的解决。

练 习 题

1. 简述 ODBC 体系结构各组成部分及其作用。
2. 简述基于 ODBC 应用程序的一般工作流程。
3. 什么是 JDBC？JDBC 的主要功能是什么？
4. 简述 JDBC 提供的连接数据库的几种方法。
5. 简述编写 JDBC 程序的一般过程。
6. ADO.NET 的体系结构包括哪些对象，它们具有哪些功能？
7. 简述 ADO.NET 应用程序的主要设计步骤。

实验 15　连接数据库

【实验目的】

掌握数据库编程接口的使用方法。

【实验内容】

选择一种熟悉的编程语言（如 C、C++、Java、C#），编写一简单应用程序，要求实现如下功能：

（1）浏览全部图书。

（2）按指定 bookID 查询图书。

（3）浏览某个用户（userID）的订单信息。

（4）浏览某一订单（orderID）的图书购买情况。

（5）为某个订单增加商品，并自动更新商品库存和订单总金额。

（6）为某个订单删除商品，并自动更新商品库存和订单总金额。

第 14 章
ORM 技术

对象关系映射（**Object Relational Mapping，ORM**），是随着面向对象的软件开发方法发展而产生的编程技术，主要实现面向对象编程中的对象（Object）和关系数据库的关系（Relation）之间的映射（Mapping），以提高软件开发效率。本章主要以 Hibernate 和 Entity Framework 为例，介绍 ORM 框架的实现原理和使用方法。

14.1　ORM 技术概述

ORM 技术是随着面向对象的软件开发方法发展而产生的，主要实现关系数据库与业务实体对象之间的映射。这样，软件开发人员在操作具体业务对象时，不再需要关心具体的数据库结构，也不需要使用复杂的 SQL 语句与数据库打交道，只需按面向对象编程的方法操作对象的属性和方法，极大地简化了数据库的相关操作，提高了软件开发效率。

当我们使用一种面向对象程序设计语言进行应用开发时，从项目开始采用的就是面向对象分析、面向对象设计、面向对象编程，但到了持久层访问数据库时，又必须重返关系型数据库的访问方式，这是一种糟糕的感觉。于是需要一种工具，可以把关系型数据库包装成一个面向对象的模型，这个工具就是 ORM 框架。

采用 ORM 框架之后，应用程序不再直接访问底层的数据库，而是以面向对象的方式来操作持久化对象（如创建、修改、删除等），而 ORM 框架则将这些面向对象操作转换成底层的 SQL 操作。

图 14-1 所示的 ORM 工具的唯一作用就是把持久化对象的操作转换成对数据库的操作，程序员可以面向对象的方式操作持久化对象，而 ORM 框架则负责转换成对应的 SQL（结构化查询语言）操作。

一般的 ORM 框架主要由以下四部分构成：对象—关系映射关系、实体分析器、SQL 语句生成组件和数据库操作库。

图 14-1 ORM 原理

ORM 框架采用元数据来描述对象—关系映射细节，元数据主要有两种形式：一种采用 XML 格式，在专门的 XML 配置文件中存放实体对象和数据库表的映射关系。一种采用声明注解的方式（C#的 Atrribute、JAVA 的 Annotation），在实体对象的声明中，加入注解描述对象与数据库关系表的映射的关系。通过以上形式提供的持久化类与表的映射关系，ORM 框架在运行时就能参照对象与关系表的映射信息，完成面向对象编程语言和关系型数据库的映射。在面向对象的语言的对象持久化中采用 ORM 框架，既可保持面向对象的思维方式，又可充分利用关系型数据库的技术优势。

目前，众多厂商和开源社区都提供了 ORM 框架的实现，常见的有：

（1）JAVA 系列：Apache OJB、Cayenne、Jaxor、Hibernate、iBatis、jRelationalFramework、mirage、SMYLE、TopLink 等。其中 TopLink 是 Oracle 的商业产品，其他均为开源项目。

Hibernate 逐步确立了在 JAVA ORM 架构中的领导地位，甚至取代复杂而又烦琐的 EJB 模型而成为事实上的 JAVA ORM 工业标准。而且其中的许多设计均被 J2EE 标准组织吸纳而成为最新 EJB 3.0 规范的标准，这也是开源项目影响工业领域标准的有力见证。

（2）.NET 系列：Entity Framework、Nhibernate、Nbear、Castle ActiveRecord、iBATIS.NET、DAAB 等。其中，Entity Framework 是微软官方提供的一个 ORM 解决方案，支持.NET3.5 及以上版本。NHibernate 来源于 JAVA ORM 框架——Hibernate。

14.2 Hibernate 简介

Hibernate 是一种轻量级 JAVA EE 应用的持久层解决方案，Hibernate 不仅管理着 JAVA 类到数据库表的映射（包括 JAVA 数据类型到 SQL 数据类型的映射），还提供数据查询和获取数据的方法，简化了开发人员对数据库的操作，使得开发人员可以从繁琐的数据库操作中解脱出来，从而将更多的精力投入到编写业务逻辑中。

Hibernate 允许开发者使用面向对象的方式来操作关系型数据库。它采用低侵入式的设计，不要求持久化类实现任何接口或继承任何类。正因为有了 Hibernate 的支持，使得 JavaEE 应用的 OOA（面向对象分析）、OOD（面向对象设计）和 OOP（面向对象编程）三个过程一脉相承，成为一个整体。

14.2.1 Hibernate 的对象关系映射机制

Hiberate 通过建立 JAVA 类和数据库表之间的映射关系，来实现将对象的操作转为对关系数据库表的操作。

如图 14-2 所示，Hibernate 的配置文件主要有两类，一类用于配置 Hibernate 和数据库连接的信息（Hibernate. properties）；一类用于确定持久化类和数据表、数据列之间的相对应关系（XML Mapping）。

在 Hiberate 框架中主要的文件有映射类（*.java）、映射文件（*.hbm.xml）以及数据库配置文件（*.properties 或 *.cfg.xml），它们各自的作用如下：

（1）映射类（Persistent Objects）：它的作用是描述数据库表的结构，表中的字段在类中被描述成属性，将来就可以实现把表中的记录映射成为该类的对象。

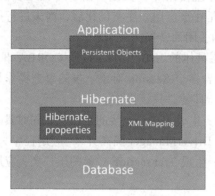

图 14-2　Hibernate 架构图

（2）映射文件（XML Mapping）：它的作用是指定数据库表和映射类之间的关系，包括映射类和数据库表的对应关系、表字段和类属性类型的对应关系以及表字段和类属性名称的对应关系等。

（3）数据库配置文件（Hibernate.properties）：它的作用是指定与数据库连接时需要的连接信息，比如连接哪种数据库、登录用户名、登录密码以及连接字符串等。

14.2.2　HIbernate 的主要组件

如图 14-3 所示，Hibernate 核心的组件主要有：Session Factory、Session、Persistent Objects、Transient Objects、Transaction、Connection Provider 和 Transaction Factory。

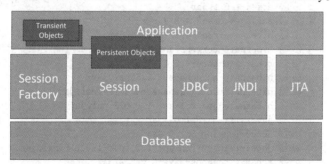

图 14-3　Hibernate 的主要组件

Hibernate 的主要组件有：

（1）Session Factory：负责初始化 Hibernate 和创建 Session 对象。一般情况下，一个项目通常只有一个 Session Factory，当需要操作多个数据库时，可以为每个数据库指定一个不同的 Session Factory。

（2）Session：负责执行持久化对象的CRUD操作。Session对象具有缓存功能，执行Flush之前，所有持久化操作的数据都Session中缓存。

（3）Persistent Objects：系统创建的POJO实例，一旦与特定的Session关联，并对应数据表的指定记录，该对象就处于持久化状态，这一系列对象都被称为持久化对象。在程序中，对持久化对象执行的任何修改，都将自动被转换为对持久层的修改。

（4）Transient Objects：系统使用new关键字创建的Java实例，没有Session相关联，此时处于瞬态。瞬态实例可能是在被应用程序实例化后，尚未进行持久化的对象。一个持久化过的实例，会因为Session的关闭而转换为脱管状态。

（5）Transaction：对底层具体的JDBC、JTA以及CORBA事务的抽象。在某些情况下，一个Transaction之内可能包含多个Session对象。虽然事务操作是可选的，但所有持久化操作都应该在事务管理下进行，即便是只读操作。

（6）Connection Provider：生成JDBC连接的工厂类，同时具有连接池的作用。它将应用程序与底层的DataSource及DriverManager隔离开来。应用程序一般不需要直接访问该对象。

（7）Transaction Factory：生成Transaction对象的工厂类，应用程序一般不需要直接访问该对象。

14.2.3　Hibernate 简单例子

1．Hibernate 开发环境的搭建

A．在项目中引入相应的Java包，Hibernate核心包以及Hibernate依赖包以及加入数据库驱动。下面的例子采用SQL Server数据库，所以这里引入SQL Server的JDBC驱动。

B．新建Java工程，在src目录下新建一个package，取名firsthibernate。

C．在项目的库目录中引入Hibernate和SQLServer的jdbc包，如图14-4所示。

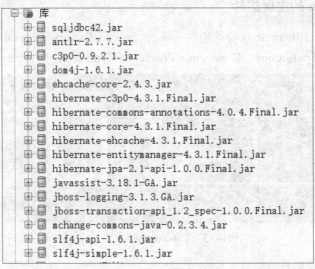

图 14-4　Hibernate 相关的 jar 包

2．创建 Book 类

```
package firsthibernate;
import java.math.BigDecimal;
```

```java
import org.hibernate.Session;
import org.hibernate.SessionFactory;
import org.hibernate.cfg.Configuration;
/**
 * Book generated by hbm2java
 */
public class Book  implements java.io.Serializable {
    private int bookId;
    private int categoryID;
    private String title;
    private String author;
    private String press;
    private BigDecimal price;
    private Integer stockNum;
    public Book() {
    }
    public Book(int bookId,int categoryID,String title,String author,
String press,BigDecimal price) {
        this.bookId=bookId;
        this.categoryID=categoryID;
        this.title=title;
        this.author=author;
        this.press=press;
        this.price=price;
    }
    public Book(int bookId,int categoryID,String title,String author,
String press,BigDecimal price,Integer stockNum) {
        this.bookId=bookId;
        this.categoryID=categoryID;
        this.title=title;
        this.author=author;
        this.press=press;
        this.price=price;
        this.stockNum=stockNum;
    }
     public int getBookId() {
        return this.bookId;
    }
    public void setBookId(int bookId) {
        this.bookId=bookId;
    }
    public int getCategoryID() {
        return this.categoryID;
    }

    public void setCategoryID(int categoryID) {
        this.categoryID=categoryID;
    }
```

```
public String getTitle() {
    return this.title;
}
public void setTitle(String title) {
    this.title=title;
}
public String getAuthor() {
    return this.author;
}
public void setAuthor(String author) {
    this.author=author;
}
public String getPress() {
    return this.press;
}
public void setPress(String press) {
    this.press=press;
}
public BigDecimal getPrice() {
    return this.price;
}
public void setPrice(BigDecimal price) {
    this.price=price;
}
public Integer getStockNum() {
    return this.stockNum;
}
public void setStockNum(Integer stockNum) {
    this.stockNum=stockNum;
}
}
```

3. 创建实体类映射文件

新建一个文件，命名为 Book.hbm.xml，放在 firsthibernate 包下。文件定义了实体类 firsthibernate.Book 和表的映射关系，以及表中字段和类属性的映射关系，内容如下：

```
<?xml version="1.0" encoding="UTF-8"?>
<!DOCTYPE hibernate-mapping PUBLIC "-//Hibernate/Hibernate Mapping DTD
3.0//EN" "http://www.hibernate.org/dtd/hibernate-mapping-3.0.dtd">
<!-- Generated 2017-9-5 12:00:23 by Hibernate Tools 4.3.1 -->
<hibernate-mapping>
  <class catalog="bookstore" name="firsthibernate.Book" optimistic-lock=
"version" schema="bookstore" table="book">
    <id name="bookId" type="int">
      <column name="bookID"/>
      <generator class="assigned"/>
    </id>
    <property name="categoryID" type="int">
      <column name="categoryID" not-null="true"/>
```

```
      </property>
      <property name="title" type="string">
        <column length="50" name="title" not-null="true"/>
      </property>
      <property name="author" type="string">
        <column length="50" name="author" not-null="true"/>
      </property>
      <property name="press" type="string">
        <column length="80" name="press" not-null="true"/>
      </property>
      <property name="price" type="big_decimal">
        <column name="price" not-null="true" precision="17"/>
      </property>
      <property name="stockNum" type="java.lang.Integer">
        <column name="stockNum"/>
      </property>
    </class>
  </hibernate-mapping>
```

4. 配置 Hibernate 配置文件

在 src 文件夹下新建一个文件，并命名为 hibernate.cfg.xml，定义了 Hibernate 在实现映射需要的数据库连接及其他配置属性，使用的实体类映射文件。内容如下：

```
<?xml version="1.0" encoding="UTF-8"?>
<!DOCTYPE hibernate-configuration PUBLIC "-//Hibernate/Hibernate
ConfigurationDTD3.0//EN"
"http://hibernate.sourceforge.net/hibernate-configuration-3.0.dtd">

<hibernate-configuration>
  <session-factory>
  <!-- sqlserver 数据库驱动 -->
    <property
name="hibernate.connection.driver_class">com.microsoft.sqlserver.jdbc.SQLS
erverDriver</property>
    <!-- 数据库连接 URL -->
    <property
name="hibernate.connection.url">jdbc:sqlserver://192.168.0.108:1433;databa
seName=bookstore</property>
    <!-- 数据库的登录用户名 -->
      <property name="hibernate.connection.username">sa</property>
    <!-- 数据库的登录密码 -->
      <property name="hibernate.connection.password">password</property>
    <!-- 方言：为每一种数据库提供适配器，方便转换 -->
      <property
name="hibernate.dialect">org.hibernate.dialect.SQLServerDialect</property>
    <!-- book 表的映射文件 -->
      <mapping resource="firsthibernate/Book.hbm.xml"/>
    </session-factory>
  </hibernate-configuration>
```

5. TestBook 测试类

新增 Book.java 的 junit 测试类 TestBook.java，放在 firsthibernate 包下，代码如下：

```java
package firsthibernate;
import java.math.BigDecimal;
import org.hibernate.Session;
import org.hibernate.SessionFactory;
import org.hibernate.cfg.Configuration;

public class TestBook {
    public static void main(String[] args){
//默认读取 hibernate.cfg.xml 文件
        Configuration cfg=new Configuration();
        SessionFactory sf=cfg.configure().buildSessionFactory(); //建立
SessionFactory
        Session session=sf.openSession();  ////开启 session
        Book newBook=new Book(1007,1,"计算机图形学(第三版)","孙家广","清华大
学出版社",BigDecimal.valueOf(29));
        session.save(newBook);
         Book b=(Book) session.get(bnu.Book.class,1006); //获得当前数据库
信息
         b.setPrice(BigDecimal.valueOf(38.0));
         session.beginTransaction();   //开始事务
         session.save(b);   //保存 Book 对象
        session.getTransaction().commit(); //提交事务
        session.close();
        sf.close();
    }
}
```

执行该 Java 文件后，查询数据库发现增加了"1007"号图书，并看到"1006"号图书的单价发生了变化。可以看出，上述示例代码没有涉及访问数据库的代码，作为开发人员只需要写好相应的实体类，然后通过配置就可以实现向数据库中插入数据。

14.3　Entity Framework 简介

ADO.NET Entity Framework 是微软以 ADO.NET 为基础所发展出来的 ORM 解决方案。该框架曾经为.NET Framework 的一部分，但 6.0 版本之后从.NET Framework 分离出来。

Entity FrameWork 有三种开发方式：

（1）Database First（数据库优先）。使用这种模式的前提是应用程序已经拥有相应的数据库，可以使用 EF 设计工具由数据库生成相应的数据模型类，也可以使用 Visual Studio 模型设计器修改这些模型之间的对应关系。

（2）Model First（模型优先）。这里的模型是指"ADO.NET Entity Framework Data Model"。使用 Model First 的前提是应用程序还没有创建相应的数据库，可以用 Visual Studio 通过设计系统相关的数据模型来生成数据库结构。

（3）Code First（代码优先）。使用 Code First 模式进行 EF 开发时开发人员只需要编写对

应的数据类（其实就是领域模型的实现过程），然后自动生成数据库。这样设计的好处在于我们可以针对概念模型进行所有数据操作而不必关系数据的存储关系，使我们可以更加自然的采用面向对象的方式进行面向数据的应用程序开发。

14.3.1　Entity Framework 实现原理

Entity Framework 利用了抽象化的数据结构，将每个数据库对象都转换成应用程序中的对象（Entity），而字段都转换为属性（Property），外键转换为导航属性，让数据库的 E/R 模型完全转成对象模型，从而让程序员用最熟悉的编程语言来调用访问。

Entity Framework 以实体数据模型（Entity Data Model，EDM）为核心，将数据逻辑层切分为概念层、映射层和存储层。

（1）概念层：负责向上的对象与属性显露与访问，让应用程序可以如面向对象的方式般访问数据。

（2）映射层：将上方的概念层和底下的存储层的数据结构对应在一起。

（3）存储层：依不同数据库与数据结构，而显露出实体的数据结构体，和 Provider 一起，负责实际对数据库的访问和 SQL 的产生。

使用 Entity Framework 后，可以将实体类的设计工作完全放在 EDM 的设计过程中，而不再需要手工写一些大同小异的代码，并且对这个实体模型（包含于 EDM 中）可以在运行时修改并生效。另外，开发人员与数据库直接打交道的次数将大大减少，大部分时间开发人员只需操作实体模型，框架会自动完成对数据库的操作。

14.3.2　Entity Framework 主要组件

如图 14-5 所示，Entity Framework 主要组件有：Linq to Entity、Entity SQL、Object Service、Entity Client Data Provider 和 ADO.NET Data Providers。

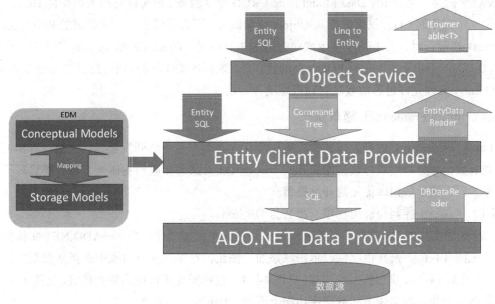

图 14-5　Entity Framework 主要组件

Linq to Entity：LINQ to Entities 是一种用于编写针对对象模型的查询的查询语言。它返回在概念模型中定义的实体。

Entity SQL：Entity SQL 是另一种类似于 L2E 的语言，但比 L2E 复杂得多，所以开发人员不得不单独学习它。

Object Service：是数据库的访问入口，负责数据具体化，从客户端实体数据到数据库记录以及从数据库记录和实体数据的转换。

Entity Client Data Provider：主要职责是将 L2E 或 Entity SQL 转换成数据库可以识别的 SQL 查询语句，它使用 ADO.NET 通信向数据库发送数据可获取数据。

ADO.NET Data Providers：使用标准的 ADO.NET 与数据库通信。

14.3.3 DbContext 和 Entity 类

Entity Framework 中 Entity Data Model 对应一个 DbContext 类，数据库每个表对应一个 entity 类。

（1）DbContext

DbContext 是 EntityFramework 很重要的部分，连接域模型与数据库的桥梁，是与数据库通信的主要类。

DbContext 对象包含了所有映射到表的 Entities，主要实现的功能有：将 Linq-To-Entities 转译为 SQL 并发送到数据库；从数据库获取 Entities 后保留并跟踪实体数据变化；根据 Entity 状态执行 Insert、Update、Delete 命令。

（2）Entity 类

Entity Framework 的实体类是简单 C#类型，称为 POCO Entity，它不依赖于任何 Framework 的类，为 Entity Data Model 生成 CRUD 命令服务。POCO 是指最原始的 Class，换句话说这个实体的 Class 仅仅需要从 Object 继承即可，不需要继承某一个特定的基类。Entity Framwork 在运行时，为 Entity 类生成动态的实体类代理（Dynamic Proxy）来完成 CRUD 的命令。Dynamic Proxy 是运行时 POCO 类的代理类，类似 POCO 类的包装，通过 Dynamic Proxy POCO Entity 实现允许延迟加载、自动跟踪更改等功能。

14.3.4 Entity Framework 简单例子

Entity FrameWork 的开发模式中，数据库优先是简单易用的开发模式，它通过 VS 工具连接现有数据库自动生成与数据库交互的 DbContext 对象和相应的实体类，极大的提高了开发效率。以下演示数据库优先的开发模型。

（1）建立一个控制台应用程序，起名为 DBFirst。

（2）创建实体模型。在项目上右击，通过快捷菜单添加新建项目——ADO.NET 实体数据模型（见图 14-6），选择该项目，单击"添加"按钮，在弹出的对话框中选择从数据库生产实体类（见图 14-7），建立数据库连接（见图 14-8），选择需要生产的实体类的表（见图 14-9），系统自动生产相应的实体类和数据库访问上下文（DBContext）类。

图 14-6　选择"ADO.NET 实体数据模型"选项

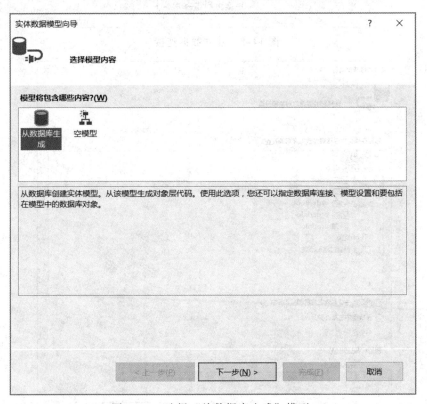

图 14-7　选择"从数据库生成"模型

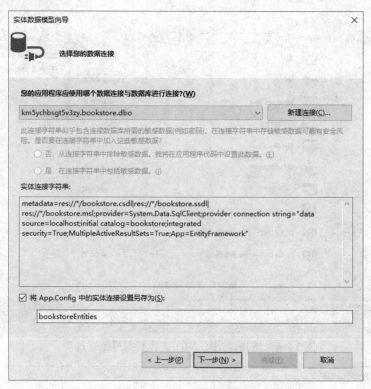

图 14-8　建立数据连接

图 14-9　选择需要生成模型的表

（3）生成 Entity 类和 DBContext. 如图 14-10 所示，系统生成了与数据表相对应的模型类
book、category、orderbook、orderInfo、userInfo；并生成数据库访问上下文类 bookstoreEntities。

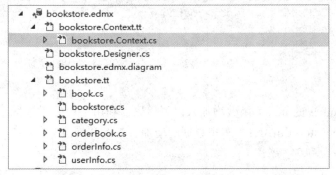

图 14-10　生成的类

系统生成的实体类：

```
namespace DBFirst
{
    using System;
    using System.Collections.Generic;
    public partial class book
    {   public int bookID { get; set; }
        public string title { get; set; }
        public string author { get; set; }
        public string press { get; set; }
        public decimal price { get; set; }
        public int categoryID { get; set; }
        public Nullable<int> stockNum { get; set; }
        public virtual category category { get; set; }
    }
}
```

系统生成的 DBContext 类：

```
namespace DBFirst
{
    using System;
    using System.Data.Entity;
    using System.Data.Entity.Infrastructure;

    public partial class bookstoreEntities : DbContext
    {
        public bookstoreEntities()
            : base("name=bookstoreEntities")
        {
        }

        protected    override    void    OnModelCreating(DbModelBuilder
modelBuilder)
        {
            throw new UnintentionalCodeFirstException();
```

```
        }
        public DbSet<book> book { get; set; }
        public DbSet<category> category { get; set; }
        public DbSet<orderBook> orderBook { get; set; }
        public DbSet<orderInfo> orderInfo { get; set; }
        public DbSet<userInfo> userInfo { get; set; }
    }
}
```

（4）在 Program.cs 的 main()函数增加入以下代码，利用生产的实体类（book）和数据库访问上下文类（bookstoreEntities）实现数据的增加、查询和修改。

```
static void Main(string[] args)
    {
        using (bookstoreEntities bookstore = new bookstoreEntities())
        {     //增加一条书目信息,采用json方式初始化对象
            bookstore.book.Add(new book()
            {
                categoryID=1,
                bookID=1008,
                title="管理信息系统",
                press="清华大学出版社",
                author="刘兰娟",
                price=Decimal.Parse("39.5"),
                stockNum=100
            });
            //查找bookID=1006的书目信息
            var book=(from c in bookstore.book
                    where c.bookID==1006
                    select c).SingleOrDefault<book>();
            book.price = Decimal.Parse("22.5"); /
            //写回数据库
            bookstore.SaveChanges();
        }
        Console.WriteLine("OK");
    }
```

（5）运行并查看结果。我们看到，增加了"1008"号图书并修改了图书"1006"的价格。通过 Entity Framework，自动生产的模型类和数据库上下文类，用户只用很少的代码就完成了复杂的数据查询和操作。

 **本 章 小 结**

对象关系映射（Object/Relational Mapping，ORM），是随着面向对象的软件开发方法发展而产生的，主要实现关系数据库与业务实体对象之间的映射，提高软件开发效率。本章介绍了对象关系映射 ORM 基本概念、实现原理和常见的 ORM 框架，最后结合实例详细介绍了 Hibernate 和 Entity Framework。

 **练 习 题**

1. 什么是 ORM 框架技术？它的主要作用和技术实现原理是什么？

2. Java 和 .net 两大技术阵营的 ORM 框架技术有哪些？

3. Hibernate ORM 框架的主要组件及其作用？

4. Hibernate ORM 框架实现对象/关系映射涉及配置文件有哪些，它们的作用是什么？

5. Entity FrameWork 有哪 3 种开发方式？

6. Entity FrameWork 中 DbContext 类和 Entity 类的主要作用是什么？

实验 16 使用 ORM 框架

【实验目的】

1. 了解 ORM 技术框架的原理。

2. 掌握使用 ORM 框架进行数据库应用开发的基本方法。

【实验内容】

1. 通过查阅资料，了解目前主流的 ORM 框架产品。

2. 选择一个 ORM 工具，完成网络书城（bookstore）的用户表（userInfo）的增删改查操作。

第15章

应用系统开发实例

本章通过一个简单的教务管理系统数据库来展示数据库应用系统的开发过程。

15.1 系统简介

学校的教学管理涉及的信息包括专业信息、班级信息、学生个人信息、课程设置信息、教师信息、选课与成绩信息等。教务管理涉及的业务场景如下：学生入学后，需要建立个人档案信息，并分专业、班级进行学习；各专业均有自己的教学计划，每学期需要安排教师执行相应的课程教学；学生需要选课学习，教师在课程结束后考核学生成绩。

为将上述业务进行网络化管理，决定开发教务管理系统。该系统。采用基于 MVC 分层架构的 JAVA Web 技术进行开发，其中：

（1）JSP 技术为表示层，包括 EL 表达式、JSP 动作、JSTL 标准标签技术。

（2）Servlet 为控制层技术。

（3）JavaBean 为开发模型层。

（4）数据库采用 SQL server 2014。

（5）采用 Tomcat 作为 Web 服务器。

15.2 用例模型分析

15.2.1 用户分析

本系统有 3 类用户：学生、教师和教务员。

（1）学生主要查看自己的课表、成绩。

（2）教师可以查询教师的课表、提交课程成绩、查询教学班级信息。

（3）教务可以进行学生管理、教师管理、班级管理等基础信息管理，进行教学计划相关的专业管理、课程设置管理及排课操作。

15.2.2 用例分析

系统用例分析结果如图 15-1 所示，主要业务用例包括：专业管理、课程管理、教师管理、学生管理、班级管理和排课等。

专业管理：主要包括增加专业信息和专业信息维护。

课程管理：实现对所有课程信息的管理，包括增加课程和课程信息维护。

教师管理：实现对所有教师信息的管理，包括增加教师和教师信息维护。

学生管理：实现对所有学生信息的管理，包括增加学生和学生信息维护。学生可以查看自己的个人信息和同班同学的基本信息。教师和教务员可以给学生分配专业和班级。

班级管理：主要包括增加班级和班级信息维护。

排课：对班级进行排课，排课时确定教学班级及上课的时间、地点和教师等信息。

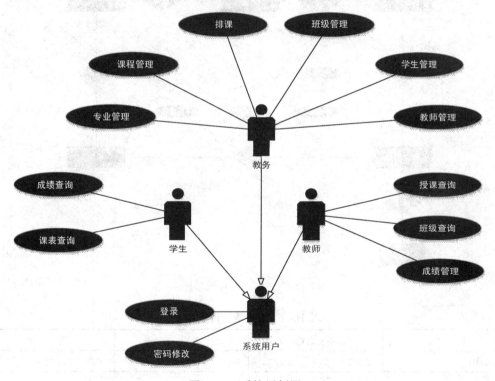

图 15-1 系统用例图

15.3 数据库设计

数据分析是通过对软件的功能模型中各个模块的输入、输出的数据进行分析，经抽象后最终形成系统的 E-R 模型图（见图 15-2），这是数据库结构设计的基础。

根据系统的 E-R 模型图，设计出系统数据库的逻辑结构，如表 15-1～表 15-7 所示。本系统数据库结构共有 7 个数据表，分别是专业表（major）、教师信息表（teacher）、班级表（classes）、学生信息表（student）、课程信息表（course）、教学班级（teachingClass）、选修成绩表（score）。

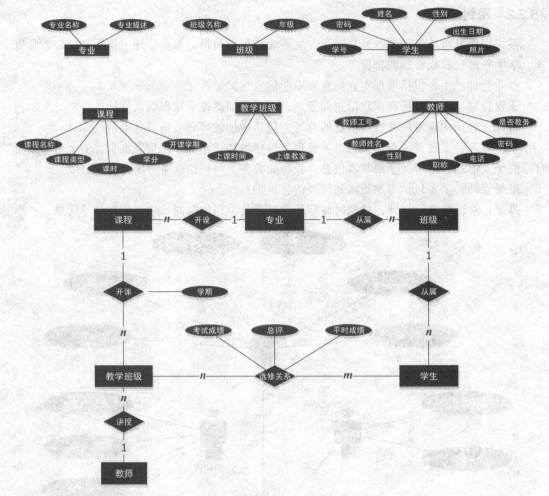

图 15-2 系统 E-R 模型图

表 15-1 专业表（major）

字　　段	中文名称	类　　型	描　　述
marjorID	专业 ID	Int	主键
marjorName	专业名称	Varchar(20)	
description	简介	Varchar(500)	

表 15-2 教师信息表（teacher）

字　　段	中文名称	类　　型	描　　述
teacherID	教师 ID	Int	主键，自增长
teacherNo	教师工号	Char(5)	唯一约束
teacherName	教师名字	Varchar	
password	密码	Varchar(20)	Default '123456'
isAdmin	是否教务管理员	Int	Default 0,1--管理员

续表

字　　段	中文名称	类　　型	描　　述
sex	教师性别	Varchar(2)	'男', '女'
title	职称	Varchar(20)	
phone	联系电话	Varchar	

表 15-3　班级表（classes）

字　　段	中文名称	类　　型	描　　述
classID	班级 ID	Int	主键，自增长
className	班级名称	Varchar(20)	
marjorID	专业 ID	Int	外键
year	年级	INT	

表 15-4　学生信息表（student）

字　　段	中文名称	类　　型	描　　述
stuID	学生 ID	Int	主键，自增长
stuNo	学号	Char(11)	唯一约束
stuName	姓名	Varchar(30)	
password	密码	Varchar(20)	Default'123456'
sex	性别	Varchar(2)	'男', '女'
birthdate	出生日期	Date	
pic	照片	Varbinary	
classID	班级 ID	Int	外键

表 15-5　课程信息表（course）

字　　段	中文名称	类　　型	描　　述
courseID	课程 ID	Int	主键，自增长
marjorID	开课专业	Int	外键
courseName	课程名称	Varchar(30)	
courseType	课程类型	Varchar(20)	专业主干，实践课程
classHour	课时	Int	
credit	学分	Int	
semester	开课学期	int	1～8（第几学期开课）

表 15-6　教学班级（teachingClass）

字　　段	中文名称	类　　型	描　　述
teachingClassID	教学班级 ID	Int	主键,自增长
coursed	课程 ID	Int	外键
term	学期	Varchar(20)	'2017-2018-1'
teacherID	主讲教师 ID	Int	外键

续表

字　　段	中文名称	类　　型	描　　述
classRoom	教室	Varchar(20)	'励耘 A201'
classTime	上课时间	Varchar(20)	'7,8,9'

表 15-7　选修成绩表（score）

字　　段	中文名称	类　　型	描　　述
teachingClassID	课程 ID	Int	主键，外键
stuID	学生 ID	Int	主键，外键
daily	平时成绩	Numeric(5,2)	
finalExam	考试成绩	Numeric(5,2)	
Total	总成绩	Numeric(5,2)	

15.4　系统设计

15.4.1　系统架构设计

系统采用基于 JSP+JavaBean+Servlet 的技术实现，采用 MVC 设计模式，将系统分为业务逻辑层（M）、视图层（V）和控制层（C）三层结构。MVC 是一种软件设计典范，它采用业务逻辑和数据显示代码分离的方法，将业务逻辑放在一个部件里面，而将界面以及用户围绕数据展开的操作单独分离开来。MVC 模式减弱了业务逻辑接口和数据接口的耦合，让视图层更富有变化。

系统架构如图 15-3 所示，视图层采用 JSP 技术，包括 EL 表达式、JSP 动作和 JSTL 标准标签技术；控制层采用 Servlet 技术，解析用户的操作请求，封装数据将用户的操作传递到业务逻辑层，并根据操作结果确定哪个视图来展示；业务逻辑层采用 JavaBean 技术，封装了业务逻辑和数据库相应的操作；各层使用值对象（Model 类）传递业务数据。

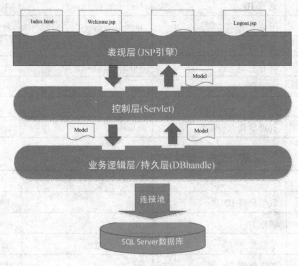

图 15-3　系统架构图

15.4.2　功能模块设计

功能模块设计是对需要开发的系统的模块定义和划分，图 15-4 为本系统的功能模块结构图，系统分为基础信息管理，日常教学管理和公用模块三大模块，并将模块划分为相应的子模块。详细的功能模块列表见表 15-8。

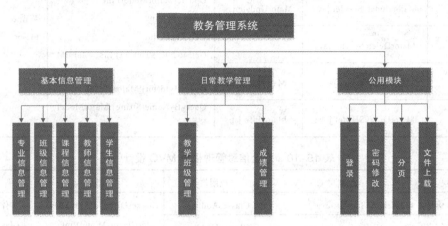

图 15-4　功能模块结构图

表 15-8　功能模块列表

序　　号	模块类型	模块名称	模块内容
1	基本信息管理	专业信息管理	添加、查询、修改、删除专业信息
2	基本信息管理	班级信息管理	添加、查询、修改、删除班级信息
3	基本信息管理	学生信息管理	添加、查询、修改、删除学生信息
4	基本信息管理	教师信息管理	添加、查询、修改、删除教师信息
5	基本信息管理	课程信息管理	添加、查询、修改、删除课程信息
6	日常教学管理	教学班级管理（排课）	添加、查询、修改、删除教学班级信息
7	日常教学管理	成绩管理	添加、查询、修改、删除成绩信息
8	工具模块	公用模块	登录、密码修改、分页、文件上载

15.4.3　系统详细设计

相对于架构的全局性设计，各个功能模块的设计属于局部设计，在架构设计的指导下，设计相应的控制类、实体类和视图页面。下面是各个模块的 MVC 各层的类设计和代码组织。

1. 专业信息管理模块

专业信息管理模块的类设计和代码组织如表 15-9 所示，包含对应的实体类 MajorModel 和数据表 major。

2. 班级信息管理模块

班级信息管理模块的类设计和代码组织如表 15-10 所示，包含对应的实体类 ClassesModel 和数据表 classes。

表 15-9　专业信息管理模块 MVC 设计

子模块	控制层 C	视图层 V	模型层 M	备　注
添加专业信息	MajorAddServlet.java	MajorAdd.jsp	MajorDBhandle.java 的方法： Add(MajorModel):int	实体类： MajorModel.java
修改专业信息	MajorUpdateServlet.java	MajorUpdate.jsp	Update(MajorModel):int Delete(int):int	
删除专业信息	MajorDeleteServlet.java		GetCount():int GetModelList(int,int):List<MajorModel>	数据表： Major
查询专业信息	MajorListServlet.java	MajorList.jsp	QueryById(int):MajorModel	
显示专业信息	MajorQueryServlet.java	MajorInfo.jsp	QueryByName(String):MajorModel	

表 15-10　班级信息管理模块 MVC 设计

子模块	控制层 C	视图层 V	模型层 M	备　注
添加班级信息	ClassesAddServlet.java	ClassesAdd.jsp	ClassesDBhandle.java 的方法： Add(ClassesModel):int	实体类： ClassesModel.java
修改班级信息	ClassesUpdateServlet.java	ClassesUpdate.jsp	Update(ClassesModel):int	
删除班级信息	ClassesDeleteServlet.java		Delete(int):int	
查询班级信息	ClassesListServlet.java ClassesListByTeacherServlet.java	ClassesList.jsp ClassesListByTeacher.jsp	GetCount():int getModelList(int,int):List<ClassesModel> QueryById(int):ClassesModel	数据表： Classes
显示班级信息	ClassesQueryServlet.java ClassesQueryByStudentServlet.java ClassesQueryByTeacherServlet.java	ClassesInfo.jsp		

3. 教师信息管理模块

教师信息管理模块的类设计和代码组织如表 15-11 所示，包含对应的实体类 TeacherModel.和数据表 teacher。

表 15-11　教师信息管理模块 MVC 设计

子模块	控制层 C	视图层 V	模型层 M	备　注
添加教师信息	TeacherAddServlet.java	TeacherAdd.jsp	TeacherDBhandle.java 的方法：	实体类： TeacherModel.java
修改教师信息	TeacherUpdateServlet.java	TeacherUpdate.jsp	add(TeacherModel):int	
删除教师信息	TeacherDeleteServlet.java		update(TeacherModel):int Delete(int):int	
查询教师信息	TeacherListServlet.java	TeacherList.jsp	getCount(String,String):int	数据表： Teacher
显示教师信息	TeacherQueryServlet.java	TeacherInfo.jsp	getModelList(int,int):List<TeacherModel> queryById(int):TeacherModel queryByName(int):TeacherModel	

4. 学生信息管理模块

学生信息管理模块的类设计和代码组织如表 15-12 所示，包含对应的实体类 StudentModel 和数据表 student。

表 15-12　学生信息管理模块 MVC 设计

子模块	控制层 C	视图层 V	模型层 M	备　　注
添加学生信息	StudentAddServlet.java	StudentAdd.jsp	StudentDBhandle.java 的方法： add(StudentModel):int	实体类： StudentModel.java
修改学生信息	StudentUpdateServlet.java	StudentUpdate.jsp	update(StudentModel):int delete(int):int	
删除学生信息	StudentDeleteServlet.java		getCount():int	数据表： Student
查询学生信息	StudentListServlet.java	StudentList.jsp	getModelList(int,int):List<StudentModel> queryStudentByClassId(int):List<StudentModel>	
显示学生信息	StudentQueryServlet.java	StudentInfo.jsp		

5. 课程信息管理模块

课程信息管理模块的类设计和代码组织如表 15-13 所示，包含对应的实体类 CourseModel 和数据表 course。

表 15-13　课程信息管理模块 MVC 设计

子模块	控制层 C	视图层 V	模型层 M	备　　注
添加课程信息	CourseAddServlet.java	courseAdd.jsp	SubjectDBhandle.java 的方法： Add(CourseModel):int	实体类： CourseModel.java
修改课程信息	CourseUpdateServlet.java	courseUpdate.jsp	Update(CourseModel):int Delete(int):int	数据表： Course
删除课程信息	CourseDeleteServlet.java		GetCountPage(String,String):int	
查询课程信息	CourseListServlet.java	courseList.jsp	ListSubject(int,int):List<CourseModel> QueryById(int):CourseModel	
显示课程信息	CourseQueryServlet.java	courseInfo.jsp		

6. 教学班级信息模块

教学班级管理（排课）模块的类设计和代码组织如表 15-14 所示，包含对应的实体类 TeachClassMode 和数据表 techingClass。

7. 学生成绩信息管理模块

学生成绩信息管理模块的类设计和代码组织如表 15-15 所示，包含对应的实体类 ScoreMode 和数据表 score。

表 15-14　教学班级管理（排课）模块 MVC 设计

子模块	控制层 C	视图层 V	模型层 M	备　注
添加班级课程信息	TeachClassAddServlet.java	teachClassAdd.jsp	TeachClassDBhandle.java 的方法： add(TeachClassModel):int	实体类： TeachClassModel.java
修改班级课程信息	TeachClassUpdateServlet.java	teachClassUpdate.jsp	update(TeachClassModel):int delete(int):int	
删除班级课程信息	TeachClassDeleteServlet.java		getCount():int getModelList(int,int):List<TeachClassModel>	数据表： TechingClass
查询班级课程信息	TeachClassListServlet.java	teachClassList.jsp	queryById(int):TeachClassModel	
显示班级课程信息	TeachClassQueryServlet.java	TeachClassInfo.jsp		

表 15-15　学生成绩信息管理模块 MVC 设计

子模块	控制层 C	视图层 V	模型层 M	备　注
添加成绩信息	ScoreAddServlet.java	scoreAdd.jsp	ScoreDBhandle.java 的方法： add(Score):int	实体类： ScoreModel.java
修改成绩信息	ScoreUpdateServlet.java	scoreUpdate.jsp	update(Score):int delete(int):int	
删除成绩信息	ScoreDeleteServlet.java		getCount():int queryModelList(int,int):List<ScoreModel>	数据表： Score
查询成绩信息	ScoreListServlet.java	ScoreList.jsp	queryByStudent(int):List<ScoreModel> queryByTeachClassID(int):ScoreModel	
查询某学生全部成绩信息	ScoreListByStudentServlet.java	ScoreListByStudent.jsp		
显示成绩信息	ScoreListByTeacherServlet.java	ScoreListByTeacher.jsp		

15.5　系统实现

15.5.1　系统登录及主界面

在 Tomcat 服务器上部署系统后，启动 Tomcat 服务器。

系统的登录地址为 http://localhost:8080/Common/login.jsp（在本机服务器部署），出现如图 15-5 所示的系统登录界面。

系统共设置有教务员、教师和学生 3 种角色，角色的分配与管理由后台的角色权限管理模块完成。不同角色的用户，登录后的界面也会不同。图 15-6 所示为教务员登录后的界面，图 15-7 所示为教师登录后的界面，图 15-8 所示为学生登录后的界面。

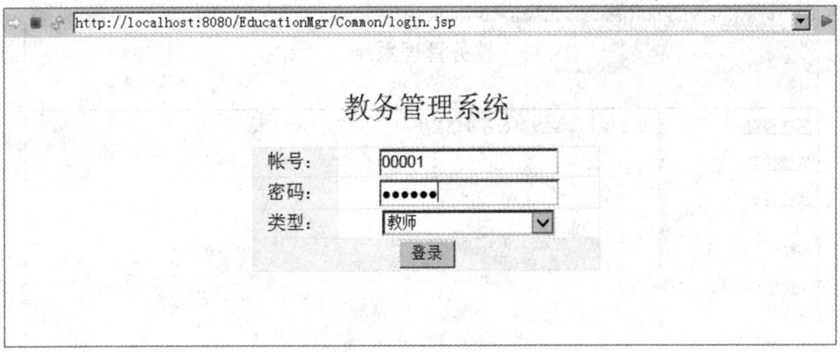

图 15-5 登录界面

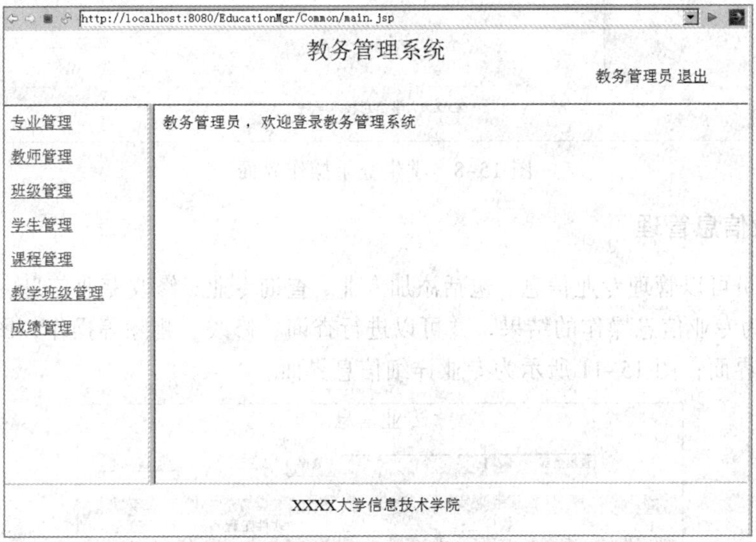

图 15-6 教务登录操作界面

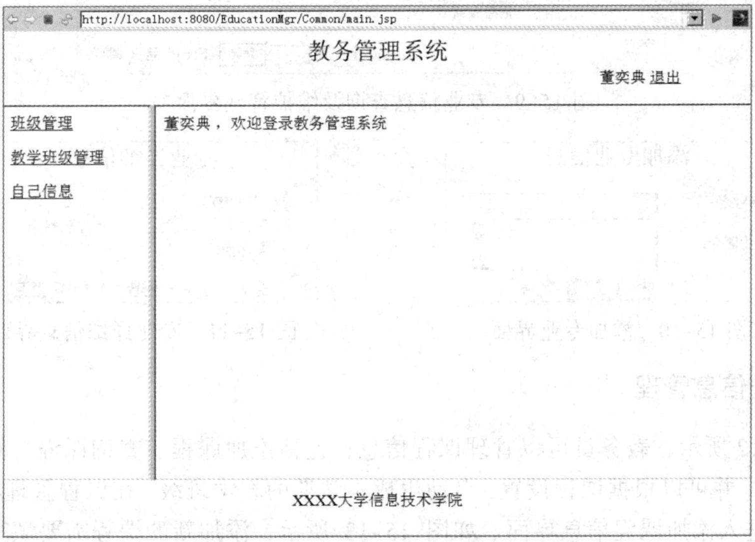

图 15-7 教师登录操作界面

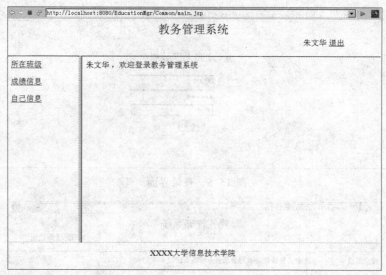

图 15-8   学生登录操作界面

15.5.2   专业信息管理

教务管理员可以管理专业信息，包括添加专业、查询专业、修改专业信息、删除专业等。图 15-9 所示为专业信息操作的结果，并可以进行查询、修改、删除等操作；图 15-10 页面为添加专业的界面；图 15-11 所示为专业详细信息界面。

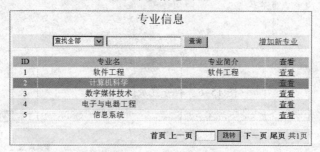

图 15-9   专业信息查询及维护管理界面

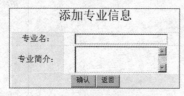

图 15-10   添加专业界面

图 15-11   专业详细信息界面

15.5.3   课程信息管理

如图 15-12 所示，教务员可以管理课程信息，包括添加课程、查询课程、修改课程信息和删除课程等，并可以根据课程设置，自动生成本学期的教学班级。在课程管理界面单击"新增新课程"，进入添加课程信息界面。如图 15-13 所示，添加新的课程需要填写课程名称、开课专业、课程类型、课时、学分和开课学期。

图 15-12 课程管理列表界面

添加课程信息

课程名称：
开课专业： 软件工程
课程类型： 专业主干
课时：
学分：
开课学期： 1

确认 返回

图 15-13 添加课程界面

15.5.4 班级信息管理

如图 15-14 所示，教务员可以对班级信息进行管理，包括添加班级、查询班级、修改班级信息、删除班级等；如图 15-15 所示为添加班级的界面，需输入班级名称、所属专业、年级和班主任老师。

班级信息管理

年级 所有	专业	所有	查询	增加新班级
专业	年级	班级名称		查看
计算机科学	2016	16计算机1		查看
软件工程	2017	17软件工程1		查看
计算机科学	2017	17计算机1		查看
软件工程	2016	16软件工程1		查看

首页 上一页 跳转 下一页 尾页 共1页

图 15-14 班级管理列表界面

图 15-15 添加班级界面

15.5.5 教师信息管理

如图 15-16 所示，教务员可以对教师信息进行管理，包括添加教师、查询教师、修改教师信息、删除教师等；如图 15-17 所示为添加教师界面。

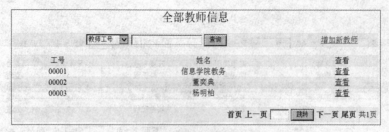

图 15-16　教师管理列表界面

图 15-17　添加教师界面

15.5.6　学生信息管理

如图 15-18 所示，教务员可以对学生信息进行管理，包括添加学生、查询学生信息、修改学生信息、删除学生等，图 15-19 所示为添加学生的界面。

图 15-18　学生信息管理列表界面

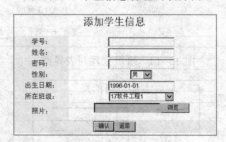

图 15-19　添加学生界面

15.5.7　教学班级管理

如图 15-20 所示，教务员可以对教学班级信息进行管理，包括添加教学班级、查询教学班级、修改教学班级信息、删除教学班级等，并在教学班级生成后自动为相应专业的学生导入教学班级；图 15-21 所示为添加教学班级的界面，需要填写开课学期、专业、课程、授课教师和上课的时间和地点。

图 15-20　教学班级列表界面

图 15-21　添加教学班级界面

15.5.8　学生成绩管理

如图 15-22 所示，教师可以对学生成绩信息进行管理，包括添加成绩、查询成绩、修改成绩、删除成绩等。创建教学班级后，系统自动为对应专业的所有学生选修该课程，教师可以为选课的学生登记成绩或修改成绩。图 15-23 所示为教师登记或修改成绩界面，需要填写平时成绩、考试成绩和总评成绩。

选课与成绩管理

教学班级	开课学期	课程名	学号	学生姓名	总成绩	查看
3	2017-2018-1	计算机图形学	20150102005	胡长青	0.0	查看
3	2017-2018-1	计算机图形学	20150102003	李雯	0.0	查看
3	2017-2018-1	计算机图形学	20150102001	苏清华	0.0	查看
3	2017-2018-1	计算机图形学	20150102002	董国耀	0.0	查看
3	2017-2018-1	计算机图形学	20150102004	陈嘉尔	0.0	查看
2	2017-2018-1	软件测试	20150101004	章国彬	0.0	查看
2	2017-2018-1	软件测试	20150101002	赵勤勤	0.0	查看
2	2017-2018-1	软件测试	20150101001	黄国华	0.0	查看
2	2017-2018-1	软件测试	20150101003	孙婉莹	0.0	查看

首页 上一页 [　　] 跳转 下一页 尾页 共1页

图 15-22　选课与成绩管理列表界面

修改成绩信息

教学班级：　3
课程名：　计算机图形学
学期：　2017-2018-1
教师：　董奕典
学号：　20150102004
学生姓名：　陈嘉尔
平时成绩：　0.0
考试成绩：　0.0
总成绩：　0.0

确认　返回

图 15-23　登记与修改成绩界面

 **本 章 小 结**

本章介绍了采用 JSP 技术开发一个简单的学校教务管理软件的过程，着重介绍了用例分析、E-R 图绘制等系统分析工作，并在分析的基础上完成数据库设计、系统模块划分和架构设计，最后给出了基于 MVC 框架的各个模块的类设计和界面实现。

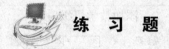 **练 习 题**

1. 简述应用系统开发的主要流程。
2. 采用 MVC 框架技术进行系统开发有哪些优点？

实验 17　应用系统开发

【实验目的】

掌握应用系统开发的基本方法。

【实验内容】

1. 为网上书城（bookstore）数据库开发相应的应用系统，要求实现基本的图书管理、用户管理和订单管理功能。
2. 自行选择一个小型的数据库应用案例，开发相应的应用系统，实现基本的业务功能。